더 쉽게 더 빠르게 합격 플러스

가스기능사 실기

KB216938

가스기능사 실기시험에
합격하신 여러분, 축하드립니다!
이 도서는 가스기능사 실기시험을
준비하는 책으로서 활용방법에
대해 알려드리겠습니다.

저자쌤이 알려 주는
이 책의 활용방법

"동영상 핵심이론"은 실기시험에 필요한 이론을
간단하게 정리한 것으로서 실기시험 준비 시
다시 한 번 짚고 넘어가자는 취지에서 수록하였습니다.

01-1 위험장소 분류, 가스시설 전기방폭 기준(KGS Gc 201)

(1) 위험장소 분류

가연성 가스가 폭발할 위험이 있는 농도에 도달할 우려가 있는 장소(이하 "위험장소"라 한다)의 등급은 다음과 같이 분류한다.

		[해당 사용 방폭구조]
0종 장소	상용의 상태에서 가연성 가스의 농도가 연속해서 폭발하한계 이상으로 되는 장소(폭발상한계를 넘는 경우에는 폭발한계 이내로 들어갈 우려가 있는 경우를 포함한다)	0종 : 본질안전방폭구조 1종 : 본질안전방폭구조 　　　유입방폭구조 　　　압력방폭구조 　　　내압방폭구조
1종 장소	상용의 상태에서 가연성 가스가 체류해 위험하게 될 우려가 있는 장소, 정비, 보수 또는 누출 등으로 인하여 종종 가연성 가스가 체류하여 위험하게 될 우려가 있는 장소	2종 : 본질안전방폭구조 　　　유입방폭구조 　　　내압방폭구조 　　　압력방폭구조 　　　안전증방폭구조
2종 장소	① 밀폐된 용기 또는 설비 안에 밀봉된 가연성 가스가 그 용기 또는 설비의 사고로 인하여 파손되거나 오조작의 경우에만 누출할 위험이 있는 장소 ② 확실한 기계적 환기조치에 따라 가연성 가스가 체류하지 아니하도록 되어 있으나 환기장치에 이상이나 사고가 발생한 경우에는 가연성 가스가 체류해 위험하게 될 우려가 있는 장소 ③ 1종 장소의 주변 또는 인접한 실내에서 위험한 농도의 가연성 가스가 종종 침입할 우려가 있는 장소	

상기 내용에서 수험생 여러분들은
이것이 0종, 1종, 2종 장소인지를
구별할 수 있는 능력만 있으면 됩니다.
"동영상 핵심이론"은
동영상 문제에 대비하여 정리한 것이니,
모두 암기하려 하지 마시고
실전문제에 더 집중하시면 되겠습니다.

"동영상 중요문제"는 동영상 문제에 대한
중요사진 모음 및 해설을 수록한 것으로서
자주 출제되었던 문제만을 구성한 것입니다.
"동영상 기출문제"는 2012년부터 2024년까지
다년간의 출제문제를 실었습니다.
동영상 중요문제를 공부하고
출제문제를 반복적으로 풀다보면
어떠한 문제가 출제되어도 당황하지 않고
정확하게 풀 수 있는 능력이 키워질 것입니다.

2021년부터 새로 추가된
주관식 필답형 시험에 대비해서는
필답형 예상문제 → 필답형 핵심이론 →
필답형 모의고사 순으로 학습하시고,
특히 **핵심이론 정리**는
반드시 숙지하시기를 당부드립니다.

가스기능사 실기

저자쌤의 합격플래너 활용 Tip. ☆

01.
Choice

시험대비를 위해 여유 있는 시간을 확보해 제대로 공부하여 시험합격은 물론 고득점을 노리는 수험생들은 **Plan 1(22일 꼼꼼코스)**을, 폭넓고 깊은 학습은 불가능해도 압축적으로 공부해 한 번에 시험합격을 원하시는 수험생들은 **Plan 2(12일 집중코스)**를 권합니다. 단, 저자쌤은 학습플랜 중 충분한 학습기간을 가지고 제대로 시험대비를 할 수 있는 **Plan 1**을 추천합니다!!!

02.
Plus

Plan 1과 Plan 2 중 나에게 맞는 학습플랜이 없을 시, **Plan 3에 나에게 꼭~ 맞는 나만의 학습계획**을 스스로 세워보세요!

03.
Unique

Plan 3(유일무이 나만의 합격 플랜)에는 계획에 따라 3회독까지 학습체크를 할 수 있는 공란과, 처음 1회독 시 학습한 날짜를 기입할 수 있는 공간을 따로 두었습니다!

※ 합격플래너를 활용해 계획적으로 시험대비를 하여 실기시험에 합격하신 수험생분께는 「문화상품권(2만원)」을 보내드립니다(단, 선착순(10명)이며, 온라인서점에 플래너 활용사진을 포함한 도서리뷰 or 합격후기를 올려주신 후 인증사진을 보내주신 분에 한합니다). ☎ 관련문의 : 031-950-6371

가스기능사 실기 합격플래너

단기완성 합격 플랜

		22일 꼼꼼코스	12일 집중코스
PART 1. 필답형 핵심이론	1. 관련 계산공식	☐ DAY 1	☐ DAY 1
	2. 가스설비		
	3. 가스 제조공정도	☐ DAY 2	
	4. 가스시설 안전관리		
PART 2. 필답형 예상문제	1. 가스설비	☐ DAY 3 ☐ DAY 4 ☐ DAY 5	☐ DAY 2
	2. 가스설비 안전관리	☐ DAY 6 ☐ DAY 7	☐ DAY 3
	3. 수소 및 수소 안전관리 관련 법령	☐ DAY 8	☐ DAY 4
PART 3. 필답형 모의고사	제1회~제5회 모의고사	☐ DAY 9	☐ DAY 5
PART 4. 동영상 핵심이론	1. 고법 · 액법 · 도법 설비시공 실무편	☐ DAY 10	☐ DAY 6
	2. 고압가스 설비시공 실무편		
	3. LPG 설비시공 실무편	☐ DAY 11	
	4. 도시가스 설비시공 실무편		
PART 5. 동영상 중요문제	자주 출제되는 동영상 중요 문제	☐ DAY 12	☐ DAY 7
PART 6. 동영상 모의고사	제1회~제5회 모의고사	☐ DAY 13	☐ DAY 8
PART 7. 동영상 기출문제	2012년~2013년 기출	☐ DAY 14	☐ DAY 9
	2014년~2015년 기출	☐ DAY 15	
	2016년~2017년 기출	☐ DAY 16	☐ DAY 10
	2018년~2020년 기출	☐ DAY 17	
PART 8. 최근 기출문제	2021년 1회~4회 기출(필답형+작업형)	☐ DAY 18	☐ DAY 11
	2022년 1회~4회 기출(필답형+작업형)	☐ DAY 19	
	2023년 1회~4회 기출(필답형+작업형)	☐ DAY 20	
	2024년 1회~4회 기출(필답형+작업형)	☐ DAY 21	☐ DAY 12
PART 9. 부록(법규 관련)	변경법규 및 신설법규 이론 관련 문제	☐ DAY 22	

가스기능사 실기 | 합격플래너

유일무이 나만의 합격 플랜

나만의 합격코스

구분	항목	월일	1회독	2회독	3회독	MEMO
PART 1. 필답형 핵심이론	1. 관련 계산공식	월 일	☐	☐	☐	
	2. 가스설비	월 일	☐	☐	☐	
	3. 가스 제조공정도	월 일	☐	☐	☐	
	4. 가스시설 안전관리	월 일	☐	☐	☐	
PART 2. 필답형 예상문제	1. 가스설비	월 일	☐	☐	☐	
	2. 가스설비 안전관리	월 일	☐	☐	☐	
	3. 수소 및 수소 안전관리 관련 법령	월 일	☐	☐	☐	
PART 3. 필답형 모의고사	제1회~제5회 모의고사	월 일	☐	☐	☐	
PART 4. 동영상 핵심이론	1. 고법 · 액법 · 도법 설비시공 실무편	월 일	☐	☐	☐	
	2. 고압가스 설비시공 실무편	월 일	☐	☐	☐	
	3. LPG 설비시공 실무편	월 일	☐	☐	☐	
	4. 도시가스 설비시공 실무편	월 일	☐	☐	☐	
PART 5. 동영상 중요문제	자주 출제되는 동영상 중요 문제	월 일	☐	☐	☐	
PART 6. 동영상 모의고사	제1회~제5회 모의고사	월 일	☐	☐	☐	
PART 7. 동영상 기출문제	2012년~2013년 기출	월 일	☐	☐	☐	
	2014년~2015년 기출	월 일	☐	☐	☐	
	2016년~2017년 기출	월 일	☐	☐	☐	
	2018년~2020년 기출	월 일	☐	☐	☐	
	2021년 1회~4회 기출(필답형+작업형)	월 일	☐	☐	☐	
PART 8. 최근 기출문제	2022년 1회~4회 기출(필답형+작업형)	월 일	☐	☐	☐	
	2023년 1회~4회 기출(필답형+작업형)	월 일	☐	☐	☐	
	2024년 1회~4회 기출(필답형+작업형)	월 일	☐	☐	☐	
PART 9. 부록(법규 관련)	변경법규 및 신설법규 이론 관련 문제	월 일	☐	☐	☐	

더 플러스

더 쉽게 더 빠르게 합격 플러스

가스기능사

실기

양용석 지음

BM (주)도서출판 성안당

■ 도서 A/S 안내

국가적으로 안전관리 분야(가스·소방·전기·토목·건축)가 강조되고 있는 현시대에 특히 고압가스 분야에 관심을 가지고 가스기능사 자격을 취득하려는 독자 여러분 반갑습니다.

본 책은 한국산업인력공단에서 과거 출제되었던 기출문제를 중심으로 핵심이론을 정리하였으며, 동영상 부분은 2012년부터 최근까지 출제되었던 가스기능사 실기 동영상 기출문제를 철저히 분석하여 완벽하게 정리하였습니다. 특히 동영상 컬러사진을 최대한 많이 수록하여 수험생 여러분이 이해하는 데 도움이 되도록 하였으며, 앞으로 미래형 동영상 문제를 계속 증편·보완해 나갈 것입니다. 단 한 권으로 가스기능사 실기 시험에 반드시 합격할 수 있도록 심혈을 기울여 집필하였으므로 이 도서가 기능사 시험의 완벽한 최종마무리가 될 것입니다.

이 책의 특징은 다음과 같습니다.

1. 핵심요점 정리에서는 자주 출제되는 이론과 실무에 필요한 가스 기초이론을 정리하였습니다.
2. 자주 출제되는 동영상 중요사진 모음 문제 및 해설을 수록하여 중요도를 한눈에 알 수 있도록 하였습니다.
3. 동영상 기출문제에서는 충분한 동영상 사진과 해설로 문제에 대한 이해도를 높였습니다.
4. 주관식 필답형에서는 한국산업인력공단 출제기준에 의거 과거에 출제되었던 필답형을 기초로 핵심이론을 정리하고 예상문제를 수록하였습니다.
5. 전공자가 아니어도 본 책의 내용만으로 충분히 합격 가능한 가스기능사 실기 수험서입니다.
6. **필답형 핵심이론+예상문제, 동영상 핵심이론+동영상 문제에 대한 저자직강 무료동영상**으로 실기시험의 필수 내용을 정확하고 효율적으로 습득할 수 있도록 하였습니다.

끝으로 이 책의 집필을 위하여 물심양면으로 도움을 주신 도서출판 성안당 회장님과 편집부 임직원 여러분께 진심으로 감사드리며, 수험생 여러분의 합격을 기원드립니다.

이 책을 보면서 궁금한 점이 있으시면 **저자 직통(010-5835-0508), 저자 이메일** (3305542a@daum.net)이나 **성안당 홈페이지(www.cyber.co.kr)**에 언제든 질문을 주시면 성실하게 답변드리겠습니다. 또한, 이 책 출간 이후의 정오사항에 대해서는 성안당 홈페이지에 올려 놓겠습니다.

저자 씀

✦ **자격명 :** 가스기능사(과정평가형 자격 취득 가능 종목)
✦ **영문명 :** Craftsman Gas
✦ **관련부처 :** 산업통상자원부
✦ **시행기관 :** 한국산업인력공단

1 기본 정보

(1) 개요
경제성장과 더불어 산업체로부터 가정에 이르기까지 수요가 증가하고 있는 가스류 제품은 인화성과 폭발성이 있는 에너지 자원이다. 이에 따라 고압가스와 관련된 생산, 공정, 시설, 기수의 안전관리에 대한 제도적 개편과 기능인력을 양성하기 위하여 자격제도를 시행하게 되었다.

(2) 수행직무
고압가스 제조, 저장 및 공급 시설, 용기, 기구 등의 제조 및 수리 시설을 시공, 조작, 검사하기 위한 기술적 사항의 관리, 생산공정에서 가스생산 기계 및 장비를 운전하고 충전하기 위해 예방조치 점검과 고압가스충전용기의 운반, 관리 및 용기 부속품 교체 등의 업무를 수행한다.

(3) 진로 및 전망
① 고압가스 제조업체 · 저장업체 · 판매업체에 기타 도시가스사업소, 용기제조업소, 냉동기계제조업체 등 전국의 고압가스 관련업체로 진출할 수 있다.
② 최근 국민생활수준의 향상과 산업의 발달로 연료용 및 산업용 가스의 수급 규모가 대형화되고, 가스시설의 복잡 · 다양화됨에 따라 가스사고 건수가 급증하고 사고 규모도 대형화되는 추세이다. 한국가스안전공사의 자료에 의하면 가스사고로 인한 인명 피해가 해마다 증가하였고, 정부의 도시가스 확대방안으로 인천, 평택 인수기지에 이어 추가 기지 건설을 추진하는 등 가스 사용량 증가가 예상되어 가스기능사의 인력수요는 증가할 것이다.

(4) 연도별 검정현황

연 도	필 기			실 기		
	응시	합격	합격률	응시	합격	합격률
2023	13,963명	4,308명	30.9%	6,311명	4,013명	63.6%
2022	11,955명	3,986명	33.3%	5,984명	2,049명	34.2%
2021	11,747명	3,753명	31.9%	5,611명	2,479명	44.2%
2020	8,891명	3,003명	33.8%	4,442명	2,597명	58.5%
2019	11,090명	3,426명	30.9%	5,086명	2,828명	55.6%
2018	9,393명	2,751명	29.3%	4,378명	2,457명	56.1%
2017	10,281명	2,817명	27.4%	4,255명	2,407명	56.6%

② 시험 정보

(1) 시험 수수료
① 필기 : 14,500원
② 실기 : 32,800원

(2) 출제 경향
가스 설비, 운전, 저장 및 공급에 대한 취급과 가스장치의 고장진단 및 유지관리, 그리고 가스안전관리에 관한 업무를 수행할 수 있는지의 능력을 평가
(공개문제 참조)

(3) 취득방법
① 시행처 : 한국산업인력공단
② 시험과목
  • 필기 : 1. 가스 안전관리
         2. 가스 장치 및 기기
         3. 가스 일반
  • 실기 : 가스 실무
④ 검정방법
  • 필기 : 객관식 60문항(1시간)
  • 실기 : 복합형(2시간 30분 정도(필답형 : 1시간, 작업형 : 1시간 30분 정도))
⑤ 합격기준
  • 필기 : 100점을 만점으로 하여 과목당 40점 이상, 전 과목 평균 60점 이상
  • 실기 : 100점을 만점으로 하여 60점 이상

(4) 시험 일정

회 별	필기 원서접수 (인터넷)	필기시험	필기 합격 예정자 발표	실기 원서접수 (인터넷)	실기시험	합격자 발표
제1회	1.6. ~ 1.9.	1.21. ~ 1.25.	2.6.	2.10. ~ 2.13.	3.15. ~ 4.2.	1차 : 4.11. 2차 : 4.18.
제2회	3.17. ~ 3.21.	4.5. ~ 4.10.	4.16.	4.21. ~ 4.24.	5.31. ~ 6.15.	1차 : 6.27. 2차 : 7.4.
제3회	6.9. ~ 6.12.	6.28. ~ 7.3.	7.16.	7.28. ~ 7.31.	8.30. ~ 9.17.	1차 : 9.26. 2차 : 9.30.
제4회	8.25. ~ 8.28.	9.20. ~ 9.25.	10.15.	10.20. ~10.23.	11.22. ~ 12.10.	1차 : 12.19. 2차 : 12.24.

[비고]
1. 원서접수 시간 : 원서접수 첫날 10시~마지막 날 18시까지입니다.
   (가끔 마지막 날 밤 12:00까지로 알고 접수를 놓치는 경우도 있으니 주의하기 바람!)
2. 주말 및 공휴일, 공단창립기념일(3.18)에는 실기시험 원서접수 불가합니다.
3. 자세한 시험 일정은 Q-net 홈페이지(www.q-net.or.kr)를 참고하시기 바랍니다.

❸ 시험 접수에서 자격증 수령까지 안내

☑ 원서접수 안내 및 유의사항입니다.

- 원서접수 확인 및 수험표 출력기간은 접수당일부터 시험시행일까지 출력 가능(이외 기간은 조회불가)합니다. 또한 출력장애 등을 대비하여 사전에 출력 보관하시기 바랍니다.
- 원서접수는 온라인(인터넷, 모바일앱)에서만 가능합니다.
- 스마트폰, 태블릿 PC 사용자는 모바일앱 프로그램을 설치한 후 접수 및 취소/환불 서비스를 이용하시기 바랍니다.

STEP 01	STEP 02	STEP 03	STEP 04
필기시험 원서접수	필기시험 응시	필기시험 합격자 확인	실기시험 원서접수

- 필기시험은 온라인 접수만 가능
- Q-net(www.q-net.or.kr) 사이트 회원 가입
- 응시자격 자가진단 확인 후 원서 접수 진행
- 반명함 사진 등록 필요 (6개월 이내 촬영본 / 3.5cm×4.5cm)

- 입실시간 미준수 시 시험 응시 불가 (시험시작 30분 전에 입실 완료)
- 수험표, 신분증, 필기구 (흑색 사인펜 등) 지참 (공학용 계산기 지참 시 반드시 포맷)

- CBT 형식으로 치러지므로 시험 완료 즉시 합격 여부 확인 가능
- 문자 메시지, SNS 메신저를 통해 합격 통보 (합격자만 통보)
- Q-net(www.q-net.or.kr) 사이트 및 ARS (1666-0100)를 통해서 확인 가능

- Q-net(www.q-net.or.kr) 사이트에서 원서 접수
- 응시자격서류 제출 후 심사에 합격 처리된 사람에 한하여 원서 접수 가능 (응시자격서류 미제출 시 필기시험 합격예정 무효)

※ 자세한 사항은 Q-net 홈페이지(www.q-net.or.kr)를 참고하시기 바랍니다.

"성안당은 여러분의 합격을 기원합니다!"

STEP 05
실기시험 응시

- 수험표, 신분증, 필기구, 공학용 계산기, 종목별 수험자 준비물 지참
(공학용 계산기는 허용된 종류에 한하여 사용 가능하며, 수험자 지참 준비물은 실기시험 접수기간에 확인 가능)

STEP 06
실기시험 합격자 확인

- 문자 메시지, SNS 메신저를 통해 합격 통보
(합격자만 통보)
- Q-net(www.q-net.or.kr) 사이트 및 ARS (1666-0100)를 통해서 확인 가능

STEP 07
자격증 교부 신청

- 상장형 자격증, 수첩형 자격증 형식 신청 가능
- Q-net(www.q-net.or.kr) 사이트를 통해 신청

STEP 08
자격증 수령

- 상장형 자격증은 합격자 발표 당일부터 인터넷으로 발급 가능
(직접 출력하여 사용)
- 수첩형 자격증은 인터넷 신청 후 우편수령만 가능
(수수료 : 3,100원 / 배송비 : 3,010원)

★ 필기/실기 시험 시 허용되는 공학용 계산기 기종
1. 카시오(CASIO) FX-901~999
2. 카시오(CASIO) FX-501~1599
3. 카시오(CASIO) FX-301~399
4. 카시오(CASIO) FX-80~120
5. 샤프(SHARP) EL-501-599
6. 샤프(SHARP) EL-5100, EL-5230, EL-5250, EL-5500
7. 캐논(CANON) F-715SG, F-788SG, F-792SGA
8. 유니원(UNIONE) UC-400M, UC-600E, UC-800X
9. 모닝글로리(MORNING GLORY) ECS-101

출제기준 (실기)

직무 분야	안전관리	중직무 분야	안전관리	자격 종목	가스기능사	적용 기간	2021.1.1.~2024.12.31.

- **직무 내용** : 가스 제조 · 저장 · 충전 · 공급 및 사용 시설과 용기, 기구 등의 제조 및 수리시설을 시공, 조작, 검사하기 위한 기술적 사항의 관리, 생산 공정에서 가스 생산기계 및 장비를 운전하고 충전하기 위해 예방조치 등의 업무를 수행
- **수행 준거** : 1. 가스제조에 대한 기초적인 지식 및 기능을 가지고 각종 가스장치를 운용할 수 있다.
  2. 가스설비, 운전, 저장 및 공급에 대한 취급과 가스장치의 유지관리를 할 수 있다.
  3. 가스기기 및 설비에 대한 검사업무 및 가스안전관리 업무를 수행할 수 있다.

실기 검정 방법	복합형(필답형+작업형)	시험 시간	2시간 30분 정도 (필답형 : 1시간, 작업형 : 1시간 30분 정도)

실기 과목명	주요 항목	세부 항목	세세 항목
가스 실무	1. 가스설비	(1) 가스장치 운용하기	① 제조, 저장, 충전 장치를 운용할 수 있다. ② 기화장치를 운용할 수 있다. ③ 저온장치를 운용할 수 있다. ④ 가스용기, 저장탱크를 관리 및 운용할 수 있다. ⑤ 펌프 및 압축기를 운용할 수 있다.
		(2) 가스설비 작업하기	① 가스배관 설비작업을 할 수 있다. ② 가스저장 및 공급설비작업을 할 수 있다. ③ 가스사용설비 관리 및 운용을 할 수 있다.
		(3) 가스 제어 및 계측 기기 운용하기	① 온도계를 유지 · 보수할 수 있다. ② 압력계를 유지 · 보수할 수 있다. ③ 액면계를 유지 · 보수할 수 있다. ④ 유량계를 유지 · 보수할 수 있다. ⑤ 가스검지기기를 운용할 수 있다. ⑥ 각종 제어기기를 운용할 수 있다.
	2. 가스시설 안전관리	(1) 가스안전 관리하기	① 가스의 특성을 알 수 있다. ② 가스위해 예방작업을 할 수 있다. ③ 가스장치의 유지관리를 할 수 있다. ④ 가스연소기기에 대하여 알 수 있다. ⑤ 가스화재 · 폭발의 위험 인지와 응급대응을 할 수 있다.

실기 과목명	주요 항목	세부 항목	세세 항목
		(2) 가스시설 안전검사 수행하기	① 가스관련 안전인증대상 기계·기구와 자율안전확인대상 기계·기구 등을 구분할 수 있다. ② 가스관련 의무안전인증대상 기계·기구와 자율안전확인대상 기계·기구 등에 따른 위험성의 세부적인 종류, 규격, 형식의 위험성을 적용할 수 있다. ③ 가스관련 안전인증대상 기계·기구와 자율안전대상 기계·기구 등에 따른 기계·기구에 대하여 측정장비를 이용하여 정기적인 시험을 실시할 수 있도록 관리계획을 작성할 수 있다. ④ 가스관련 안전인증대상 기계·기구와 자율안전대상 기계·기구 등에 따른 기계·기구 설치방법 및 종류에 의한 장단점을 조사할 수 있다. ⑤ 공정진행에 의한 가스관련 안전인증대상 기계·기구와 자율안전확인대상 기계·기구 등에 따른 기계기구의 설치, 해체, 변경 계획을 작성할 수 있다.

차 례

PART 6. 동영상 모의고사

PART 7 . 동영상 기출문제

PART 8 . 최근 기출문제(필답형 + 작업형)

PART 9 . 부록 – 변경법규 및 신설법규 이론과 관련 문제

PART **1**

필답형
핵심이론

주관식(필답형)에 관한 핵심이론을
중요이론 위주로 간략하게 정리한 부분입니다.
뒤에 나오는 예상문제편을 먼저 보시고
그 이후에 노트정리 개념으로
숙지하시기 바랍니다.

가스기능사 실기
PART 1. 필답형 핵심이론

관련 계산공식

01-1 보일·샤를의 법칙

$$\frac{P_1 V_1}{T_1} = \frac{P_2 V_2}{T_2}$$

여기서, P_1, P_2 : 처음의 압력, 변화 후의 압력

V_1, V_2 : 처음의 부피, 변화 후의 부피

T_1, T_2 : 처음의 온도, 변화 후의 온도

예제 1 $1kg/cm^2$, 0℃, 5L의 부피를 가진 기체가 $5kg/cm^2$, 273℃에서 차지하는 부피를 계산하시오.

해답 $\frac{P_1 V_1}{T_1} = \frac{P_2 V_2}{T_2}$ 에서

$$V_2 = \frac{P_1 V_1 T_2}{T_1 P_2} = \frac{1 \times 5 \times (273 + 273)}{273 \times 5} = 2L$$

01-2 표준대기압, 절대압력, 게이지압력, 진공압력

(1) 표준대기압

$1atm = 1.0332kg/cm^2 = 76cmHg = 14.7PSI = 101.325kPa = 0.101325MPa$

(2) 절대압력 = 대기압력 + 게이지압력 = 대기압력 − 진공압력

예제 1 3kg/cm²g는 절대압력으로 몇 kg/cm²a인지 계산하시오.

해답 절대압력=대기압력+게이지압력
=1.0332+3
=4.0332kg/cm²a

예제 2 38cmHgv는 절대압력으로 몇 kg/cm²a인지 계산하시오.

해답 절대압력=대기압력−진공압력
=76cmHg−38cmHg
=38cmHga

$$\therefore \frac{38}{76} \times 1.0332 = 0.516 = 0.52 \text{kg/cm}^2\text{a}$$

TiP

압력 표시방법
절대압력(a), 게이지압력(g), 진공압력(v)

01-3 돌턴의 분압 법칙

(1) 전압

$$P = \frac{P_1 V_1 + P_2 V_2}{V}$$

여기서, P : 전압
P_1, P_2 : 각각의 분압
V_1, V_2 : 각각의 성분 부피
V : 전 부피

(2) 분압

$$P_m = P \times \frac{\text{성분 몰수}}{\text{전 몰수}} = P \times \frac{\text{성분 부피}}{\text{전 부피}}$$

여기서, P_m : 분압
P : 전압

예제 1 10L, 5atm의 기체와 5L, 6atm의 기체를 20L의 용기에 혼합 시 전 압력(P)은 얼마인 구하시오.

해답 $P = \dfrac{5 \times 10 + 6 \times 5}{20} = 4\,\text{atm}$

예제 2 N_2 80%, O_2 20%, 5atm의 기체에서 산소와 질소의 분압을 계산하시오.

해답 $P_O = 5 \times \dfrac{20}{80 + 20} = 1\,\text{atm}$

$P_N = 5 \times \dfrac{80}{80 + 20} = 4\,\text{atm}$

01-4 이상기체의 상태방정식

$$PV = nRT$$

여기서, P : 압력(atm)

V : 부피(L)

n(몰수) : $\dfrac{W(\text{질량})\text{g}}{M(\text{분자량})\text{g}}$

R : 0.082atm · L/mol · K

T : 온도(K)

예제 1 5atm, 64g의 산소가 0℃에서 차지하는 부피(L)는 얼마인지 구하시오.

해답 $PV = \dfrac{W}{M}RT$에서

$V = \dfrac{WRT}{PM} = \dfrac{64 \times 0.082 \times (273)}{5 \times 32} = 8.95\,\text{L}$

가스설비

02-1 가스장치 운용

※ 세부내용 : 문제 해설부분 참고

1 제조 · 저장 · 충전 장치 운용 (핵심 키워드)

(1) 각 가스의 용어와 정의

(2) LP가스의 연소와 일반적 특성

(3) LP가스와 도시가스의 특징 비교

(4) 공기보다 가벼운 가스, 무거운 가스의 통풍장치

(5) LP가스 자동차 연료

(6) LP가스 제조공정

(7) LP가스와 도시가스의 비교 시 장 · 단점

2 기화장치 운용 (핵심 키워드)

(1) 기화장치 구조 및 각 부 기기의 역할

(2) 기화장치의 분류(구성형식 및 작동원리)

(3) 강제기화방식, 자연기화방식

(4) LNG 기화설비 특징

(5) 공기혼합설비(벤투리믹서, 플로믹서)

(6) 강제기화방식의 종류

3 저온장치 운용 (핵심 키워드)

(1) 공기액화분리장치 공정
① 폭발 원인 및 대책
② 불순물 종류 및 영향 제거방법

(2) 액화장치의 종류
① 린데식 액화장치
② 클로드식 액화장치
③ 필립스식
④ 캐피자식
⑤ 캐스케이드식

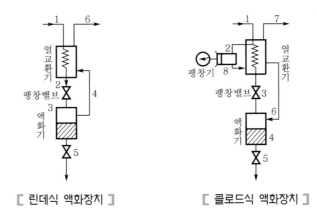

[린데식 액화장치]　　　　[클로드식 액화장치]

(3) 액화분리장치의 3대 요소

(4) 액화의 방법

(5) 단열법의 종류 및 단열재 구비조건

(6) 초저온탱크의 단열성능시험의 시험용 가스 및 합격기준

4 가스용기, 저장탱크 운용, 관리

(1) 용기의 각인사항

(2) 용접용기와 무이음용기의 특징

(3) 용기의 C, P, S의 함유량(%)

(4) 용접용기의 동판 두께 계산식

$$t = \frac{PD}{2Sn - 1.2P} + C$$

(5) 가스별 저장능력 계산방법

① 액화가스용기 : $W = \dfrac{V}{C}$

② 압축가스용기 : $Q = (10P + 1)\,V$

③ 3톤 이상 액화가스탱크 : $W = 0.9dv$

④ 3톤 미만 소형저장탱크 : $W = 0.85dv$

(6) 용기의 항구증가율 계산

(7) 액화가스용기의 안전공간 충전량(%) 계산

(8) 저장탱크의 부착계기류 밸브

5 압축기 운용 (압축기 중요 암기사항)

(1) 분류방법

압축방식	용적형	왕복 회전, 나사	
	터보형	원심	터보형, 레이디얼형, 다익형
작동압력	압축기	토출압력 1kg/cm² (0.1MPa) 이상	
	송풍기(플로어)	토출압력 0.1kg/cm² 이상 1kg/cm²(10kPa~0.1MPa) 미만	
	통풍기(팬)	토출압력 0.1kg/cm²(10kPa) 미만	

(2) 안전장치

안전두	정상압력 + (0.3~0.4MPa)
고압차단스위치(HPS)	정상압력 + (0.4~0.5MPa)
안전밸브	정상압력 + (0.5~0.6MPa)

(3) 압축기의 특징

왕복압축기	원심압축기	나사압축기
① 용적형이다.	① 무급유식이다.	① 용적형이다.
② 오일 윤활, 무급유식이다.	② 소음·진동이 없다.	② 무급유식 또는 급유식이다.
③ 압축효율이 높다.	③ 설치면적이 적다.	③ 흡입, 압축, 토출의 3행정이다.
④ 소음·진동이 있고, 설치면적이 크다.	④ 압축이 연속적이다.	④ 맥동이 거의 없고, 압축이 연속적이다.

(4) 압축기의 용량조정 방법

왕복압축기		원심압축기
연속적 용량조정	단계적 용량조정	
① 타임드밸브에 의한 방법 ② 바이패스밸브에 의한 방법 ③ 회전수 변경법 ④ 흡입밸브를 폐쇄하는 방법	① 흡입밸브 개방법 ② 클리어런스밸브에 의해 체적효율을 낮추는 방법	① 속도제어에 의한 조정법 ② 토출밸브에 의한 조정법 ③ 흡입밸브에 의한 조정법 ④ 베인컨트롤에 의한 조정법 ⑤ 바이패스에 의한 조정법

(5) 기타 암기사항

고속다기통 압축기의 특징	다단압축의 목적
① 체적효율이 낮다. ② 부품교환이 간단하다. ③ 용량제어가 용이하다. ④ 소형, 경량이며, 동적·정적 밸런스가 양호하다.	① 일량이 절약된다. ② 가스의 온도상승이 방지된다. ③ 힘의 평형이 양호하다. ④ 이용효율이 증대된다.

(6) 원심압축기의 서징현상

정 의	압축기와 송풍기 사이에 토출 측 저항이 커지면 풍량이 감소하고 불완전한 진동을 일으키는 현상
방지법	① 속도제어에 의한 방법 ② 바이패스법 ③ 안내깃 각도조정법 ④ 교축밸브를 근접 설치하는 방법 ⑤ 우상특성이 없게 하는 방법

(7) 압축기 중간압력

이상상승 원인	이상저하 원인
① 다음 단 흡입토출밸브 불량 ② 다음 단 바이패스밸브 불량 ③ 다음 단 피스톤링 불량 ④ 중간단 냉각기 능력 과소	① 전단 흡입토출밸브 불량 ② 전단 바이패스밸브 불량 ③ 전단 피스톤링 불량 ④ 중간단 냉각기 능력 과대

(8) 압축기 기동 시

운전 중 점검사항	운전 개시 전 점검사항
① 압력 이상유무 점검 ② 온도 이상유무 점검 ③ 누설 유무 점검 ④ 소음·진동 유무 점검 ⑤ 냉각수량 점검	① 모든 볼트, 너트 조임상태 점검 ② 압력계, 온도계 점검 ③ 냉각수량 점검 ④ 윤활유 점검 ⑤ 무부하상태에서 회전시켜 이상유무 점검

가연성 압축기 정지 시 주의사항	압축기의 윤활유		일반적인 압축기 정지 시 주의사항
① 전동기 스위치를 내린다. ② 최종 스톱밸브를 닫는다. ③ 각 단의 압력저하를 확인 후 흡입밸브를 닫는다. ④ 드레인밸브를 개방한다. ⑤ 냉각수밸브를 닫는다.	O_2	물, 10% 이하 글리세린수	① 드레인밸브를 개방한다. ② 응축수 및 잔류오일을 배출한다. ③ 각 단의 압력을 0으로 하여 정지시킨다. ④ 주밸브를 잠근다. ⑤ 냉각수밸브를 잠근다.
	Cl_2	진한 황산	
	LPG	식물성유	
	H_2, C_2H_2, 공기	양질의 광유	
	윤활유의 구비조건	① 경제적일 것 ② 화학적으로 안정할 것 ③ 점도가 적당할 것 ④ 불순물이 적을 것 ⑤ 항유화성이 클 것	

압축비 증대 시 영향	실린더 냉각의 목적
① 체적효율 저하 ② 소요동력 증대 ③ 실린더 내 온도상승 ④ 윤활기능 저하	① 체적효율 증대 ② 압축효율 증대 ③ 윤활기능 향상 ④ 압축기 수명 증대

(9) 압축기 관련 계산 공식

피스톤 압출량(토출량)		
종 류	공 식	기 호
왕복동 압축기	$V = \dfrac{\pi}{4} d^2 \times L \times N \times \eta \times \eta_v$	V : 피스톤 압출량($\mathrm{m^3/min}$) d : 내경(m) L : 행정(m) N : 회전수(rpm) η : 기통수 η_v : 체적효율
베인형 압축기	$V = \dfrac{\pi}{4}(D^2 - d^2) \times t \times N$	V : 피스톤 압출량($\mathrm{m^3/min}$) D : 실린더 내경(m) d : 피스톤 외경(m) t : 회전피스톤 압축부분 두께(m) N : 회전수(rpm)
나사(스크루) 압축기	$V = C_v \times D^2 \times L \times N$	V : 피스톤 압출량($\mathrm{m^3/min}$) C_v : 로터에 의한 형상계수 D : 숫로터 직경(m) L : 압축기에 작용하는 로터 길이(m) N : 회전수(rpm)

예제 1 다음 [조건]으로 각 압축기의 토출량(m^3/hr)을 계산하시오.

[조건]
① 왕복동 압축기
- 실린더 내경 : 200mm
- 행정 : 200mm
- 회전수 : 1500rpm
- 기통수 : 4기통
- 효율 : 80%

② 베인형 압축기
- 실린더 내경 : 200mm
- 피스톤 외경 : 80mm
- 회전피스톤 압축부분 두께 : 150mm
- 효율 : 100%
- 회전수 : 100rpm

③ 스크루 압축기
- 로터에 의한 형상계수 : $C_v = 0.476$
- 숫로터 직경 : 0.2m
- 로터 길이 : 0.1m
- 회전수 : 350rpm

(1) 왕복동 압축기의 토출량
(2) 베인형 압축기의 토출량
(3) 스크루 압축기의 토출량

해답 (1) $V = \dfrac{\pi}{4} d^2 \times L \times N \times \eta \times \eta_v \times 60$

$\qquad = \dfrac{\pi}{4} \times (0.2\text{m})^2 \times (0.2\text{m}) \times 1500 \times 0.8 \times 4 \times 60$

$\qquad = 1809.557 = 1809.56 \, m^3$/hr

(2) $V = \dfrac{\pi}{4}(D^2 - d^2) \times t \times N \times 60$

$\qquad = \dfrac{\pi}{4}(0.2^2 - 0.08^2) \times 0.15 \times 100 \times 60$

$\qquad = 23.75 \, m^3$/hr

(3) $V = C_v \times D^2 \times L \times N \times 60$

$\qquad = 0.476 \times (0.2\text{m})^2 \times (0.1\text{m}) \times 350 \times 60$

$\qquad = 39.984 = 39.98 \, m^3$/hr

(10) 압축비 관련 계산식

압축비		
1단	다 단	기 호
$a = \dfrac{P_2}{P_1}$	$a = \sqrt[n]{\dfrac{P_2}{P_1}}$	a : 압축비 P_1 : 흡입절대압력 P_2 : 토출절대압력 n : 단수

2단 압축기의 중간압력(P_o) 계산

$$P_1 \rightarrow \boxed{1단} \xrightarrow{P_o} \boxed{2단} \rightarrow P_2$$

$$P_o = \sqrt{P_1 \times P_2}$$

P_1 : 최초흡입압력
P_o : 중간압력
P_2 : 최종토출압력

3단 압축기의 각 단의 토출압력

$$P_1 \rightarrow \boxed{1} \xrightarrow{P_{o1}} \boxed{2} \xrightarrow{P_{o2}} \boxed{3} \rightarrow P_2$$

압축비	$a = \sqrt[3]{\dfrac{P_2}{P_1}}$
1단 토출압력(P_{o1})	$P_{o1} = a \times P_1$
2단 토출압력(P_{o2})	$P_{o2} = a \times a \times P_1$
3단 토출압력(P_2)	$P_2 = a \times a \times a \times P_1$

예제 1 흡입압력이 1kg/cm^2(a), 토출압력이 26kg/cm^2(g)인 3단 압축기의 압축비를 구하시오. (단, 1atm＝1kg/cm^{2}로 한다.)

해답 $a = \sqrt[3]{\dfrac{P_2}{P_1}} = \sqrt[3]{\dfrac{(26+1)}{1}} = 3$

예제 2 흡입압력 1kg/cm^2, 압축비 3인 3단 압축기의 각 단의 토출압력(kg/cm^2(g))을 구하시오. (단, 1atm＝1kg/cm^{2}로 한다.)

해답 (1) 1단 토출압력
$P_{o1} = a \times P_1 = 3 \times 1 = 3$kg/cm^2
∴ $3 - 1 = 2$kg/cm^2(g)

(2) 2단 토출압력
$P_{o2} = a \times a \times P_1 = 3 \times 3 \times 1 = 9$kg/cm^2
∴ $9 - 1 = 8$kg/cm^2(g)

(3) 3단 토출압력
$P_2 = a \times a \times a \times P_1 = 3 \times 3 \times 3 \times 1 = 27$kg/cm^2
∴ $27 - 1 = 26$kg/cm^2(g)

6 펌프 (펌프 관련 주요 암기사항)

(1) 펌프의 분류

터보식	원 심	벌류트(안내날개 없음), 터빈(안내날개 있음)
	사 류	−
	축 류	−
용적식	왕 복	피스톤, 플런저, 다이어프램
	회 전	기어, 나사, 베인
특 수		재생(마찰, 웨스크), 제트, 기포, 수격

(2) 터보형 펌프의 비교

종 류	특 징	비속도(m^3/min, m·rpm)
원 심	고양정에 적합	100~600
사 류	중양정에 적합	500~1300
축 류	저양정에 적합	1200~2000

(3) 펌프의 크기

표시방법	흡입구경 D_1(mm), 토출구경 D(mm)로 표시
흡입토출구경이 동일한 경우	100 원심펌프 : 흡입구경 100mm, 토출구경 100mm
흡입토출구경이 다른 경우	100×90 원심펌프 : 흡입구경 100mm, 토출구경 90mm

(4) 펌프 정지 시 순서

원심펌프	왕복펌프	기어펌프
① 토출밸브를 닫는다.	① 모터를 정지시킨다.	① 모터를 정지시킨다.
② 모터를 정지시킨다.	② 토출밸브를 닫는다.	② 흡입밸브를 닫는다.
③ 흡입밸브를 닫는다.	③ 흡입밸브를 닫는다.	③ 토출밸브를 닫는다.
④ 펌프 내의 액을 뺀다.	④ 펌프 내의 액을 뺀다.	④ 펌프 내의 액을 뺀다.

(5) 펌프의 이상현상

구 분	정 의	발생조건(원인)	방지법	발생에 따른 현상
캐비테이션 (공동현상)	유수 중에 그 수온의 증기압보다 낮은 부분이 생기면 물이 증발을 일으키고 기포를 발생하는 현상	① 회전수가 빠를 때 ② 흡입관경이 좁을 때 ③ 펌프 설치위치가 높을 때	① 회전수를 낮춘다. ② 흡입관경을 넓힌다. ③ 양흡입펌프를 사용한다. ④ 두 대 이상의 펌프를 사용한다. ⑤ 압축펌프를 사용하고 회전차를 수중에 완전히 잠기게 한다.	① 소음·진동 ② 깃의 침식 ③ 양정·효율 곡선 저하
베이퍼록 현상	저비점 액체 등을 이송 시 펌프 입구에서 발생하는 현상으로 일종의 액의 끓음에 의한 동요를 말한다.	① 흡입배관 외부온도 상승 시 ② 흡입관경이 좁을 때 ③ 펌프 설치위치가 부적당할 때 ④ 흡입관로의 막힘 등에 의해 저항이 증대할 때	① 실린더라이너를 냉각시킨다. ② 흡입관경을 넓힌다. ③ 펌프 설치위치를 낮춘다. ④ 외부와 단열조치한다.	−

서징현상		수격작용(워터해머)	
정 의	펌프를 운전 중 주기적으로 운동, 양정, 토출량 등이 규칙 바르게 변동하는 현상	정 의	펌프를 운전 중 심한 속도변화에 따른 큰 압력변화가 생기는 현상
발생원인	① 펌프의 양정곡선이 산고곡선이고 곡선의 산고 상승부에서 운전했을 때 ② 배관 중에 물탱크나 공기탱크가 있을 때 ③ 유량조절밸브가 탱크 뒤쪽에 있을 때	방지법	① 관 내 유속을 낮춘다. ② 펌프에 플라이휠을 설치한다. ③ 조압수조를 관선에 설치한다. ④ 밸브를 송출구 가까이 설치하고, 적당히 제어한다.

저비점 액체용 펌프 사용 시 주의사항	펌프의 소음·진동 원인	펌프에 공기흡입 시 발생현상	펌프의 공기흡입 원인
① 펌프는 가급적 저조 가까이 설치한다. ② 펌프의 흡입토출관에는 신축조인트를 설치한다. ③ 밸브와 펌프 사이 기화가스를 방출할 수 있는 안전밸브를 설치한다. ④ 운전개시 전 펌프를 청정 건조한 다음 충분히 냉각시킨다.	① 캐비테이션 발생 시 ② 공기 흡입 시 ③ 서징 발생 시 ④ 임펠러에 이물질 혼입 시	① 펌프 기동 불능 ② 소음·진동 발생 ③ 압력계 눈금 변동	① 탱크 수위가 낮을 때 ② 흡입관로 중 공기 체류부가 있을 때 ③ 흡입관의 누설 시

흡입양정 종류	정 의
유효흡입양정	펌프의 흡입구에서의 전 압력과 그 수온에 상당하는 증기압력에서 어느 정도 높은가를 표시하는 것
필요흡입양정	펌프가 캐비테이션을 일으키기 위해 이것만은 필요하다고 하는 수두

(6) 펌프의 계산 공식

구 분	공 식	기 호
수동력(이론동력)	$$L_{PS} = \frac{\gamma \cdot Q \cdot H}{75 \times 60}$$ $$L_{kW} = \frac{\gamma \cdot Q \cdot H}{102 \times 60}$$	γ : 비중량(kgf/m^3) Q : 유량(m^3/min) H : 전 양정(m) ※ 수동력은 이론동력으로 효율 100%
축동력	$$L_{PS} = \frac{\gamma \cdot Q \cdot H}{75 \times 60 \times \eta}$$ $$L_{kW} = \frac{\gamma \cdot Q \cdot H}{102 \times 60 \times \eta}$$	η(효율) $= \dfrac{수동력}{축동력}$ η(전 효율) $= \eta_v \times \eta_m \times \eta_h$ η_v(체적효율), η_m(기계효율), η_h(수력효율)
비속도(N_s) 유량($1m^3/min$), 양정(1m) 발생 시 설계한 임펠러의 매분 회전수	$$N_s = \frac{N\sqrt{Q}}{\left(\dfrac{H}{n}\right)^{\frac{3}{4}}}$$	N : 회전수(rpm) Q : 유량(m^3/min) H : 양정(m) n : 단수

구 분	공 식	기 호
전동기 직결식 펌프 회전수(N)	$N = \dfrac{120 \times f}{P}\left(1 - \dfrac{S}{100}\right)$	N : 회전수(rpm) f : 전원주파수(60Hz) P : 모터 극수 S : 미끄럼률

(7) 관마찰손실수두

구 분	공 식	기 호
달시-바이스바하에 의한 손실	$h_f = \lambda\,\dfrac{L}{D}\cdot\dfrac{V^2}{2g}$	h_f : 관마찰손실수두(m) λ : 관마찰계수 L : 관 길이(m) D : 관경(m) V : 유속(m/s) g : 중력가속도(m/s²)

예제 1 송수량 6000L/min, 양정 45m인 원심펌프의 수동력(L_{kW})를 계산하시오.

해답 $L_{kW} = \dfrac{1000 \times 6 \times 45}{102 \times 60} = 44.117 = 44.12\text{kW}$

예제 2 [예제 1]에서 효율이 80%이면 축동력은 얼마인지 계산하시오.

해답 $\eta = \dfrac{\text{수동력}}{\text{축동력}}$

$\therefore$ 축동력 $= \dfrac{\text{수동력}}{\eta} = \dfrac{44.12}{0.8} = 55.14\text{kW}$

예제 3 효율 80%, 양수량 0.8m³/min, 손실수두 4m인 펌프에 지하 5m 있는 물을 25m 송출액면에 양수 시 축동력(kW)을 구하시오.

해답 $L_{kW} = \dfrac{\gamma \cdot Q \cdot H}{102\eta} = \dfrac{1000 \times \left(\dfrac{0.8}{60}\right) \times 34}{102 \times 0.8} = 5.56\text{kW}$

예제 4 모터 극수 4극인 전동기 직결식 원심펌프에서 미끄럼률이 없을 때 펌프의 회전수를 구하시오.

해답 $N = \dfrac{120f}{P}\left(1 - \dfrac{S}{100}\right) = \dfrac{120 \times 60}{4}\left(1 - \dfrac{0}{100}\right) = 1800\text{rpm}$

예제 5 관경 10cm인 관을 5m/s로 흐를 때 길이 15m 지점의 손실수두는 몇 m인지 계산하시오. (단, $\lambda = 0.03$이다.)

해답 $h_f = \lambda \dfrac{l}{d} \cdot \dfrac{V^2}{2g} = 0.03 \times \dfrac{15}{0.1} \times \dfrac{5^2}{2 \times 9.8} = 5.739\text{m} = 5.74\text{m}$

예제 6 양정 10m, 회전수 1000rpm, 유량 5m^3/s인 원심펌프에서 축동력은 몇 kW인지 구하시오. (단, 효율은 80%이다.)

해답 $L_{kW} = \dfrac{\gamma \cdot Q \cdot H}{102\eta} = \dfrac{1000 \times 5 \times 10}{102 \times 0.8} = 612.75\text{kW}$

예제 7 상기 펌프에서 회전수를 2000rpm으로 변경 시 변경된 송수량, 양정, 축동력은 얼마인지 계산하시오.

해답 (1) 송수량 $Q' = Q \times \left(\dfrac{N'}{N}\right)^1 = 5 \times \left(\dfrac{2000}{1000}\right)^1 = 10\text{m}^3/\text{s}$

(2) 양정 $H' = H \times \left(\dfrac{N'}{N}\right)^2 = 10 \times \left(\dfrac{2000}{1000}\right)^2 = 40\text{m}$

(3) 축동력 $P' = P \times \left(\dfrac{N'}{N}\right)^3 = 612.75 \times \left(\dfrac{2000}{1000}\right)^3 = 4902\text{kW}$

02-2 가스설비 작업

1 가스배관 설비 작업 운용

(1) 배관의 유량식

구 분	공 식	기 호	
저압배관	$Q = k\sqrt{\dfrac{D^5 H}{SL}}$	Q : 가스 유량(m^3/h) k : 폴의 정수(0.707) D : 관경(cm)	H : 압력손실(mmH_2O) S : 가스 비중 L : 관 길이(m)
중·고압배관	$Q = k\sqrt{\dfrac{D^5(P_1^2 - P_2^2)}{SL}}$	Q : 가스 유량(m^3/h) k : 콕의 정수(52.31) D : 관경(cm) L : 관 길이(m)	P_1 : 초압(kg/cm^2(a)) P_2 : 종압(kg/cm^2(a)) S : 가스 비중

(2) 배관의 압력손실

구 분	공 식	기 호	특 징
마찰저항 (직선배관)에 의한 압력손실	$H = \dfrac{Q^2 \cdot S \cdot L}{K^2 \cdot D^5}$	H : 압력손실 Q : 유량 S : 비중 L : 관 길이 K : 유량계수 D : 관경	① 유량(유속)의 2승에 비례한다. ② 관의 길이에 비례한다. ③ 관 내경의 5승에 반비례한다. ④ 유체의 점도에 관계한다. ⑤ 가스 비중에 비례한다.
입상(수직상향) 배관에 의한 압력손실	$h = 1.293(S-1)H$	h : 압력손실(mmH$_2$O) 1.293 : 공기의 밀도 (kg/m^3) S : 가스 비중 H : 입상높이(m)	(1) 가스의 흐름방향이 위로 향하거나 아래로 향하거나 관계없이 모두 입상관으로 간주함 (2) 가스 방향 및 비중에 따른 압력손실 값의 구분 ① 공기보다 무거운 가스 • 상향 시 : 손실 발생 (압력손실값 +) • 하향 시 : 손실의 역수값 발생 (압력손실값 -) ② 공기보다 가벼운 가스 • 상향 시 : 손실의 역수값 발생 (압력손실값 -) • 하향 시 : 손실 발생 (압력손실값 +)

• 안전밸브에 의한 압력손실   • 가스미터, 콕 등에 의한 압력손실

(3) 배관 관련 암기사항

구 분	내 용
가스배관 시설 유의사항	① 배관 내 압력손실 ② 가스소비량 결정 ③ 배관 경로의 결정 ④ 감압방식의 결정 및 조정기 산정
저압배관 설계 4요소	① 배관 내 압력손실 ② 가스 유량 ③ 배관 길이 ④ 관 지름 ※ 관경 결정의 4요소 ① 가스 유량 ② 관 길이 ③ 압력손실 ④ 가스 비중
가스배관 경로 4요소	① 최단거리로 할 것 ② 직선배관으로 시공할 것 ③ 노출하여 시공할 것 ④ 가능한 옥외에 시공할 것
배관에 생기는 응력의 원인	① 열팽창에 의한 응력 ② 냉간가공에 의한 응력 ③ 용접에 의한 응력 ④ 관 내를 흐르는 유체의 중량에 의한 응력
배관에서 발생하는 진동의 원인	① 펌프 압축기에 의한 진동 ② 안전밸브 분출에 의한 진동 ③ 관의 굴곡에 의한 힘의 영향 ④ 바람, 지진에 의한 영향 ⑤ 관 내를 흐르는 유체의 압력변화에 의한 영향

Craftsman Gas

구 분	내 용
배관 내면에서 수리하는 방법	① 관 내 시일액을 가압충전 배출하여 이음부의 미소 간격을 폐쇄시키는 방법 ② 관 내 플라스틱 파이프를 삽입하는 방법 ③ 관 벽에 접합제를 바르고, 필름을 내장하는 방법 ④ 관 내 시일제를 도포하여 고화시키는 방법
배관재료의 구비조건	① 관 내 가스 유통이 원활할 것 ② 절단가공이 용이할 것 ③ 토양, 지하수 등에 내식성이 있을 것 ④ 관의 접합이 용이하고 누설이 방지될 것 ⑤ 내부 가스압 및 외부의 충격하중에 견딜 것

(4) 노즐에서 가스분출 유량(m^3/h) 계산식

공 식	기 호
$$Q = 0.009D^2\sqrt{\dfrac{h}{d}}$$	Q : 노즐에서 가스 분출량(m^3/h) D : 노즐 직경(mm) h : 분출압력(mmH_2O) d : 가스 비중 K : 유량계수
$$Q = 0.011KD^2\sqrt{\dfrac{h}{d}}$$	

(5) 배관이음의 종류

종 류		설 명	도시기호
영구이음	용접	배관의 양단을 용접하여 결합	⊣✕⊢
	납땜	배관의 양단을 납땜하여 결합	⊣○⊢
일시(분해)이음	소켓	배관의 양단을 소켓으로 결합	⊣<⊢
	플랜지	배관의 양단에 플랜지를 만들고 사이에 개스킷을 삽입하여 볼트, 너트로 결합	⊣╫⊢
	유니언	배관의 양단을 유니언으로 결합	⊣╫⊢

(6) 배관의 신축이음

종 류	특 징	도시기호
슬리브이음	관의 빈 공간을 이용, 신축을 흡수	
스위블이음	두 개 이상의 엘보를 이용, 엘보의 공간에서 신축을 흡수	
벨로즈(팩레스)이음	주름관을 이용, 신축을 흡수	
루프(신축곡관)	신축이음 중 가장 큰 신축을 흡수	Ω
상온 스프링	배관의 자유팽창량을 미리 계산하여 관의 길이를 짧게 절단함으로써 신축을 흡수하는 방법이며, 절단길이는 자유팽창량의 1/2이다.	
신축량 계산	공 식 $$\lambda = l \cdot \alpha \cdot \Delta t$$	기 호 λ : 신축량 l : 관 길이 α : 선팽창계수 Δt : 온도차

(7) 배관에서의 응력 계산식

구 분		공 식	기 호
축방향응력 (σ_z)	D(외경) 기준 시	$\sigma_z = \dfrac{P(D-2t)}{4t}$	σ_z : 축방향응력 P : 배관의 내압 D : 외경(mm) t : 배관의 두께(mm) d : 배관의 내경(mm)
	d(내경) 기준 시	$\sigma_z = \dfrac{Pd}{4t}$	
원주방향응력 (σ_t)	D(외경) 기준 시	$\sigma_t = \dfrac{P(D-2t)}{2t}$	σ_t : 원주방향응력 P : 배관의 내압 D : 외경(mm) t : 배관의 두께(mm) d : 배관의 내경(mm)
	d(내경) 기준 시	$\sigma_t = \dfrac{Pd}{2t}$	

TiP

1. 배관의 외경(D)=내경(d)+$2t$의 관계가 성립된다.
2. 응력의 단위는 내압의 단위가 결정한다.
   P가 kg/cm^{2}이면 σ(응력)은 kg/cm^2, P가 MPa(N/mm^2)이면 σ(응력)은 MPa이 된다.
3. P의 단위를 kg/cm^{2}로 주고 응력을 kg/mm^{2}로 계산 시에는 100으로 나누어야 하므로
   $\sigma_t = \dfrac{P(D-2t)}{200t}$ 이 된다.
   여기서, P(kg/cm^2), σ(kg/mm^2)

2 저장 · 공급 설비 작업

(1) LPG가스 저장

① 원통형 저장탱크 내용적

$$V = \frac{\pi}{4}D^2 \times L$$

여기서, V : 탱크 내용적(m^3)
D : 탱크 직경(m)
L : 탱크 길이(m)

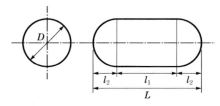

[원통형 저장탱크]

② 구형 저장탱크 내용적

$$V = \frac{\pi}{6}D^3 = \frac{4}{3}\pi r^3$$

여기서, V : 탱크 내용적(m^3)
D : 탱크 직경(m)

[구형 저장탱크]

(2) LP가스 이송방법

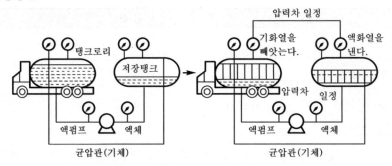

【 액체펌프 이송방식(균압관이 있는 경우) 】

(3) 압축기 펌프 이송 시 장·단점

① 차압에 의한 이송방법

탱크로리의 액면이 높은 경우 중력의 차, 온도에 의한 압력차에 의해 탱크로리의 액가스가 저장탱크로 이송되는 방식으로 동력원이 필요 없다.

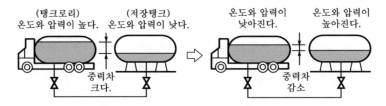

② 균압관이 없는 펌프의 이송방법

탱크로리 하부 유출 밸브를 개방하고 펌프 가동 시 액가스가 저장탱크로 이송되는 방법

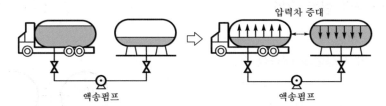

③ 균압관이 있는 펌프의 이송방법

탱크로리의 액가스를 펌프로 이송 시 가스가 충전될수록 저장탱크 내부로 이송이 점점 어려워져 저장탱크와 탱크로리로 이송하게 하므로 액가스의 충전을 쉽게 하는 펌프의 이송방식이다.

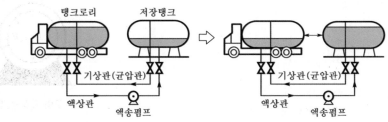

④ 압축기에 의한 이송방법

압축기를 가동하여 저장탱크의 기상부에 있는 기체가스를 탱크로리 상부에 고압력으로 누름으로써 탱크로리 액가스가 빠른 시간에 저장탱크로 이송되는 방법이다. 충전 후에는 사방밸브의 방향을 전환하고 다시 압축기를 가동시키면 탱크로리로 이송되었던 기체가스를 다시 저장탱크로 회수할 수 있는 장점이 있다.

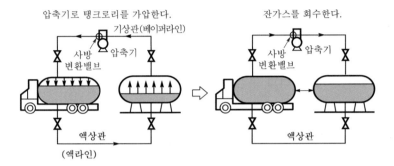

3 가스사용설비 운용, 관리

(1) 도시가스 월사용예정량(m³) 계산식

$$Q = \frac{(A \times 240) + (B \times 90)}{11000}$$

여기서, Q : 월사용예정량(m³)

A : 산업용으로 사용하는 연소기 명판에 기재된 가스소비량 합계(kcal/h)

B : 산업용이 아닌 연소기 명판에 기재된 가스소비량 합계(kcal/h)

(2) 피크 시(최대소비수량) 사용량에 대한 용기수량 결정 및 관련식

구 분		공 식	기 호
피크 시 사용량	집단 공급처	$Q = q \times N \times \eta$	Q : 피크 시 사용량(kg/h) q : 1일 1호당 평균 가스소비량(kg/d) N : 소비 호수 η : 소비율
	업무용 (식당, 다방)	$Q = q \times \eta$	q : 연소기의 시간당 사용량(kg/h) η : 연소기 대수
용기 설치 본수 (최소용기수)		$\dfrac{\text{최대소비수량(kg/h)}}{\text{용기 1개당 가스발생량}}$ ※ 자동교체 조정기 및 2계열 설치 시는 용기수×2	–
2일분 용기수		$\dfrac{\text{1일 1호당 평균가스소비량} \times 2일 \times 소비호수}{\text{용기의 질량}}$	–

구 분	공 식	기 호
표준 용기수	필요 최저용기수＋2일분 용기수	–
2열 합계 용기수	표준 용기수×2	–
용기 교환주기	$\dfrac{사용가스량(kg)}{1일\ 사용량(kg/d)}$ ※ 사용가스량(%) ＝ 용기질량×용기수×사용(%)	–

(3) 유수식, 무수식 가스홀더의 특징

(4) 구형 가스홀더의 특징

(5) 조정기

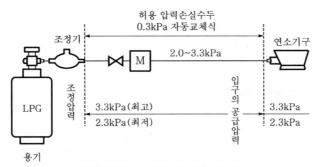

[단단감압식 저압조정기의 성능]

(6) 가스계량기

항 목		세부내용
사용목적		소비자에게 공급하는 가스체적 측정을 위하여
성능	기밀시험	10kPa(1000mmH$_2$O)
	압력손실	0.3kPa(30mmH$_2$O)
검정공차		① 최대유량 1/5 미만 : ±2.5% ② 최대유량 1/5 이상 4/5 미만 : ±1.5% ③ 최대유량 4/5 이상 : ±2.5%
기차	공 식	기 호
	$E=\dfrac{I-Q}{I}\times100$	E : 기차 I : 시험용 미터의 지시량 Q : 기준미터의 지시량
감도유량	정의	가스미터가 작동하는 최소유량
	LP가스미터	15L/hr
	막식가스미터	3L/hr

02-3 가스제어 계측기기 운용(유지 · 보수)

※ 세부내용 : 문제 해설부분 참고

1 온도계

(1) 접촉식과 비접촉식 온도계 구분

(2) 열전대 온도계의 구성요소와 소자의 종류

2 압력계

(1) 1차, 2차 압력계

(2) 자유피스톤식 압력계, 오차값 구하기

(3) 2차 압력계의 종류

3 액면계

(1) 직접식, 간접식 구분

(2) LP가스탱크에 사용되는 액면계의 종류

(3) 초저온탱크에 사용되는 액면계의 종류

4 유량계

(1) 유량 계산공식

(2) 차압식 유량계의 종류 및 측정원리

(3) 직접식, 간접식, 추량식 유량계의 종류

5 가스의 검지

(1) 물리·화학적 분석방법

구 분	종 류
물리적 분석방법	① 적외선 흡수를 이용한 것 ② 빛의 간섭을 이용한 것 ③ 가스의 열전도율, 밀도, 비중, 반응성을 이용한 것 ④ 전기전도도를 이용한 것 ⑤ 가스 크로마토그래피(G/C)를 이용한 것
화학적 분석방법	① 가스의 연소열을 이용한 것 ② 용액의 흡수제(오르자트, 헴펠, 게겔)을 이용한 것 ③ 고체의 흡수제를 이용한 것

(2) 흡수분석법 – 오르자트법

분석가스명	흡수액
CO_2	33% KOH 용액
O_2	알칼리성 피로카롤 용액
CO	암모니아성 염화제1동 용액
N_2	$N_2 : 100 - (CO_2 + O_2 + CO)$ 값으로 정량

(3) 헴펠법 분석기의 분석순서와 흡수액

분석가스명	흡수액
CO_2	33% KOH 용액
$C_m H_n$	발연황산
O_2	알칼리성 피로카롤 용액
CO	암모니아성 염화제1동 용액

(4) 게겔법 분석기의 분석순서와 흡수액

(5) 독성가스 누출검지시험지와 변색상태

가스명	시험지	변색상태
염소	KI전분지	청색
암모니아	적색 리트머스지	청색
시안화수소	초산벤젠지(질산구리벤젠지)	청색
포스겐	하리슨시험지	심등색, 귤색, 오렌지색
일산화탄소	염화파라듐지	흑색
황화수소	연당지	흑색
아세틸렌	염화제1동착염지	적색

가스 제조공정도

03-1 가연성 가스를 제조하여 저장탱크에 저장 후 탱크로리에 충전하는 계통도

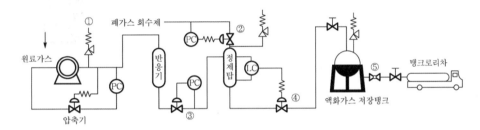

① 안전밸브 : 토출압력 이상상승 시 작동하여 내부 가스의 분출압력을 정상압력으로 되돌린다.
②,③ 압력조절밸브 : 압력 상승 시 밸브 ②는 방출량을 조절, 밸브 ③은 유입량을 조절한다.
④ 액면조절밸브 : 액면 상승 시 작동하여 액화가스를 방출한다.
⑤ 긴급차단밸브 : 이상사태 발생 시 가스 유동을 정지하여 피해 확대를 막는다.

03-2 산소 제조장치의 공정도

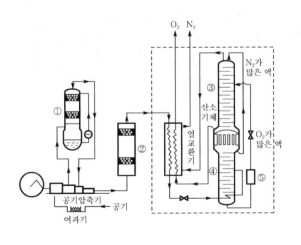

① CO_2흡수기
② 건조기
③ 상부 정류탑
④ 하부 정류탑
⑤ 공기여과기

03-3 공기액화분리장치 중 복식 정류탑

(1) A지점에서 기체의 분자식은 N_2이다.

(2) 가운데 위치한 B지점은 응축기이다.

(3) C지점에서 액체의 종류는 질소가 많은 액체이다.

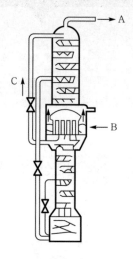

03-4 아세틸렌 제조공정

$$카바이드(CaC_2) + 물(2H_2O) \rightarrow C_2H_2 + Ca(OH)_2$$

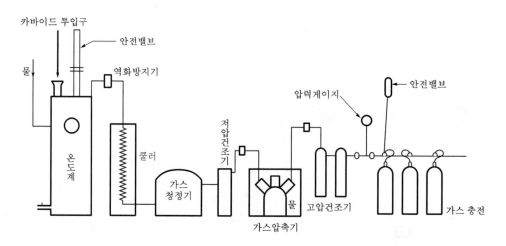

(발생기를 형식에 따라 분류)

① 주수식 : 카바이드에 물을 넣는 방법(불순물이 많음)

② 침지식 : 카바이드와 물을 소량씩 접촉시키는 방법

③ 투입식 : 물에 카바이드를 넣는 방식으로 대량생산에 적합

03-5   암모니아 합성·분리 장치(공정)

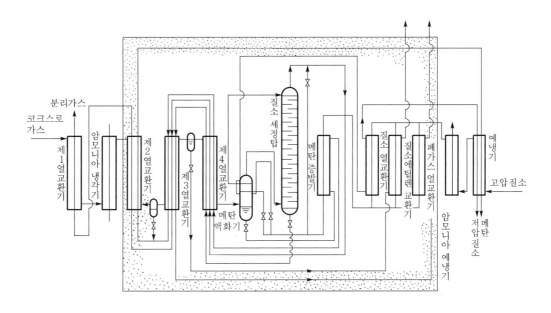

(1) 12~25atm으로 압축되어 예비 정제된 코크스로가스는 제1열교환기, 암모니아 냉각기, 제2, 제3, 제4 열교환기에서 순차 냉각되어 고비점 성분이 액화분리된다. 이 가운데 에틸렌은 제3열교환기에서 액화한다.

(2) 제4열교환기에서 약 −180℃까지 냉각된 코크스로가스는 메탄액화기에서 −190℃까지 냉각되어 거의 메탄이 액화하여 제거된다.

(3) 메탄액화기를 나온 가스는 질소세정탑에서 액체질소에 의해 세정되고 남아 있던 일산화탄소, 메탄, 산소 등이 제거되어 대략 수소 90%, 질소 10%의 혼합가스가 된다.

(4) 이것에 적량의 질소를 혼합하여 (3H$_2$+N$_2$)의 조성으로 하고 제3, 제3, 제2, 제1의 각 열교환기에서 온도 상승하여 채취된다.

(5) 한편 고압질소는 100~200atm의 압력으로 공급되고 각 열교환기에서 냉각되어 액화된 후 질소세정탑에 공급된다.

03-6 　암모니아 합성 중 신파우서법의 냉동탑

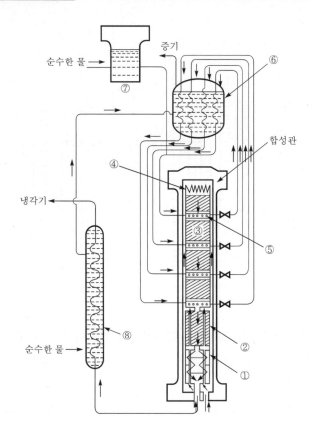

① 열교환기
② 촉매를 충전한 열교환기
③ 촉매층
④ 전열기
⑤ 사관식 냉각코일
⑥ 보일러
⑦ 팽창탱크
⑧ 급수예열기

(1) **촉매의 종류** : Al_2O_3, K_2O, MgO, CaO

(2) **촉매의 크기** : 5~15mm 정도의 입도

(3) **합성관 재료** : 18－8STS

03-7 공기액화분리장치(고압식 액체산소분리장치의 공정)

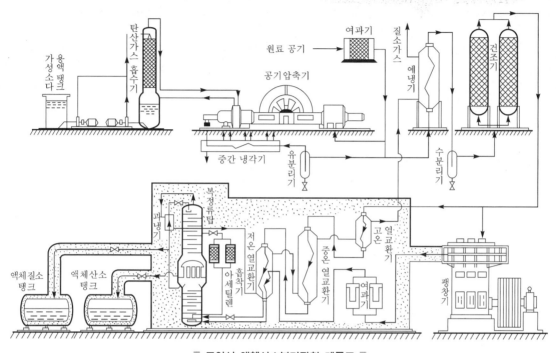

[고압식 액체산소분리장치 계통도]

(1) 원료 공기는 여과기를 통해 불순물이 제거된 후 압축기에 흡입되어 약 15atm 정도의 중간 단에서 탄산가스흡수기로 이송된다. 여기에서 8% 정도의 가성소다 용액에 의해 탄산가스가 제거된 후 다시 압축기에서 150~200atm 정도로 압축되어 유분리기를 통하면서 기름이 제거된 후 예냉기로 들어간다.

(2) 예냉기에서는 약간 냉각된 후 수분리기를 거쳐 건조기에서 흡착제에 의해 최종적으로 수분이 제거된 후 반 정도는 피스톤 팽창기로, 나머지는 팽창밸브를 통해 약 5atm으로 정류탑 하부에 들어간다. 나머지 팽창기로 이송된 공기는 역시 5atm 정도로 단열팽창하여 약 −150℃ 정도의 저온으로 되고, 팽창기에서 혼입된 유분을 여과기에서 제거한 후 고온, 중온, 저온 열교환기를 통하여 복식 정류탑으로 들어간다. 여기서 정류판을 거쳐 정류된 액체공기는 비등점 차에 의해 액화산소와 액화질소로 되어 상부탑 하부에 액화산소가, 하부탑 상부에서는 액화질소가 각각 분리되어 저장탱크로 이송된다.

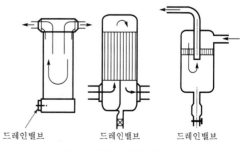

드레인밸브   드레인밸브   드레인밸브

[수 · 유분리기의 구조]

가스시설 안전관리

04-1 가스의 특성 (핵심키워드)

※ 세부내용 : 문제 해설부분 참고

(1) 수소
  ① 제조방법
  ② 폭명기 반응식 3가지
  ③ 부식명 및 부식 방지방법

(2) 산소
  ① 제조방법
  ② 공기 중 함유율
  ③ 설비 내 유지농도
  ④ 비등점

(3) 염소
  ① 제조방법
  ② 비등점
  ③ 중화액의 종류

(4) 암모니아
  ① 충전구나사
  ② 시설의 방폭구조 유무
  ③ 비등점
  ④ 폭발범위
  ⑤ Cu와 부식이 있으므로 사용 가능 재료

(5) CO
　　① 부식명 및 부식 방지방법
　　② Ni, Fe과의 반응식

(6) CH₄
　　① 비등점(-161.5℃)
　　② 천연가스와의 주성분

(7) C₂H₂
　　① 폭발성 3가지
　　② 연소범위
　　③ 위험도 계상
　　④ 제조 시 발생기의 형식
　　⑤ 제조 시 불순물의 종류 및 제거방법
　　⑥ 충전방법 및 희석제
　　⑦ 다공도 공식 및 계산법

(8) HCN
　　① 폭발성 2가지(산화, 중합)
　　② 순도 및 안정제
　　③ 중화액

(9) COCl₂
　　① 허용농도(ppm)
　　② 중화액
　　③ 가수분해반응식

(10) H₂S, CH₃Br
　　① 연소범위
　　② 중화액
　　③ 방폭구조 설치 유무

(11) C₂H₄O
　　① 폭발성 3가지
　　② 연소범위
　　③ 용기에 충전 시 충전방법 및 희석제의 종류

04-2 가스안전관리 종합편

※ 세부내용 : 문제 해설부분 참고

(1) 위해예방작업

(2) 가스화재 폭발위험 인지

(3) 고압가스의 정의

(4) LP가스 연소기구

(5) 연소의 이상현상의 종류 및 정의

PART

2

필답형
예상문제

출제기준에 근거한
주관식 필답형 문제입니다.

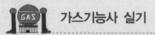

가스기능사 실기

PART 2. 필답형 예상문제

Chapter 01

가스설비

01 가스장치 운용

1 제조·저장·충전 장치 운용

01 다음 가스의 정의를 기술하시오.
(1) LPG
(2) LNG
(3) SNG
(4) CNG

해답 (1) 액화석유가스
(2) 액화천연가스
(3) 대체천연가스
(4) 압축천연가스

02 LPG, LNG 가스의 주성분을 쓰시오.

해답 (1) LPG : C_3H_8, C_4H_{10}
(2) LNG : CH_4

03 C_3H_8과 CH_4이 누설 시 일어나는 현상을 비중으로 설명하시오.

해답 (1) C_3H_8 : 공기보다 무거워(비중 1.52) 누설 시 낮은 곳에 체류한다.
(2) CH_4 : 공기보다 가벼워(비중 0.5) 누설 시 상부에 체류 및 대기 중 확산이 빠르다.

04 LP가스의 연소 특성 4가지를 쓰시오.

해답 ① 연소범위가 좁다.
② 연소속도가 느리다.
③ 발화온도가 높다.
④ 연소 시 다량의 공기가 필요하다.

05 LP가스가 가지는 일반적인 특성을 4가지 쓰시오.

해답 ① 가스는 공기보다 무겁다.
② 액은 물보다 가볍다.
③ 기화, 액화가 용이하다.
④ 기화 시 체적이 250배 커진다.
⑤ 증발잠열이 크다.

06 LP가스의 누설에 대비한 통풍구에 대한 바닥면적 $1m^2$에 대한 기준을 쓰시오.
(1) 자연통풍장치
(2) 강제통풍장치

해답 (1) 바닥면적 $1m^2$당 $300cm^2$ 이상의 환풍구 설치
(2) 바닥면적 $1m^2$당 $0.5m^3/min$ 이상의 능력을 가진 기계통풍장치 설치

07 다음 선도는 밀폐된 실내에서 LP가스 연소 시 나타나는 선도이다. ①, ②가 나타내는 가스의 종류를 쓰시오.

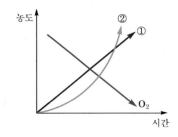

해답 ① CO_2
② CO

08 LPG용기 검사 시 펜탄분리기의 목적을 기술하시오.

해답 용기 내부에 펜탄 존재 시 절연작용이 저해되어 LP가스의 기화에 방해가 된다.

09 LP가스를 자동차 연료로 사용 시 장점 4가지를 쓰시오.

해답 ① 경제적이다.
② 완전연소 한다.
③ 공해가 적다.
④ 열효율이 높다.

10 LP가스를 자동차 연료로 사용 시 단점 3가지를 쓰시오.

해답 ① 용기의 무게와 장소가 필요하다.
② 누설가스가 차 내에 들어오지 않도록 밀폐하여야 한다.
③ 급속한 가속은 곤란하다.

11 유전지대의 습성가스 원유에서 회수하는 LP가스의 제법 3가지를 쓰시오.

해답 ① 활성탄에 의한 흡착법
② 압축냉각법
③ 흡수유에 의한 흡수법

12 다음 그림은 상압증류장치로부터의 회수가스 생산 공정도이다. ①, ②, ③, ④의 장치명을 쓰시오.

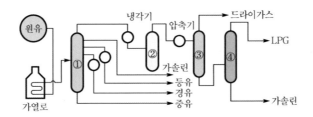

해답 ① 정류탑   ② 가스분리기
③ 탈메탄탑   ④ 탈프로판탑

13 천연가스로부터 LP가스를 회수하는 방법 4가지를 쓰시오.

해답 ① 냉각수회수법   ② 유회수법
③ 흡착법   ④ 냉동법

14 제유소에서 LP가스가 회수되는 장치 종류 4가지를 쓰시오.

해답 ① 상압증류장치   ② 접촉개질장치
③ 접촉분해장치   ④ 수소화탈황장치

15 나프타의 접촉개질반응 4가지를 쓰시오.

해답 ① 나프타의 탈수소반응
② 파라핀의 환화탈수소반응
③ 파라핀, 나프타의 이성화반응
④ 불순물의 수소화분해반응

16 LP가스를 도시가스로 공급하는 방식 3가지를 쓰시오.

해답 ① 공기혼합방식
② 변성가스혼입방식
③ 직접혼입방식

17 LP가스를 대량소비 시 용기에 서리가 생기는 이유를 증발잠열로 설명하시오.

해답 다량의 LP가스가 증발 시 가스의 증발잠열로 주위의 온도가 낮아져 공기 중 수분이 용기에 응결하여 서리가 된다.

18 C_3H_8액 1L가 기화 시 기체의 부피는 몇 L인지 구하시오. (단, 액비중은 0.5이다.)

해답 $1L \times 0.5kg/L = 0.5kg = 500g$

$\therefore \dfrac{500}{44} \times 22.4 = 254.54L$

19 20kg LP가스 용기에 규정량만큼 충전하였다. 정수 $C = 2.35$, 액비중은 0.5일 때, 다음 물음에 답하시오.
(1) 용기 내용적(L)을 계산하시오.
(2) 충전공간(%)과 안전공간(%)을 계산하시오.

해답 (1) $G = \dfrac{V}{C}$ 에서 $V = G \times C = 20 \times 2.35 = 47L$

(2) $20kg \div 0.5kg/L = 40L$이므로

충전공간(%) $= \dfrac{40}{47} \times 100 = 85.106 = 85.11\%$

안전공간(%) $= \dfrac{47-40}{47} \times 100 = 14.89\%$

20 LP가스를 도시가스와 비교 시 (1) 장점 4가지, (2) 단점 4가지를 쓰시오.

해답 (1) 장점
① 작은 관경으로 공급이 가능하다.
② 열량이 높아 단시간 온도 상승이 가능하다.
③ 입지적 제약이 없다.
④ 특별한 가압장치가 필요 없다.
(2) 단점
① 저장탱크 또는 용기집합장치가 필요하다.
② 예비용기 확보가 필요하다.
③ 연소 시 다량의 공기가 필요하다.
④ 부탄의 경우 재액화 방지가 필요하다.

2 기화장치 운용

01 기화장치가 하는 역할을 기술하시오.

> **해답** 액화가스를 증기나 온수의 열매체를 이용하여 가열해 기화시켜 기체가스를 공급하기 위한 장치이다.

02 다음은 LP가스 기화장치이다. ①, ②, ③, ④, ⑤의 장치 명칭을 쓰시오.

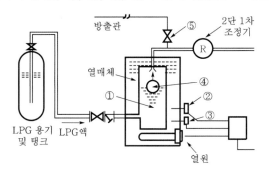

> **해답** ① 열교환기   ② 온도제어장치   ③ 과열방지장치   ④ 액면제어장치   ⑤ 안전밸브

> **해설** ① 열교환기 : 액상의 LP가스를 열교환에 의해 가스화하는 부분
> ② 온도제어장치 : 열매의 온도를 일정범위 내 유지하기 위한 장치
> ③ 과열방지장치 : 열매가 이상하게 과열될 경우 열매체의 입열을 방지하는 장치
> ④ 액면제어장치(액유출방지장치) : LP가스가 액상상태로 열교환기 이외에 유출되는 것을 방지하는 장치
> ⑤ 안전밸브 : 기화기 내부 압력 상승 시 장치 내 가스를 외부로 방출시키는 장치

03 기화기를 장치 구성형식에 따라 4가지로 분류하시오.

> **해답** ① 다관식   ② 단관식   ③ 사관식   ④ 열판식

04 액상의 가스를 기화시키는 기화기의 유지, 관리에 관한 주의사항을 4가지 쓰시오.

> **해답** ① 기화장치는 직화식의 가열구조가 아닐 것
> ② 법에 정한 압력규정에 적합할 것
> ③ 액상의 액화가스가 유출방지조치를 할 것
> ④ 온수부의 동결방지조치를 강구할 것

05 기화장치를 작동원리에 따라 분류하시오.

> **해답** ① 가온감압방식   ② 감압가열방식

> **해설** ① 가온감압방식 : 열교환기에 액체상태의 액화가스를 가열하여 기화된 가스의 압력을 감압하여 공급하는 방식
> ② 감압가열방식 : 액화가스를 조정기 또는 감압변으로 감압하고 열교환기에 의해 액화가스를 기화하여 공급하는 방식

06 기화기를 사용 시 좋은 점(강제기화방식의 장점) 4가지를 기술하시오.

해답 ① 한랭 시에도 기화가 가능하다.
② 공급가스 조성이 일정하다.
③ 기화량을 가감할 수 있다.
④ 설비비, 인건비가 절감된다.
⑤ 설치장소가 작아진다.

참고 자연기화방식의 단점
1. 한랭 시 기화가 어렵다.
2. 용기 수량이 많아야 한다.
3. 가스의 조성 변화가 크다.

07 C_3H_8과 C_4H_{10}의 기화방식의 차이를 비등점을 들어 설명하시오.

해답 ① C_3H_8 : 비등점 $-42\,°C$로 자연기화방식이 가능하다.
② C_4H_{10} : 비등점 $-0.5\,°C$로 한랭 시에는 자연기화가 불가능하므로 기화기를 사용하는 강제기
화방식을 사용하여야 한다.

08 기화장치의 구조에 대해 ( ) 안에 적당한 단어를 쓰시오.

기화장치는 온수에 의하여 액상의 LP가스를 기화시키는 열교환기와 열매가 과열하지 않도록 입열을 제
어하는 (①)장치, 액면의 제어와 LP가스가 액상상태로 장치 외로 유출되는 것을 방지하는 (②)장치
와 기화기의 토출측에 압력이 비정상적으로 상승 시 내부 가스를 외부로 방출함에 의하여 압력을 정상
화 시킬 수 있는 (③)밸브 등이 있다.

해답 ① 열매과열방지
② 액유출방지
③ 안전

09 자연기화방식으로 사용할 수 있는 경우 3가지를 쓰시오.

해답 ① 부하변동이 적은 장소일 때
② 연간의 기온차가 적은 장소일 때
③ 용기 설치장소를 용이하게 확보할 수 있을 때

참고 강제기화방식으로 사용하여야 하는 경우
1. 가스의 부하변동이 심할 때
2. 용기 설치장소 확보가 어려울 때
3. 계획에 따른 기온차가 심할 때

10 LP가스의 발열량이 24000kcal/m³일 때 공기를 희석하여 5000kcal/m³의 C_3H_8가스로 희석 시 ① 공기량(m³)을 구하고, ② 공기희석이 가능한지를 이유를 들어 설명하시오.

> **해답** ① $\dfrac{24000}{1+x} = 5000$, $(1+x) \times 5000 = 24000$
>
> $\therefore \; x = \dfrac{24000}{5000} - 1 = 3.8\,\mathrm{m}^3$
>
> ② C_3H_8의 공기 혼합 시 용량(%)
>
> $C_3H_8(\%) = \dfrac{1}{1+3.8} \times 100 = 20.83\%$
>
> $\therefore \; C_3H_8$의 폭발범위가 2.1~9.5%를 벗어나므로 공기희석이 가능하다.

11 LNG 수입기지의 기화설비 구비조건 4가지를 쓰시오.

> **해답** ① 경제성이 있을 것   ② 안정성이 있을 것
> ③ 장시간 사용에 견디는 내구성이 있을 것
> ④ 수요에 적응할 수 있는 운전성이 있을 것

12 LP가스 공기혼합설비의 혼합기의 종류 2가지를 쓰시오.

> **해답** ① 벤투리믹서   ② 플로믹서

13 다음은 LP가스혼합기인 벤투리믹서이다. 다음 물음에 답하시오.

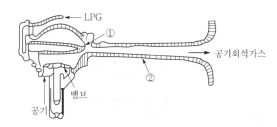

(1) ①, ②의 명칭을 쓰시오.
(2) 이 장치의 작동원리는 기화한 가스를 일정압력으로 (①)에서 분출시켜 (②) 실내를 감압함에 의해 (③)를 혼합하는 방식이다.
(3) 이 혼합기의 장점을 2가시 쓰시오.

> **해답** (1) ① 노즐 ② 벤투리
> (2) ① 노즐 ② 노즐 ③ 공기
> (3) ① 특별한 동력원이 없어도 된다.
> ② 가스압력의 조절에 의하여 공기의 혼합비를 자유롭게 할 수 있다.

14 다음 도표의 특징에 부합되는 강제기화방식의 명칭 ①, ②, ③을 쓰시오.

방식의 명칭 / 강제기화	세부내용	특 징
①	생가스가 외기에 의하여 기화되었거나 기화기에 의하여 기화된 가스를 그대로 공급하는 방식	• 장치가 간단하다. • 발생가스의 압력이 높다. • 열량 조정이 필요 없다. • 재액화에 문제가 있다. • 높은 열량을 필요로 하는 경우 사용된다.
②	기화한 가스와 공기를 혼합하여 열량을 조정하여 공급하는 방식	• 발열량을 조절할 수 있다. • 누설 시 손실이 감소된다. • 재액화가 방지된다. • 연소효율이 증대된다.
③	부탄을 고온의 촉매로 분해하여 메탄, 수소, 일산화탄소 등의 연질가스로 공급하는 방식	

해답 ① 생가스 공급방식
② 공기혼합가스 공급방식
③ 변성가스 공급방식

15 LP가스를 이용하여 도시가스로 공급하는 방식 3종류를 쓰시오.

해답 ① 공기혼합가스 공급방식
② 변성가스 혼합방식
③ 직접 혼합방식

참고

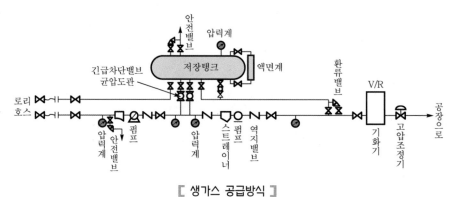

[생가스 공급방식]

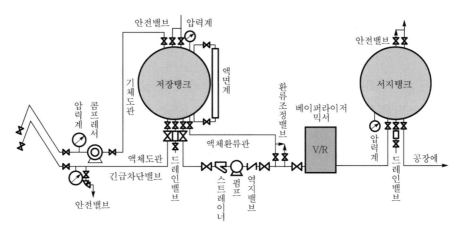

[공기혼합가스 공급방식]

3 저온장치 운용

01 다음은 증기압축식 냉동장치의 4대 주기이다. ( )에 적당한 기기를 쓰시오.

증발기 - (①) - (②) - 팽창밸브

해답 ① 압축기   ② 응축기

02 다음은 흡수식 냉동장치의 4대 주기이다. ( )에 적당한 기기를 쓰시오.

흡수기 - (①) - (②) - 증발기

해답 ① 발생기
② 응축기

참고 흡수식 냉동장치의 냉매와 흡수제의 관계
1. 냉매기 LiBr(리튬브로마이드)인 경우 흡수제는 NH_3
2. 냉매가 NH_3일 때 흡수제는 H_2O

03 냉동기에 사용되는 냉매의 구비조건 4가지를 쓰시오.

해답 ① 경제적일 것
② 비체적이 적을 것
③ 부식성이 적을 것
④ 증발잠열이 클 것

04 드라이아이스의 제법을 쓰시오.

> **해답** 기체 CO_2를 100atm 이상 압축하여 $-25℃$ 이하로 냉각한 후 단열팽창시켜 얻는다.

05 다음은 공기액화분리장치에 관한 내용이다. ( ) 안에 알맞은 것을 쓰시오.

공기액화분리장치는 원료(기체)공기를 압력은 높이고 온도는 낮추어 비등점 차이로 (①), 액체아르곤, (②)를 분리하는 공정이다.

> **해답** ① 액체산소   ② 액체질소
>
> **참고** 비등점
> • O_2 : $-183℃$ • Ar : $-186℃$ • N_2 : $-196℃$

06 저온장치에 CO_2와 수분이 존재 시 그 영향을 기술하시오.

> **해답** CO_2는 드라이아이스, H_2O는 얼음이 되어 장치 내를 폐쇄시켜 가스흐름을 방해한다.

07 다음은 고압식 공기액화분리장치(고압식 액체산소분리장치)의 계통도이다. 물음에 답하시오.

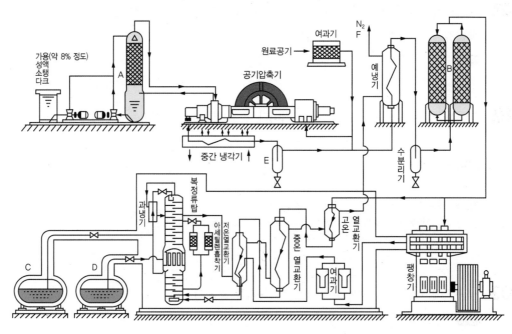

(1) 원료 공기는 압축기에 흡입되어 (①)atm 정도로 압축되어 중간냉각기를 거쳐 유분리기로 들어가고 약 (②)atm 정도의 중간단에서 탄산가스흡수기에 들어간다.

> **해답** ① 150~200   ② 15

(2) 장치 내의 불순물 종류 3가지와 제거방법을 쓰시오.

해답 ① 불순물 종류 : CO_2, H_2O, C_2H_2
② 제거방법
　• CO_2 : NaOH를 이용하여 탄산가스흡수기에서 흡착 제거
　• H_2O : 건조기에서 건조제를 사용하여 제거
　• C_2H_2 : C_2H_2 흡착기에서 아세틸렌 및 탄화수소를 흡착 제거

참고 CO_2 제거 반응식
$2NaOH + CO_2 \longrightarrow Na_2CO_3 + H_2O$
H_2O의 건조제 종류
실리카겔, 알루미나, 소바비드, 가성소다
아세틸렌 흡착기의 흡착제
실리카겔, 활성탄

(3) 압축기 다음 공정의 중간냉각기의 역할을 쓰시오.

해답 압축기에서 토출된 공기의 압축열 제거

(4) 공기액화분리장치의 폭발원인과 대책을 쓰시오.

해답 ① 폭발원인
　• 공기 취입구로부터 C_2H_2의 혼입
　• 압축기용 윤활유 분해에 따른 탄화수소 생성
　• 액체공기 중 O_3의 혼입
　• 공기 중 질소화합물의 혼입
② 대책
　• 장치 내 여과기를 설치한다.
　• 공기 취입구를 아세틸렌을 흡입할 수 없는 맑은 곳에 설치한다.
　• 윤활유는 양질의 광유를 사용한다.
　• 연 1회 CCl_4로 세척한다.

(5) 공기액화 시 흡입공기에 혼입되면 안 되는 물질 4가지를 쓰시오.

해답 ① 탄화수소류
② 아세틸렌
③ 질소산화물
④ 이산화황

(6) 공기를 액화시키려고 하면 압력은 (①) 이상으로, 온도는 (②) 이하로 낮추어야 하며, 이를 액화의 조건이라 한다. 공기를 액화시켜 액화산소, 액화질소로 분리될 수 있는 이유는 (③) 차이로 분리가 된다.

해답 ① 임계압력
② 임계온도
③ 비등점

(7) 공기액화분리장치에서 여름이 겨울보다 생산량이 높은 이유는 여름에는 (①)가 높아 (②)에 의해 수분이 많이 제거되기 때문이며, 여름에는 기온이 높아 (③)가 작아져 공기량이 감소하기 때문이다.

해답 ① 습도
② 응축기
③ 밀도

08 공기액화분리장치에서 즉시 운전을 중지하고 액화산소를 방출해야 하는 경우 2가지를 기술하시오.

해답 ① 액화산소 5L 중 탄화수소 중 탄소의 질량이 500mg을 넘을 때
② 액화산소 5L 중 C_2H_2의 질량이 5mg을 넘을 때

09 공기액화분리장치에서 아래 2가지 경우의 운전가능여부를 계산식으로 판정하시오.
(1) 액화산소 5L 중
 • CH_4 : 360mg
 • C_2H_4 : 196mg
(2) 액화산소 35L 중
 • CH_4 : 2g
 • C_4H_{10} : 4g

해답 (1) $\left(\dfrac{12}{16} \times 360 + \dfrac{24}{28} \times 196 \right) = 438\,\mathrm{mg}$

⇨ 액화산소 5L 중 탄소만의 질량이 500mg을 넘지 않으므로 운전이 가능하다.

(2) $\left(\dfrac{12}{16} \times 2000 + \dfrac{48}{58} \times 4000 \right) = 4810.3\,\mathrm{mg}$

∴ $4810.3 \times \dfrac{5}{35} = 687.18\,\mathrm{mg}$

⇨ 액화산소 5L 중 탄소만의 질량이 500mg을 넘으므로 즉시 운전을 중지하고 액화산소를 방출시켜야 한다.

10 공기액화분리장치에서 CO_2 1g 제거를 위하여 필요한 NaOH의 양(g)을 구하시오.

해답 $2NaOH + CO_2 \longrightarrow Na_2CO_3 + H_2O$
$2 \times 40\mathrm{g}$: $44\mathrm{g}$
$x(\mathrm{g})$: $1\mathrm{g}$
∴ $x = \dfrac{2 \times 40 \times 1}{44} = 1.818 = 1.82\mathrm{g}$

11 공기압축기의 내부 윤활유에 대하여 다음 물음에 답하시오.
(1) 잔류탄소의 질량이 전 질량의 1% 이하인 경우
① 인화점(℃)은?
② 170℃의 온도에서 몇 시간 동안 교반하여도 분해되지 않아야 하는가?

(2) 잔류탄소의 질량이 전 질량의 1%를 초과 1.5% 이하인 경우
    ① 인화점(℃)은?
    ② 170℃의 온도에서 몇 시간 교반하여도 분해되지 않아야 하는가?
(3) 공기압축기의 내부 윤활유로 사용할 수 없는 오일은?

해답 (1) ① 200℃
         ② 8시간
    (2) ① 230℃
         ② 12시간
    (3) 재생유

12 공기액화분리장치에서 근접한 곳에 카바이드 제조공장이 있을 경우 분리장치에 폭발사고 발생 시 그 원인이라 추정되는 이유 1가지를 기술하시오.

해답 공기취입구로부터 C_2H_2의 혼입

해설 카바이드(탄화칼슘)는 아세틸렌의 제조원료이다.
$CaC_2 + 2H_2O \rightarrow Ca(OH)_2 + C_2H_2$

13 초저온용 장치 재료를 4가지 쓰시오.

해답 ① 18-8STS
    ② 9%Ni
    ③ 구리 및 구리합금
    ④ 알루미늄 및 알루미늄합금

14 액화장치의 종류를 4가지 쓰시오.

해답 ① 린데식 액화장치
    ② 클라우드식 액화장치
    ③ 필립스식 액화장치
    ④ 캐피자식 액화장치

15 캐스케이드 액화사이클을 설명하시오.

해답 비점이 점차 낮은 냉매를 사용하여 저비점의 기체를 액화하는 사이클을 말한다.

16 가스액화분리장치의 3대 장치를 기술하시오.

해답 ① 한랭발생장치   ② 정류장치   ③ 불순물제거장치

17 저온장치에 사용되는 팽창기에는 왕복동식과 터보식 팽창기가 있다. 다음 ( )에 적당한 단어 또는 숫자를 기입하시오.

• 왕복동식 팽창기는 팽창비가 (①) 정도이며, 효율은 (②)% 정도이다.
• 터보팽창기는 처리가스에 (③)가 혼입되지 않으며, 회전수는 (④)rpm 정도, 팽창비는 (⑤) 정도이고, 효율은 (⑥)% 정도이다.

해답 ① 40   ② 60~65
③ 윤활유   ④ 10000~20000   ⑤ 5   ⑥ 80~85

18 압축가스를 단열팽창 시 온도와 압력이 저하되는 현상을 무엇이라 하는지 쓰시오.

해답 줄-톰슨 효과

19 가스를 액화시킬 때 사용되는 2가지 방법을 기술하시오.

해답 ① 단열팽창방법   ② 팽창기에 의한 방법

20 초저온용 가스의 단열방법 2가지를 쓰시오.

해답 ① 상압단열법   ② 진공단열법

참고 진공단열법의 종류
1. 고진공단열법
2. 분말진공단열법
3. 다층진공단열법

21 단열재의 구비조건을 4가지 쓰시오.

해답 ① 경제적일 것
② 화학적으로 안정할 것
③ 시공이 쉬울 것
④ 밀도가 적을 것
⑤ 흡수, 흡습성이 적을 것
⑥ 불연성, 난연성일 것

22 단열재 취급 시 주의사항 4가지를 쓰시오.

해답 ① 충분한 진공이 형성되도록 할 것
② 충격을 주지 말 것
③ 먼지, 수분, 이물질이 단열재에 영향을 주지 말 것
④ 단열재가 침하되지 않도록 할 것

23 초저온 액화가스 취급 중 사고발생의 원인 4가지를 쓰시오.

해답 ① 동상
② 질식
③ 화학적 반응
④ 저온에 의한 물리적 변화
⑤ 액의 급격한 증발에 의한 이상압력의 상승

24 저온장치 내의 사고를 예방하기 위하여 고려하여야 할 안전사항을 4가지 쓰시오.

해답 ① 저온취성이 일어나지 않도록 유지관리 한다.
② 비상시 즉시 안전장치가 작동하도록 하여야 한다.
③ 작업 시 잔류응력 발생에 유의하여야 한다.
④ 부압, 이상승압에 주의한다.

25 초저온용기에 시행하는 단열성능시험의 시험용 저온액화가스의 종류 3가지를 쓰시오.

해답 ① 액화산소　　② 액화아르곤　　③ 액화질소

26 초저온용기의 단열성능시험에 합격할 수 있는 침입열량(kcal/h · ℃ · L)의 기준을 쓰시오.
(1) 내용적 1000L 이상
(2) 내용적 1000L 미만

해답 (1) 0.002kcal/h · ℃ · L 이하
(2) 0.0005kcal/h · ℃ · L 이하

27 내용적 100L의 액화산소용기에 200kg의 액산을 충전 후 10시간 방치 시 190kg이 남아있었다. 이 용기는 단열성능시험에 합격할 수 있는지 여부를 계산으로 판정하시오. (단, 외기는 20℃이며, 액산의 비점은 −183℃, 기화잠열은 51kcal/kg이다.)

해답 $Q = \dfrac{w \times q}{H \times \Delta t \times \nu} = \dfrac{(200-190) \times 51}{10 \times (20+183) \times 100} = 0.00251\,\text{kcal/h · ℃ · L}$
∴ 기준이 0.0005kcal/h · ℃ · L보다 높은 열량이 침투하였으므로 불합격이다.

28 공기액화분리장치에서 산소를 시간당 6000kg 분출할 때 27℃에서의 안전밸브 작동압력이 8MPa이다. 이때의 안전밸브 분출 면적(cm²)을 계산하시오. (단, 1atm=0.1MPa로 한다.)

해답 $a = \dfrac{w}{2300P\sqrt{\dfrac{M}{T}}} = \dfrac{6000}{2300 \times (8+0.1)\sqrt{\dfrac{32}{300}}} = 0.986 = 0.99\,\text{cm}^2$

해설	안전밸브 분출 면적(cm^2) 계산식		

구 분	공 식	기 호
압축기용 안전밸브의 분출면적	$a = \dfrac{w}{2300P\sqrt{\dfrac{M}{T}}}$	a : 분출 면적(cm^2) w : 시간당 분출 가스량(kg/h) P : 분출 압력(MPa) M : 분자량 T : 분출 직전의 절대온도(K)

29 액체산소 용기에 액체산소가 50kg 충전되어 있다. 이 용기의 외부로부터 액체산소에 대하여 매시 5kcal의 열량을 준다면 액체산소량이 1/2로 감소하는 데 몇 시간이 걸리는지 계산하시오. (단, 비등할 때의 산소의 증발잠열은 1600cal/mol이다.)

해답 1600cal/mol=1600cal/32g=50kcal/kg

$50kg \times \dfrac{1}{2} \times 50kcal/kg$: x(시간)

$5kcal$: 1시간 $\therefore x = \dfrac{50 \times \dfrac{1}{2} \times 50 \times 1}{5} = 250$시간

30 용량 5000L인 액산탱크에 액산을 넣어 방출밸브를 개방하여 12시간 방치했더니 탱크 내의 액산이 4.8kg 방출되었다. 이때 액산의 증발잠열을 50kcal/kg이라 하면 1시간당 탱크에 침입하는 열량은 몇 kcal인지 구하시오.

해답 $4.8kg \times 50kcal/kg$: 12hr

x(kcal) : 1hr $\therefore x = \dfrac{4.8 \times 50 \times 1}{12} = 20kcal/hr$

4 가스용기 저장탱크 운용, 관리

01 고압가스용기에 각인하여야 하는 기호에 대하여 빈칸을 채우시오.

기 호	내 용	단 위
V	내용적	L
W	(①)용기 이외의 용기에 있어 밸브 부속품을 포함하지 아니하는 용기의 질량	kg
(②)	C_2H_2 용기에 있어 용기 질량에 (③) 용제 밸브의 질량을 합한 질량	kg
T_p	내압시험압력	(④)
F_p	최고충전압력	(⑤)
t	500L 초과 용기의 동판의 두께	mm

해답 ① 초저온 ② T_w ③ 다공물질 ④ MPa ⑤ MPa

02 고압가스용기의 구비조건 4가지를 쓰시오.

> **해답** ① 경량이고, 충분한 강도가 있을 것
> ② 가공성 용접성이 좋고, 가공 중 결함이 없을 것
> ③ 내식성, 내마모성을 가질 것
> ④ 연성, 점성, 강도를 가질 것

03 용접용기의 장점을 3가지 쓰시오.

> **해답** ① 경제적이다.
> ② 모양, 치수가 자유롭다.
> ③ 두께, 공차가 작다.

04 무이음용기의 장점을 쓰시오.

> **해답** ① 고압에 견딜 수 있다.
> ② 응력분포가 균일하다.

05 용기의 재료에 대한 화학성분(%)을 표시한 것이다. 빈칸을 채우시오.

용기 종류＼성 분	C(탄소)	P(인)	S(황)
무이음용기	(①)% 이하	0.04% 이하	0.05% 이하
용접용기	(②)% 이하	0.04% 이하	0.05% 이하

> **해답** ① 0.55
> ② 0.33

06 LPG용기에 대하여 물음에 답하시오.
(1) 충전구의 나사 형식은?
(2) 용기밸브의 나사 형식은?
(3) 용기 취급 시 주의사항을 1가지만 쓰시오.

> **해답** (1) 왼나사
> (2) 오른나사
> (3) 밸브개폐는 서서히 하며 무리한 힘을 가하지 않는다.

07 다음 용기 동판의 최대두께와 최소두께의 차이는 평균두께의 몇 % 이하인지 쓰시오.

(1) 용접용기
(2) 무이음용기

해답 (1) 10% 이하
(2) 20% 이하

08 가연성 가스 용기 밸브 중 ① 그랜드너트의 6각 모서리 각 부분에 V홈이 있는 것이 무엇이며, ② 어떤 곳에 사용되는지 쓰시오.

해답 ① 그랜드너트가 왼나사임을 표시
② 가연성 가스 용기의 밸브에 사용된다.

09 다음은 용접용기 동판 두께를 계산하는 식이다. 다음 물음에 답하시오.

$$t = \frac{PD}{2Sn - 1.2P} + C$$

(1) C가 의미하는 것을 쓰시오.
(2) C의 값에 대한 빈칸에 알맞은 숫자를 채우시오.

가스 종류	내용적	C의 값
NH₃	1000L 이하	(①) mm
	1000L 초과	(②) mm
Cl₂	1000L 이하	(③) mm
	1000L 초과	(④) mm

해답 (1) 부식 여유치
(2) ① 1 ② 2 ③ 3 ④ 5

참고 용접용기의 동판 두께(t)

$$t = \frac{PD}{2Sn - 1.2P} + C$$

여기서, P : 최고충전압력(MPa), D : 내경(mm), S : 허용응력(N/mm²)
n : 용접효율, C : 부식여유치(mm)

10 F_p 1.5MPa, 외경 200mm, 인장강도 60N/mm², 안전율 0.361인 산소용기의 두께(t)(mm)를 구하시오.

해답 $t = \dfrac{PD}{2SE} = \dfrac{1.5 \times 200}{2 \times 60 \times 0.361} = 6.925 = 6.9\,\text{mm}$

11 다음 조건의 용접용기 동판의 두께를 계산하시오.

- $F_P = 5\text{MPa}$
- S(인장강도) : 200N/mm^2
- 부식여유값 : 1mm
- 내경(D) : 6.5cm
- n(용접효율) : 70%

해답 $t = \dfrac{PD}{2Sn - 1.2P} + C = \dfrac{5 \times 65}{2 \times 200 \times \dfrac{1}{4} \times 0.7 - 1.2 \times 5} + 1 = 6.078 = 6.1\,\text{mm}$

참고 S(허용응력) = 인장강도 $\times \dfrac{1}{4}$

12 다음의 저장능력 산정식을 쓰고, 기호에 대해 설명하시오.
(1) 액화가스 용기
(2) 3t 이상의 액화가스 탱크
(3) 3t 미만의 액화가스 탱크
(4) 압축가스의 저장능력

해답 (1) $W = \dfrac{V}{C}$
　　　여기서, W : 저장능력(kg), V : 용기 내용적(L), C : 충전상수
　　(2) $W = 0.9dv$
　　　여기서, W : 탱크의 저장능력(kg), d : 액화가스의 비중(kg/L), v : 탱크의 내용적(L)
　　(3) $W = 0.85dv$
　　　여기서, W : 탱크의 저장능력(kg), d : 액화가스의 비중(kg/L), v : 탱크의 내용적(L)
　　(4) $Q = (10P + 1)V$
　　　여기서, Q : 저장능력(m^3), P : 최고충전압력(MPa), V : 내용적(m^3)

13 액화가스 용기에 가스를 과충전시켰을 때에 대해 다음 물음에 답하시오.
(1) 위험성에 대해 쓰시오.
(2) 방지대책을 쓰시오.

해답 (1) 용기의 파괴 및 가스의 외부로 분출 시 폭발, 화재 등의 우려가 있다.
　　(2) 용기에 가스를 충전 시 $W = \dfrac{V}{C}$ 의 계산값으로 충전하여야 한다.

14 액화가스와 압축가스를 충전 시 안전관리 차원에서 어떤 차이점이 있는지 비교 설명하시오.

해답 ① 액화가스 : 충전 시 안전공간을 위하여 85~90%까지 충전한다.
　　② 압축가스 : 충전 시 최고충전압력 이하로 충전한다.

15 내용적 40L인 용기에 30kg/cm²의 수압을 가했더니 40.05L였다. 압력 제거 시 40.002L면 이 용기의 내압시험 합격여부를 판정하시오.

해답 항구증가율(%)$=\dfrac{\text{항구증가량}}{\text{전 증가량}}\times 100=\dfrac{40.002-40}{40.05-40}\times 100=4\%$

∴ 항구증가율이 10% 이하이므로 합격이다.

해설 항구증가율

공 식		합격기준
항구증가율(%)$=\dfrac{\text{항구증가량}}{\text{전 증가량}}\times 100$	신규검사	항구증가량 10% 이하 합격
	재검사	질량검사 시 95% 이상인 경우 (항구증가율 10% 이하 합격)
		질량검사 90% 이상 95% 이하인 경우 (항구증가율 6% 이하 합격)

16 액화가스를 충전 시 상부에 안전공간을 확보하여야 하는 이유를 설명하시오.

해답 액체는 비압축성이므로 온도상승으로 인한 액팽창으로 탱크가 파열할 위험이 있어 안전공간을 확보하여야 한다.

17 내용적 10000L, 액비중 1.14인 액화산소탱크에 충전 가능한 가스충전량을 계산하시오.

해답 $W=0.9dv=0.9\times 1.14\times 10000=10260\,\text{kg}$

18 발열량이 24000kcal/m³인 C_3H_8을 이용하여 3kg의 물을 20℃에서 100℃까지 상승시킬 때 0.015m³ C_3H_8이 소비되었을 때의 열효율(%)은 얼마인지 계산하시오.

해답 총 사용가스량 : $0.015\times 24000\,\text{kcal}$

실제 상승한 열량 : $3\times 1\times 80\,\text{kcal}$

∴ 효율$=\dfrac{3\times 1\times 8}{0.015\times 24000}\times 100=66.666=66.67\%$

19 C_4H_{10} V : 41L 용기에 충전가능 질량은 몇 kg인지 구하시오.

해답 $W=\dfrac{V}{C}=\dfrac{41}{2.05}=20\,\text{kg}$

20 F_p : 15MPa, V : 100L 산소용기에 가스를 충전 시 충전량은 몇 m³인지 계산하시오.

해답 $Q=(10P+1)\,V=(10\times 15+1)\times 0.1=15.1\,\text{m}^3$

21 염소가스 3000kg을 800L 용기에 충전 시 필요 용기는 몇 개인지 구하시오. (단, 정수는 0.8이다.)

해답 $W = \dfrac{V}{C} = \dfrac{800}{0.8} = 1000\,\mathrm{kg}$

$\therefore\ 3000 \div 1000 = 3$개

22 다음 ( ) 안을 채우시오.
(1) 저장탱크 및 가스홀더는 5m³ 이상의 가스를 저장 시 ( )를 설치한다.
(2) 가스시설 중 가연성 가스, 독성가스 저장탱크에는 (①)t 이상 또는 (②)m³ 이상에는 지진의 영향을 받지 않도록 내진설계로 시공하여야 한다.
(3) 저장능력 300m³ 이상 또는 3t 이상의 가연성과 다른 가연성 또는 산소 저장탱크 사이에 이격거리를 계산하시오.

A탱크 직경 6m, B탱크 직경 4m

해답 (1) 가스방출장치
(2) ① 5 ② 500
(3) $(6+4) \times \dfrac{1}{4} = 2.5\,\mathrm{m}$

23 다음은 저장탱크의 지하 설치에 대한 설명이다. ( )에 알맞은 것을 쓰시오.
(1) 저장탱크 외면에는 부식방지 코팅과 ( ) 부식방지 조치를 한다.
(2) 저장탱크는 천장, 벽, 바닥의 두께가 각각 ( )cm 이상인 방수조치를 한 철근콘크리트로 만든 곳에 설치한다.
(3) 저장탱크 주위에는 ( )를 채운다.
(4) 지면으로부터 저장탱크 정상부까지는 ( )cm 이상으로 한다.
(5) 저장탱크에 설치한 안전밸브는 지면에서 ( )m 이상의 높이에 방출구가 있는 가스방출관을 설치한다.
(6) 저장탱크는 상호간 ( )m 이상의 거리를 유지한다.

해답 (1) 전기적   (2) 30
(3) 마른 모래   (4) 60
(5) 5   (6) 1

24 차량에 고정된 탱크에서 2개 이상의 탱크를 동일차량에 운반 시 기준 3가지를 쓰시오.

해답 ① 탱크마다 주밸브를 설치할 것
② 탱크 상호간, 탱크와 차량과 고정 부착 조치를 할 것
③ 충전관에는 안전밸브, 압력계, 긴급탈압밸브를 설치할 것

25 다음 물음에 답하시오.
(1) 주밸브가 탱크 뒤쪽에 있는 후부취출식 탱크와 차량의 뒤범퍼와의 이격거리는?
(2) 주밸브가 탱크 뒤쪽에 없는 탱크와 차량 뒤펌퍼와의 이격거리는?

해답 (1) 40cm 이상
(2) 30cm 이상

26 차량고정탱크에 가스를 운반 시 주차하는 경우 적합한 주차장소 3가지를 쓰시오.

해답 ① 1종 보호시설에서 15m 이상 떨어진 곳
② 2종 보호시설이 밀집되어 있는 지역으로 육교와 고가차도 아래는 피할 것
③ 교통량이 적고 부근에 화기가 없는 안전하고 지반이 좋은 장소

27 고압가스를 탱크로리로 운반 시 주의사항이다. (   )에 알맞은 숫자 또는 단어를 쓰시오.

• 장시간 운행으로 가스 온도가 상승되지 않도록 한다.
• (①)℃ 초과 우려 시 급유소를 이용하여 탱크에 물을 뿌려 냉각시킨다.
• (②) 운행 시 규정속도를 준수하며, 커브길에 신중히 운전한다.
• (③)km 이상 운행 시 중간에 충분한 휴식을 한다.

해답 ① 40
② 고속도로
③ 200

5 압축기 운용

01 압축기에 대하여 아래 물음에 답하시오.
(1) 용적형 압축기의 종류 3가지를 쓰시오.
(2) 터보형 압축기의 종류 3가지를 쓰시오.

해답 (1) 왕복압축기, 회전압축기, 나사압축기
(2) 원심압축기, 축류압축기, 사류압축기

02 압축기를 작동압력으로 분류 시 압축기란 토출압력이 얼마 이상인 것인지 쓰시오.

해답 0.1MPa 이상

03 왕복압축기의 특징을 4가지 쓰시오.

> **해답** ① 용적형이다.
> ② 오일윤활식 무급유식이다.
> ③ 압축효율이 높다.
> ④ 압축이 단속적이다.

04 원심압축기의 특징을 4가지 쓰시오.

> **해답** ① 무급유식이다.
> ② 소음과 진동이 없다.
> ③ 설치면적이 적다.
> ④ 압축이 연속적이다.

> **참고** 왕복압축기에 비하여 원심압축기의 장 · 단점
> 1. 장점
>   • 소음과 진동이 적다.
>   • 압축이 연속적이다.
> 2. 단점
>   • 효율이 낮다.
>   • 압축비가 클 경우 단수가 많아야 한다.

05 무급유 압축기의 정의와 종류를 쓰시오.

> **해답** ① 정의 : 압축기의 윤활유로 기름을 사용하지 못하는 압축기로서 산소가스 압축 및 식품양조공업
> 등에 사용되는 압축기를 말한다.
> ② 종류 : 원심압축기, 왕복압축기, 나사압축기

06 터보형, 레이디얼형, 다익형 압축기의 회전차 깃 각도를 설명하시오.

> **해답** ① 터보형 : 임펠러 출구각이 90°보다 작다.
> ② 레이디얼형 : 임펠러 출구각이 90°이다.
> ③ 다익형 : 임펠러 출구각이 90°보다 크다.

07 왕복압축기 밸브(흡입, 토출)의 구비조건 4가지를 쓰시오.

> **해답** ① 개폐가 확실하고, 작동이 양호할 것
> ② 파손이 적을 것
> ③ 운전 중 분해되지 않을 것
> ④ 충분한 통과 단면적을 가질 것

08 압축기 운전 전 점검사항 4가지를 쓰시오.

해답 ① 압축기에 부착된 모든 볼트, 너트 조임상태 확인
② 압력계, 온도계 확인
③ 냉각수량 점검
④ 윤활유 점검

09 압축기를 운전 중 유의사항을 4가지 쓰시오.

해답 ① 압력, 온도 이상유무 점검
② 소음, 진동 유무 점검
③ 윤활상태 점검
④ 냉각수 양 점검

10 다음은 가연성 가스 압축기 정지 시 주의사항이다. 순서대로 나열하시오.

① 전동기 스위치를 내린다.
② 최종스톱밸브를 닫는다.
③ 각 단의 압력저하를 확인 후 흡입밸브를 닫는다.
④ 드레인밸브를 개방한다.
⑤ 냉각수밸브를 닫는다.

해답 ① - ② - ③ - ④ - ⑤

11 터보압축기에서 누설우려가 있는 부분을 4가지 쓰시오.

해답 ① 축이 케이싱을 관통하는 부분
② 다이어프램 부시
③ 밸런스 피스톤 부분
④ 임펠러 입구 부분

12 터보압축기의 밀봉장치 4가지를 쓰시오.

해답 ① 라비린스 실
② 오일필름 실
③ 메카니컬 실
④ 카본 실

13 C_2H_2가스 중 산소가 5000ppm 포함되어 있을 때 이 가스의 압축가능 여부를 판별하시오.

> **해답** C_2H_2 중 산소는 2% 이상 함유 시 압축이 불가능하므로
> 1%＝10000ppm이므로
> $1 : 10000 = x : 5000$
> $x = \dfrac{1 \times 5000}{10000} = 0.5\%$
> ∴ 2% 이하이므로 압축이 가능하다.

14 고압가스 압축 시 사용되는 다단압축의 목적 4가지를 쓰시오.

> **해답** ① 일량이 절약된다.
> ② 가스의 온도상승이 방지된다.
> ③ 이용효율이 증대된다.
> ④ 힘의 평형이 양호하다.

15 윤활의 목적을 4가지 쓰시오.

> **해답** ① 마찰저항이 감소된다.
> ② 과열압축이 방지된다.
> ③ 기밀이 보장된다.
> ④ 기계수명이 연장된다.

16 다음 가스에 적당한 윤활유를 쓰시오.

(1) 수소   (2) 공기
(3) C_2H_2 (4) LPG
(5) Cl_2 (6) O_2

> **해답** (1) 양질의 광유
> (2) 양질의 광유
> (3) 양질의 광유
> (4) 식물성유
> (5) 진한 황산
> (6) 물 또는 10% 이하 글리세린수

17 윤활유의 구비조건 4가지를 쓰시오.

> **해답** ① 경제적일 것
> ② 화학적으로 안정할 것
> ③ 점도가 적당할 것
> ④ 인화점이 높을 것

18 다음은 압축금지 가스에 대한 내용이다. (   )에 적당한 숫자를 쓰시오.

- 가연성(H_2, C_2H_2, C_2H_4 제외) 중 산소의 용량이 전 용량의 (①)% 이상인 것
- 산소 중 가연성(H_2, C_2H_2, C_2H_4 제외)의 용량이 전 용량의 (②)% 이상인 것
- H_2, C_2H_2, C_2H_4 중 산소의 용량이 전 용량의 (③)% 이상인 것
- 산소 중 H_2, C_2H_2, C_2H_4의 용량이 전 용량의 (④)% 이상인 것

해답 ① 4   ② 4   ③ 2   ④ 2

19 압축기 운전 중 압축비가 커질 때의 영향 5가지를 쓰시오.

해답 ① 소요동력 증대
② 실린더 내 온도 상승
③ 윤활기능 저하
④ 압축기 수명 단축
⑤ 체적효율 감소

20 압축기 운전 중 실린더 냉각의 목적 4가지를 쓰시오.

해답 ① 체적효율 증대
② 압축효율 증대
③ 윤활기능 향상
④ 압축기 수명 연장

21 다음의 압축방법을 (1) 압축일량의 순서대로 쓰고, (2) 실린더 내 온도상승의 순서대로 쓰시오.

① 단열 압축   ② 등온 압축   ③ 폴리트로픽 압축

해답 (1) 압축일량의 순서 : ① - ③ - ②
(2) 실린더 내 온도상승의 순서 : ① - ③ - ②

22 아세틸렌 제조 시 다음 물음에 답하시오.
(1) 압축기를 기준으로 저압 및 고압 측에 설치되어 있는 기기의 명칭을 쓰시오.
(2) 아세틸렌 압축기는 수중에서 작동하는데 그 이유를 기술하시오.

해답 (1) 저압건조기, 고압건조기
(2) 압축 시 분해폭발의 우려가 있어 수중에서 작동시키며, 그때의 냉각수 온도는 20℃ 이하이어야 한다.

해설 C_2H_2 압축기
1. 2~3단 왕복식 다단압축기 사용
2. 회전수 100rpm 저속압축기 사용

23 왕복압축기에서 용량 조정을 하는 목적 4가지를 쓰시오.

해답 ① 소요동력 절감
② 무부하 운전
③ 압축기 보호
④ 수요공급의 균형 유지

24 왕복압축기의 용량 조정방법 중 단계적 용량 조정법 2가지를 쓰시오.

해답 ① 클리어런스밸브에 의한 방법
② 흡입밸브 개방법

25 왕복압축기의 용량 조정방법 중 연속적 용량 조정법 4가지를 쓰시오.

해답 ① 회전수 가감법
② 흡입 주밸브 폐쇄법
③ 타임드밸브에 의한 방법
④ 바이패스밸브에 의한 방법

26 원심압축기의 용량 조정방법 5가지를 쓰시오.

해답 ① 속도제어에 의한 방법
② 바이패스에 의한 방법
③ 안내깃 각도 조정법
④ 흡입밸브 조정법
⑤ 토출밸브 조정법

27 원심압축기의 서징의 정의와 방지방법을 쓰시오.

해답 (1) 정의 : 압축기와 송풍기 사이에 토출 측 저항이 커지면 풍량이 감소하고 관로에 맥동 진동이 발생하여 운전점이 우상특성을 일으키는 현상
(2) 방지법
① 우상 특성이 없게 하는 방법
② 속도제어에 의한 방법
③ 안내깃 각도 조정법
④ 방출밸브에 의한 방법

28 C$_2$H$_2$ 제조에 대한 다음 물음에 답하시오.

(1) 발생기에 투입하는 약제는?
(2) 공업적으로 대량생산에 알맞은 발생기의 종류와 그때의 발생기 표면온도는 몇 ℃ 이하인가?
(3) 냉각기에서 제거되어야 하는 것 2가지는?
(4) 압축기의 윤활제는?
(5) 압축기를 기준으로 저압 및 고압 측에 설치되어야 하는 기기는?

해답 (1) 카바이드
(2) 투입식, 70℃ 이하
(3) 수분, 암모니아
(4) 양질의 광유
(5) 건조기

29 왕복다단 압축기에서 중간단 토출압력의 이상저하 원인을 4가지 쓰시오.

해답 ① 전단 흡입토출밸브 불량
② 전단 바이패스밸브 불량
③ 전단 피스톤링 불량
④ 중간단 냉각기 능력 과대

30 왕복다단 압축기에서 중간단 토출압력의 상승 원인을 쓰시오.

해답 ① 다음단 흡입토출밸브 불량
② 다음단 바이패스밸브 불량
③ 다음단 피스톤링 불량
④ 중간단 냉각기 능력 과소

31 4단 왕복압축기에서 3단의 안전밸브 작동 시 점검하여야 할 부분 4가지를 쓰시오.

해답 ① 4단 흡입토출밸브
② 4단 바이패스밸브
③ 4단 피스톤링
④ 3단 냉각기

32 왕복압축기의 토출온도 상승원인을 4가지 쓰시오.

> **해답** ① 토출밸브 불량에 의한 역류
> ② 흡입밸브 불량에 의한 고온가스 흡입
> ③ 전단냉각기 불량에 의한 고온가스 흡입
> ④ 압축비 증가

> **참고** 토출온도 저하원인 : 흡입가스온도 저하, 압축비 저하, 실린더 과냉각

33 수소가스를 자동차 연료로 사용 시 장점 4가지를 쓰시오.

> **해답** ① 물의 전기분해장치를 이용하여 수소를 제조하므로 경제적이다.
> ② 공해의 우려가 없다.
> ③ 가스이므로 완전연소 된다.
> ④ 타연료에 비하여 엔진 수명이 길다.

> **참고** 단점
> 1. 공기보다 가벼워 누설에 주의하여야 한다.
> 2. 가연성 가스로서 누설 시 발화폭발의 우려가 있다.
> 3. 누설가스는 흡입 측으로 되돌리는 구조이어야 한다.

34 이론동력이 20kW이고, 압축·기계 효율이 각각 80%인 압축기의 축동력은 얼마인지 구하시오.

> **해답** 축동력 $= \dfrac{\text{이론동력}}{\eta_c \times \eta_m} = \dfrac{20}{0.8 \times 0.8} = 31.25\,\text{kW}$

> **해설** $\eta_c(\text{압축효율}) = \dfrac{\text{이론동력}}{\text{지시동력}}$
>
> $\eta_m(\text{기계효율}) = \dfrac{\text{지시동력}}{\text{축동력}}$
>
> $\therefore$ 축동력 $= \dfrac{\text{지시동력}\left(\dfrac{\text{이론동력}}{\eta_c}\right)}{\eta_m} = \dfrac{\text{이론동력}}{\eta_m \times \eta_c}$

35 실린더 단면적 50cm², 행정 10cm, 회전수 200rpm, 체적효율 80%인 왕복압축기 피스톤 압출량(L/min)은 얼마인지 계산하시오.

> **해답** $Q = 50\,\text{cm}^2 \times 10\,\text{cm} \times 200 \times 0.8 = 80000\,\text{cm}^3/\text{min} = 80\,\text{L/min}$

36 실린더 직경 200mm, 행정 100mm, 회전수 200rpm, 체적효율 80%, 기통수가 2기통인 왕복압축장치의 피스톤 압출량(m³/hr)을 계산하시오.

> **해답** $Q = \dfrac{\pi}{4}D^2 \times L \times N \times n \times \eta = \dfrac{\pi}{4} \times (0.2\,\text{m})^2 \times (0.1\,\text{m}) \times 200 \times 2 \times 0.8 \times 60 = 60.318 = 60.32\,\text{m}^3/\text{hr}$

37 대기압에서 15kg/cm²g까지 2단 압축 시 중간압력은 몇 kg/cm²g인지 구하시오. (단, 1atm= 1kg/cm²이다.)

해답 $P_o = \sqrt{1 \times 16} = 4\text{kg/cm}^2$

$\therefore 4 - 1 = 3\text{kg/cm}^2\text{g}$

38 압축기를 운전 중 톱클리어런스가 커질 때 미치는 영향 5가지를 쓰시오.

해답 ① 체적효율 감소
② 토출온도 상승
③ 윤활유 열화탄화
④ 윤활기능 저하
⑤ 소요동력 증대

39 다음 조건으로 베인형 압축기의 피스톤 압출량(L/hr)을 계산하시오.

- 실린더 내경 : 200mm
- 피스톤 외경 : 80mm
- 피스톤 압축부분의 두께 : 150mm
- 회전수 : 300rpm

해답 $Q = \dfrac{\pi}{4}(D^2 - d^2) \times t \times N$

$= \dfrac{\pi}{4} \times (0.2^2 - 0.08^2) \times 0.15 \times 300 = 1.1875\text{m}^3/\text{min}$

$\therefore 1.1875 \times 10^3 \times 60 = 71.25\text{L/hr}$

40 왕복압축기의 체적효율에 영향을 주는 원인 4가지를 쓰시오.

해답 ① 톱클리어런스에 의한 영향
② 기체 누설에 의한 영향
③ 불완전 냉각에 의한 영향
④ 사이드클리어런스에 의한 영향

41 피스톤 행정량 0.00248m³, 회전수 163rpm, 시간당 토출량 90kg/hr, 토출가스 1kg의 체적이 0.189m³일 때 토출효율(%)을 구하시오.

해답 토출효율 $= \dfrac{\text{실제가스흡입량}}{\text{이론가스흡입량}} \times 100$

$= \dfrac{90 \times 0.189}{0.00248 \times 163 \times 60} \times 100 = 70.13\%$

42 왕복동식 다단 공기압축기에서 대기 중 20℃ 공기를 흡입하여 최종단에서 25cm³g, 60℃, 28m³/hr 공기 토출 시 체적효율(%)은 얼마인지 계산하시오. (단, 1단 압축기 통과흡입용적은 800m³/h이며, 1atm＝1.033kg/cm²이다.)

해답 대기 중 20℃ 공기의 용적 V_2를 구하면

$$\frac{P_1 V_1}{T_1} = \frac{P_2 V_2}{T_2} \text{에서}$$

$$V_2 = \frac{P_1 V_1 T_2}{T_1 P_2} = \frac{(25+1.033) \times 28 \times (273+20)}{(273+60) \times 1.033} = 620.88 \, \text{m}^3/\text{hr}$$

$$\therefore \eta_v = \frac{\text{실제가스흡입량}}{\text{이론가스흡입량}} \times 100 = \frac{620.88}{800} \times 100 = 77.61\%$$

6 펌프

01 펌프의 구비조건을 4가지 쓰시오.

해답 ① 고온고압에 견딜 것
② 작동이 확실하고, 조작이 간단할 것
③ 부하변동에 대응할 수 있을 것
④ 병렬운전에 지장이 없을 것

02 다음 빈칸을 채우시오.

용적식 펌프 $\begin{cases} \text{왕복펌프(3가지)} - (\qquad ① \qquad) \\ \text{회전펌프(3가지)} - (\qquad ② \qquad) \end{cases}$

해답 ① 피스톤, 플런저, 다이어프램
② 기어, 나사, 베인

03 원심펌프의 종류 2가지와 그 특징을 구분하시오.

해답 ① 벌류트펌프 : 안내날개가 없음
② 터빈펌프 : 안내날개가 있음

04 나사펌프의 특징을 4가지 쓰시오.

해답 ① 고속회전을 하며, 소형이다.
② 체적효율이 좋다.
③ 소음 · 진동이 없다.
④ 타펌프에 비하여 수명이 길다.

05 원심펌프의 특징을 4가지 쓰시오.

> **해답** ① 원심력으로 액체를 이송한다.
> ② 설치면적이 적고, 형태가 작다.
> ③ 무급유식이다.
> ④ 대용량 소음 · 진동이 적다.

06 펌프의 유효흡입양정(NPSH)에 대하여 (   )에 적합한 단어를 채우시오.

펌프에서 (①)이 그 수온에 상당하는 (②)에서 어느 정도 높은가를 표시하는 것

> **해답** ① 전압력   ② 증기압력

07 펌프에서 발생하는 캐비테이션에 대하여 (   )를 채우시오.

유수 중 그 수온의 (①)보다 낮은 부분이 생기면 물이 증발하고 (②)를 발생하는 현상

> **해답** ① 증기압   ② 기포

08 캐비테이션 방지법 5가지를 쓰시오.

> **해답** ① 회전수를 낮춘다.
> ② 흡입관경을 넓힌다.
> ③ 펌프의 설치위치를 낮춘다.
> ④ 양흡입펌프를 사용한다.
> ⑤ 두 대 이상의 펌프를 사용한다.

09 원심펌프에서 발생하는 베이퍼록 방지법 5가지를 쓰시오.

> **해답** ① 펌프의 설치위치를 낮춘다.
> ② 회전수를 낮춘다.
> ③ 실린더 라이너를 냉각시킨다.
> ④ 흡입관경을 넓힌다.
> ⑤ 외부와 단열 조치를 한다.

> **참고** 베이퍼록 현상
> 저비점의 액을 이송 시 펌프 입구에서 발생되는 현상으로 일종의 액의 끓음에 의한 동요를 말한다.

10 저비점 액체용 펌프 사용 시 주의점을 4가지 쓰시오.

> **해답** ① 펌프는 가급적 저조 가까이 설치한다.
> ② 펌프의 흡입 토출관에는 신축조인트를 설치한다.
> ③ 밸브와 펌프 사이에 기화가스를 방출할 수 있는 안전밸브를 설치한다.
> ④ 운전 개시 전 펌프를 청정 건조 후 충분히 예냉시킨다.

11 캐비테이션 발생조건을 3가지 쓰시오.

해답 ① 회전수가 빠를 때
② 흡입관경이 좁을 때
③ 흡입양정이 지나치게 길 때

12 캐비테이션 발생에 따른 현상을 3가지 쓰시오.

해답 ① 소음 · 진동 발생
② 깃의 침식
③ 양정, 효율곡선 저하

13 펌프의 축봉장치의 메커니컬실방식의 더블실형을 사용하여야 하는 경우 4가지를 쓰시오.

해답 ① 유독액, 인화성이 강한 액일 때
② 보냉, 보온이 필요할 때
③ 누설되면 응고되는 액일 때
④ 내부가 고진공일 때

14 수격작용의 (1) 정의와 (2) 방지법 4가지를 쓰시오.

해답 (1) 정의 : 펌프로 물을 압송 시 정전 등에 의해 유속이 급변하는 경우 심한 압력변화가 생기는
현상
(2) 방지법
① 관 내 유속을 낮춘다.
② 펌프에 플라이휠을 설치한다.
③ 조압수조를 관선에 설치한다.
④ 밸브를 송출구 가까이 설치하고 적당히 제어한다.

15 펌프에서 서징현상의 정의, 발생원인에 대하여 (　)에 적합한 낱말을 채우시오.

(1) 정의 : 펌프를 운전 중 주기적으로 (①), (②)이 규칙 바르게 변동하는 현상
(2) 발생원인
• 펌프의 양정곡선이 산고곡선이고, 그 산고 상승부에서 운전했을 때
• (①)가 탱크 뒤쪽에 있을 때
• 배관 중에 (②)탱크나 (③)탱크가 있을 때

해답 (1) ① 양정
② 토출량
(2) ① 유량조절밸브
② 물
③ 공기

16 펌프에서 진동, 소음의 발생원인 4가지를 쓰시오.

> **해답** ① 서징 발생 시
> ② 캐비테이션 발생 시
> ③ 공기 흡입 시
> ④ 임펠러에 이물질이 끼여 있을 때

17 원심펌프에 아래와 같은 표시가 있을 때, 100과 90의 의미를 쓰시오.

> 100×90 원심펌프

> **해답** • 100 : 흡입구경 단위(mm)
> • 90 : 토출구경 단위(mm)

18 원심펌프의 정지순서 4가지를 쓰시오.

> **해답** ① 토출밸브를 서서히 닫는다.
> ② 모터를 정지시킨다.
> ③ 흡입밸브를 닫는다.
> ④ 펌프 내의 액을 뺀다.

> **참고** 왕복펌프의 정지순서
> 1. 모터를 정지시킨다.
> 2. 토출밸브를 닫는다.
> 3. 흡입밸브를 닫는다.
> 4. 펌프 내의 액을 뺀다.
> 기어펌프의 정지순서
> 1. 모터를 정지시킨다.
> 2. 흡입밸브를 닫는다.
> 3. 토출밸브를 닫는다.
> 4. 펌프 내의 액을 뺀다.

19 물의 압력이 5kg/cm²일 때 수두는 몇 m인지 계산하시오.

> **해답** $h = \dfrac{P}{\gamma} = \dfrac{5 \times 10^4 \text{kg/m}^2}{1000 \text{kg/m}^3} = 50\text{m}$

20 물의 유속이 5m/s일 때 수두는 몇 m인지 계산하시오.

> **해답** $h = \dfrac{V^2}{2g} = \dfrac{5^2}{2 \times 9.8} = 1.275 = 1.3\text{m}$

02 가스설비 작업

1 가스배관 설비 작업 운용

(1) 배관의 유량식

01 배관 길이 300m, 가스 유량 150m³/h, 최초의 압력과 말단 압력차 20mmH₂O, 가스 비중 0.6
인 저압배관의 관경(mm)을 계산하시오.

> **해답** $Q = K\sqrt{\dfrac{D^5 H}{SL}}$, $D^5 = \dfrac{Q^2 \cdot S \cdot L}{K^2 \cdot H}$
>
> $\therefore D = \sqrt[5]{\dfrac{Q^2 \cdot S \cdot L}{K^2 \cdot H}} = \sqrt[5]{\dfrac{150^2 \times 0.6 \times 300}{0.707^2 \times 20}} = 13.229\text{cm} = 132.29\text{mm}$

02 다음 조건으로 중 · 고압배관의 유량(m³/h)을 계산하시오.

[조건]
- 관경 : 200mm
- 관 길이 : 10m
- 종압 : 5kg/cm²(g)
- 비중 : 1.58
- 초압 : 10kg/cm²(g)
- 1atm : 1kg/cm²로 간주

> **해답** $Q = k\sqrt{\dfrac{D^5(P_1^2 - P_2^2)}{SL}} = 52.31 \times \sqrt{\dfrac{(20)^5 \times (10+1)^2 - (5+1)^2}{1.58 \times 10}} = 217040.42\,\text{m}^3/\text{h}$

(2) 배관의 압력손실

03 LP가스 저압배관 유량 산출식에서 다음 조건에 대하여 변화하는 압력손실값을 계산하시오.

[조건]
① 가스 유량 : 1/2
② 가스 비중 : 2배
③ 관의 길이 : 2배
④ 관경 : 1/2배

> **해답** $H = \dfrac{Q^2 \cdot S \cdot L}{k^2 \times D^5}$ 에서
>
> ① $H : \left(\dfrac{1}{2}\right)^2 = \dfrac{1}{4}$ 배   ② $H : 2S = 2$ 배
>
> ③ $H : 2L = 2$ 배   ④ $H : \dfrac{1}{\left(\dfrac{1}{2}\right)^5} = 32$ 배

04 LP가스 배관이 조건 ①에서 조건 ②로 변화 시 변화된 압력손실(mmH₂O)을 계산하시오. (단, 소수점 첫째자리에서 반올림하여 구한다.)

> [조건]
> ① 관경 : 1B, 관 길이 : 30m, 비중 : 1.5, C_3H_8 : 5m³/h, H : 14mmH₂O
> ② C_4H_{10} : 6m³/h, 비중 : 2.0

해답 변화 전의 경우를 1, 변화 후의 경우를 2라고 하면

$Q = k\sqrt{\dfrac{D^5 H}{SL}}$ 에서 $D_1 = D_2$, $L_1 = L_2$, $k_1 = k_2$ 이므로

$$D_1 = D_2 = \frac{Q_1^2 \cdot S_1 \cdot L_1}{k_1^2 \cdot H_1} = \frac{Q_2^2 \cdot S_2 \cdot L_2}{k_2^2 \cdot H_2}$$

$$\therefore \ H_2 = \frac{H_1 \cdot Q_2^2 \cdot S_2}{Q_1^2 \cdot S_1} = \frac{14 \times 6^2 \times 2.0}{5^2 \times 1.5} = 26.88 = 27\,mmH_2O$$

05 비중 1.58인 C_3H_8의 입상 30m 지점에서의 압력손실(mmH₂O)을 구하시오.

해답 $h = 1.293(1.58 - 1) \times 30 = 22.498 = 22.50\,mmH_2O$

06 배관의 최초압력 160mmH₂O, 비중 0.55인 CH_4가 입상 30m 지점에서의 압력값(mmH₂O)은 얼마인지 구하시오.

해답 손실$(h) = 1.293(S - 1)H = 1.293(0.55 - 1) \times 30 = -17.4555\,mmH_2O$

$\therefore \ 160 + 17.455 ≒ 177.46\,mmH_2O$

참고 최초압력 160mmH₂O에서 입상손실 $h = 1.29(S - 1)$ 계산값이
- +값이면 160 − 손실값 = 최종압력이 된다.
- −값이면 160 + 손실값 = 최종압력이 된다.

07 고압가스 배관에 대하여 다음 물음에 답하시오.
(1) 온도변화에 따라 길이가 변하지 않게 하기 위하여 해야 하는 설비를 쓰시오.
(2) 배관의 온도는 몇 ℃ 이하를 유지하여야 하는지 쓰시오.
(3) 부착하여야 하는 계기류 2가지와 밸브류 1가지를 쓰시오.
(4) 배관의 최대 단면적이 100mm²일 때 분출면적(mm²)은 얼마인지 구하시오.

해답 (1) 신축이음(완충장치)
(2) 40℃ 이하
(3) 압력계, 온도계, 안전밸브
(4) $100\,mm^2 \times \dfrac{1}{10} = 10\,mm^2$ 이상

08 다음 조건으로 노즐에서의 가스분출량(L)을 계산하시오.

[조건]
- 노즐직경 : 0.3mm
- 유출시간 : 3시간
- 분출압력 : 280mmAq
- 비중 : 1.7

해답 $Q = 0.009 \times (0.3)^2 \sqrt{\dfrac{280}{1.7}} = 0.01039\,\mathrm{m^3/h}$

$\therefore\ 0.01039 \times 10^3 \times 3 = 31.186 = 31.19\mathrm{L}$

09 다음 조건으로 노즐에서의 가스분출량($\mathrm{m^3/h}$)을 계산하시오.

[조건]
- 노즐직경 : $D = 2\mathrm{cm}$
- 분출압력 : $h = 250\mathrm{mmAq}$
- 유량계수 : $K = 0.8$
- 가스 비중(d) : 0.55

해답 $Q = 0.011KD^2\sqrt{\dfrac{h}{d}} = 0.011 \times 0.8 \times (20)^2 \sqrt{\dfrac{250}{0.55}} = 75.05\,\mathrm{m^3/h}$

10 대기 중 6m 배관을 상온 스프링으로 연결 시 절단길이(mm)를 계산하시오. (단, $\alpha = 1.2 \times 10^{-5}/℃$, 온도차는 50℃이다.)

해답 $\lambda = l \cdot \alpha \cdot \Delta t = 6 \times 10^3\mathrm{mm} \times 1.2 \times 10^{-5}/℃ \times 50℃ = 3.6\mathrm{mm}$
상온 스프링의 경우 자유팽창량의 1/2을 절단하므로

$\therefore\ 3.6 \times \dfrac{1}{2} = 1.8\mathrm{mm}$

11 교량 연장길이 100m일 때 강관을 부설 시 온도변화 폭을 60℃로 하면 신축량 30mm를 흡수하는 신축관은 몇 개가 필요한지 계산하시오. (단, 강의 선팽창계수 $\alpha = 1.2 \times 10^{-5}/℃$이다.)

해답 $\lambda = l \cdot \alpha \cdot \Delta t = 100 \times 10^3\mathrm{mm} \times 1.2 \times 10^{-5}/℃ \times 60℃ = 72\mathrm{mm}$
$\therefore\ 72 \div 30 = 2.4 = 3$개

12 200A 강관(외경 216.3mm, 두께 5.8mm)에 9.9MPa의 압력을 가했을 때 배관에 발생하는 원주방향응력과 축방향응력($\mathrm{N/mm^2}$)을 구하시오.

해답 (1) 원주방향응력 : $\sigma_t = \dfrac{P(D-2t)}{2t} = \dfrac{9.9 \times (216.3 - 2 \times 5.8)}{2 \times 5.8} = 174.70\,\mathrm{N/mm^2}$

(2) 축방향응력 : $\sigma_z = \dfrac{P(D-2t)}{4t} = \dfrac{9.9 \times (216.3 - 2 \times 5.8)}{4 \times 5.8} = 87.35\,\mathrm{N/mm^2}$

13 도시가스 배관의 설치기준에 대하여 ( )에 알맞은 숫자를 쓰시오.

항 목	세부내용
중압 이하 배관, 고압배관 매설 시	매설간격 (①)m 이상(철근콘크리트 방호구조물 내 설치 시 1m 이상 배관의 관리주체가 같은 경우 3m 이상)
본관 공급관	기초 밑에 설치하지 말 것
천장 내부, 바닥, 벽 속에	공급관 설치하지 않음
공동주택 부지 안	0.6m 이상 깊이 유지
폭 8m 이상 도로	1.2m 이상 깊이 유지
폭 4m 이상 8m 미만 도로	1m 이상
배관의 기울기(도로가 평탄한 경우)	(②)~(③)

해답 ① 2   ② 1/500   ③ 1/1000

14 다음 표를 이용하여 물음에 답하시오.

[LP가스 저압배관의 조견표]

배관 길이 (m)	허용압력 손실(mmH₂O)																					
3	0.3	0.5	0.8	1.0	1.3	1.5	1.8	2.0	2.3	2.5	3.0	3.5	4.0	4.5	5.0	6.0	7.0	8.0	10.0	12.0	14.0	16.0
5	0.5	0.9	1.3	1.7	2.2	2.5	3.0	3.4	3.8	4.2	5.0	5.9	6.7	7.5	8.4	10.0	11.7	13.4	16.7	20.0	23.4	26.7
9	0.7	1.3	1.0	2.5	3.2	3.8	4.4	5.0	5.7	6.3	7.5	8.8	10.0	11.3	12.5	15.0	17.5	20.0	25.0	30.0		
10	0.9	1.7	2.5	3.4	4.2	5.0	5.9	6.7	7.5	8.4	10.0	11.7	13.5	15.0	16.7	20.0	23.4	26.7				
12.5	1.1	2.1	3.2	4.2	5.3	6.3	7.4	8.4	8.5	10.5	12.5	14.6	16.7	18.8	20.9	25.0	29.2					
15	1.3	2.5	3.8	5.0	6.3	7.5	8.8	10.0	11.3	12.6	15.0	17.5	20.0	22.5	25.0	30.0						
17	1.5	3.0	4.4	5.9	7.4	8.8	10.3	11.8	13.3	14.7	17.5	20.5	23.4	26.3	29.2							
20	1.7	3.3	5.0	6.7	8.4	10.0	11.7	13.4	15.0	16.7	20.0	23.5	26.7	28.0								
22.5	1.9	3.8	5.7	7.5	9.5	11.3	13.2	15.0	16.9	18.8	22.3	26.3	30.0									
25	2.3	4.2	6.3	8.4	10.5	12.5	14.6	16.8	18.8	20.9	25.0	29.2										
27.5	2.3	4.6	6.9	9.2	11.5	13.8	16.1	18.4	20.7	23.0	27.5											
30	2.5	5.0	7.5	10.0	12.5	15.0	17.5	20.0	22.5	25.0	30.0											
관 경	**가스 유량(kg/h)**																					
3/8B	0.60	1.85	1.04	1.20	1.34	1.47	1.58	1.70	1.80	1.90	2.08	2.26	2.40	2.54	2.68	2.94	3.18	3.40	3.80	4.16	4.50	4.80
1/2B	1.08	1.54	1.88	2.16	2.43	2.66	2.87	3.08	3.26	3.43	3.76	4.00	4.35	4.61	4.84	5.32	5.75	6.16	6.88	7.52	8.14	8.69
3/4B	2.26	3.20	3.92	4.52	5.06	5.55	5.99	6.40	6.79	7.16	7.84	8.52	9.08	9.61	10.1	11.1	12.0	12.8	14.3	15.6	16.9	18.1
1B	4.18	5.91	7.24	8.36	9.34	10.2	11.0	11.9	12.5	13.2	14.5	15.7	16.7	17.7	18.6	20.4	22.1	23.7	26.4	29.0	31.3	33.4
2B	7.96	11.2	13.7	15.9	17.8	19.4	21.0	22.5	23.8	25.1	27.4	29.9	31.9	33.7	35.6	38.8	42.1	45.1	50.3	54.8	59.6	63.6
3B	11.6	16.5	20.2	23.2	26.0	28.4	30.8	33.0	34.9	36.8	40.4	43.8	46.9	49.4	52.0	56.8	61.7	66.1	73.8	80.8	87.4	93.3

(1) 관 길이 10m, 관경 1B, 가스 유량 10kg/h일 때의 압력손실은 얼마인가?

(2) 관 길이 19m, 압력손실 9mmH₂O, 유량 20kg/hr일 때 관경은 얼마인가?

해답 (1) 조견표에서 관 길이, 압력손실, 관 지름, 가스 유량 선정법
해당 수치가 있을 때 그 값을, 해당수치가 없을 때 압력손실은 적은 쪽, 나머지(관 길이, 관경, 가스 유량) 값은 큰 쪽을 선택
1B $\rightarrow$ 10.2kg/hr, 10m $\rightarrow$ x
∴ 압력손실 5mmH$_2$O

(2) 관 길이 19m가 없어 20m, 압력손실 8.4mmH$_2$O, 유량 26kg/hr
∴ 관경 3B

15 다음의 공정을 거쳐 LP가스를 공급 시 필요한 배관의 관경을 결정하시오.

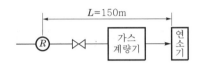

L=150m

[조건 1]
- 유량 30m^3/hr
- 사용가스 C$_3$H$_8$
- 밸브 통과 압력손실 2mmH$_2$O
- 가스계량기 통과 압력손실 5mmH$_2$O
- 직관에 의한 손실 15mmH$_2$O
- k=0.707

[조건 2]

구 분	관 경
1A	10mm
2A	20mm
3A	30mm
1B	5cm
2B	7cm
3B	9cm

해답 $S=\dfrac{44}{29}=1.52$이므로 $H=15+5+2$

$Q=k\sqrt{\dfrac{D^5 H}{SL}}$

$D=\sqrt[5]{\dfrac{Q^2 \cdot S \cdot L}{k^2 \cdot H}}=\sqrt[5]{\dfrac{30^2 \times 1.52 \times 150}{0.707^2 \times 22}}=7.1479\,\text{cm}$

∴ 9cm인 3B

16 다음과 같은 LP가스 배관을 설치 시 조건에 의한 압력손실 값을 조견표로 구하시오.

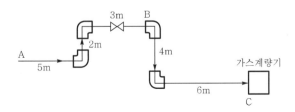

[조건 1]

• 엘보 1개당 손실 : 관 길이 1m에 상당
• 밸브 통과 압력손실 : 관 길이 2m에 상당
• 가스계량기 통과 압력손실 : 관 길이 5m에 상당
• 입상배관에 의한 손실값 : 1m당 1mmH₂O
• 입하배관에 의한 손실값 : 1m당 1mmH₂O

구 간	관 길이(m)	관 경	유 량
AB	10	2B	15kg/hr
BC	10	2B	25kg/hr

[조건 2]

배관 길이	배관의 압력손실(수주, mm)														
5	1.4	2.8	4.2	5.8	7	14	21	28	35	42	49	56	63	70	77
10	1.6	3.2	4.8	6.9	8	16	24	32	40	48	56	64	72	80	96
15	2	4	6	8	10	20	30	40	50	60	70	80	90	100	122
20	2.4	4.8	7.2	9.6	12	24	36	48	60	72	84	96	108	120	
25	3.2	6.4	9.6	13	16	32	48	64	80	96	112	128	144		
30	4	8	14	16	20	40	70	80	100	120					
35	4.3	9.6	15	19	24	48	72	96							
40	5.6	11	17	22	28	56	84	112							
45	6.2	13	19	26	32	64	96	128							
50	7.2	14	22	29	36	72	108								
55	8	16	24	32	40	80	130								
파이프 치수															
1B	2.90	4.11	5.03	5.81	6.49	9.18	11.2	13.0	14.5	15.9	17.2	18.4	19.5	20.5	21.5
2B	14.8	20.9	25.6	29.5	33.0	46.7	57.2	66.1	73.9	80.0	87.4	93.4	99.1	102	104
3B	42.5	60.6	73.5	84.9	94.9	134	164	190	212	233	251	269	285	300	315
4B	82.6	117	143	165	185	261	320	369	413	452	488	522	554	584	612

해답 • AB 구간

관 길이 10m+(엘보 2)+(밸브 1)=14m

   15m   4mmH₂O
    ↓   ↑
   2B →   20.9

4mm+2mm(입상관 손실)=6mmH₂O

• BC 구간

관 길이 10m+(엘보 2)+(가스계량기)=17m

   20m   7.2mm
    ↓   ↑
   2B →   25.9

7.2mm-4(입하관 손실 반대값)=3.2mmH₂O

∴ AC 구간 전체 손실값=6+3.2=9.2mmH₂O

17 동관과 강관의 특징을 2가지씩 쓰시오.

> **해답** (1) 동관
> ① 가격이 고가이다.
> ② 충격에 약하다.
> ③ 부식에 강하다.
> (2) 강관
> ① 경제적이다.
> ② 강도가 높다.
> ③ 누설이 없다.

18 다음의 조건으로 배관의 SCH(스케줄 번호)를 계산하시오. (단, 허용응력은 인장강도의 1/4이다.)

[조건]
• 인장강도 $60kg/mm^2$　　　　　　• 사용압력 $100kg/cm^2$

> **해답** $SCH = 10 \times \dfrac{P}{S} = 10 \times \dfrac{100}{60 \times \dfrac{1}{4}} = 16.67$

> **해설** SCH(스케줄 번호)
> ① $10 \times \dfrac{P}{S}$ (여기서, P : kg/cm^2, S : kg/mm^2)
> ② $1000 \times \dfrac{P}{S}$ (여기서, P : kg/mm^2, S : kg/mm^2)
> ③ $100 \times \dfrac{P}{S}$ (여기서, P : MPa, S : kg/mm^2)

2 저장·공급 설비 작업

(1) LP가스 저장

01 내용적 $15m^3$인 저장탱크에 1.5MPa의 압력으로 기밀시험 시 다음 물음에 답하시오.
(1) 기밀시험에 필요한 탱크 전체의 공기량은?
(2) 기밀시험을 위해 공기압축기에서 탱크로 보내야 하는 공기량은?
(3) 토출량 400L/min의 공기압축기 사용 시 기밀시험에 소요되는 시간은? (단, 압축가스 저장능력의 계산식 $Q = (10P+1)V$의 식을 이용하시오.)

> **해답** (1) $Q = (10P+1)V = (10 \times 1.5 + 1) \times 15 = 240m^3$
> (2) 빈 탱크라도 대기압만큼의 공기가 있으므로 $240 - 15 = 225m^3$
> (3) $225m^3 \div 0.4m^3/min = 562.5min = 9.375hr = 9.38hr$

02 직경 2m, 길이 5m인 원통형 저장탱크의 내용적(kL)을 계산하시오.

해답 $V = \frac{\pi}{4} D^2 \times L = \frac{\pi}{4} \times (2\text{m})^2 \times 5\text{m} = 15.707 = 15.71\text{m}^3 = 15.71\text{kL}$

03 반지름 2m인 구형탱크의 내용적(kL)을 계산하시오.

해답 $V = \frac{\pi}{6} D^3 = \frac{\pi}{6} \times (2\gamma)^3 = \frac{4}{3}\pi\gamma^3 = \frac{4}{3}\pi \times (2\text{m})^3 = 33.51\text{m}^3 = 33.51\text{kL}$

04 LP가스 이송방법을 4가지 기술하시오.

해답 ① 차압에 의한 방법
② 균압관이 없는 펌프방식
③ 균압관이 있는 펌프방식
④ 압축기에 의한 방법

05 압축기로 액가스를 이송 시 장·단점을 쓰시오.

해답 (1) 장점
① 충전시간이 짧다.
② 잔가스 회수가 용이하다.
③ 베이퍼록의 우려가 없다.
(2) 단점
① 재액화 우려가 있다.
② 드레인의 우려가 있다.

06 펌프로 액가스를 이송 시 장·단점을 기술하시오.

해답 (1) 장점
① 재액화 우려가 없다.
② 드레인의 우려가 없다.
(2) 단점
① 충전시간이 길다.
② 잔가스 회수가 불가능하다.
③ 베이퍼록의 우려가 있다.

참고 가스의 수송방법
1. 용기에 의한 수송
2. 탱크로리에 의한 수송
3. 철도차량에 의한 수송
4. 유조선에 의한 수송

07 탱크로리에 액화가스를 충전 중 작업을 중단하여야 할 경우를 5가지 쓰시오.

해답 ① 과충전 시
② 누설 발생 시
③ 주변에 화재 발생 시
④ 압축기를 사용할 때 액압축 발생 시
⑤ 펌프를 사용할 때 베이퍼록 발생 시

(2) 가스사용 설비 관리 운용

08 다음 조건으로 도시가스 월사용 예정량(m^3)을 계산하시오.

[조건]
• 산업용으로 사용되는 연소가스량 합계 : 10000kg/hr
• 비산업용으로 사용되는 연소가스량 합계 : 5000kg/hr

해답 $Q = \dfrac{(A \times 240) + (B \times 90)}{11000} = \dfrac{(10000 \times 240) + (5000 \times 90)}{11000} = 259.09\,m^3$

09 조건이 다음과 같을 때 다음 그래프를 이용하여 각 항목을 기술하시오.

[조건]
• 세대수 : 60세대
• 1세대당 1일의 평균 가스소비량(겨울) : 1.35kg/day
• 50kg 1개 용기의 가스발생능력은 1.07kg/hr,
  이때의 외기온도는 0℃ 기준

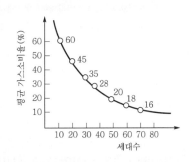

(1) 피크 시의 평균 가스소비량은? (2) 필요한 최소용기 개수는?
(3) 2일분의 소비량에 해당되는 용기 수는? (4) 표준용기의 설치 수는?
(5) 2열의 용기 수는?

해답 (1) 1.35kg/day · 호×60호×0.18=14.58kg/hr

(2) $\dfrac{14.58\text{kg/hr}}{1.07\text{kg/hr} \cdot \text{개}} = 13.63$개 = 14개

(3) $\dfrac{1.35\text{kg/day} \cdot \text{호} \times 60\text{호} \times 2\text{day}}{50\text{kg/개}} = 3.24$개 = 4개

(4) 표준용기 수=최소용기 수+2일분의 용기 수=1.363+3.24=16.87개=17개
(5) 2열 용기 수=17×2=34개

참고 표준용기 수 계산 시는 2일분의 용기 수를 반올림하지 않은 원래 용기 수로 계산한다.

10 어느 음식점에서 시간당 0.32kg을 연소시키는 버너 10대를 설치하여 1일 5시간 사용 시 ① 용기 수와 ② 용기 교환주기를 다음 표를 참고하여 계산하시오.

[조건]
- 사용 시 최저온도 : −5℃
- 용기 질량 : 50kg
- 잔액 20%일 때 교환

[50kg 용기 사용 시 증발량(kg/hr)]

용기 중 잔가스량(kg)	기온(℃)					
	−5	0	5	10	15	20
5.0	0.55	0.65	0.75	0.85	0.95	1.0
10	0.75	0.85	0.95	1.05	1.15	1.25
15	0.97	1.10	1.25	1.30	1.35	1.45
20	1.0	1.15	1.4	1.4	1.5	1.65

해답 ① 최소용기 수 $= \dfrac{\text{피크 시 양}}{\text{용기 1개당 가스발생량}} = \dfrac{0.32\text{kg/h} \times 10}{0.75} = 4.266 = 5$개

② 용기 교환주기 $= \dfrac{\text{가스사용량}}{\text{1일 사용량}} = \dfrac{50\text{kg} \times 5 \times 0.8}{0.32\text{kg/hr} \times 10 \times 5\text{hr/d}} = 12.5 = 12$일

참고 1. 용기의 잔액이 20%이므로 $50 \times 0.2 = 10$kg이 잔가스량
2. 피크 시 기온 −5℃에서 잔가스량이 10kg일 때 용기의 가스발생량은 0.75kg/h
3. 용기 수는 반올림하여 계산
4. 용기 교환주기는 내려서 계산(12.5일인 경우 13일로 계산 시 반나절은 가스를 사용하지 못하게 된다.)

(3) 가스홀더

11 직경 30m의 구형 가스홀더에 20℃에서 상한압력 8kg/cm²에서 사용 후 4kg/cm²로 되었을 때 공급량(Nm³)은 얼마인지 구하시오.

해답 $\dfrac{8-4}{1.0332} \times \dfrac{\pi}{6} \times (30\text{m})^3 \times \dfrac{273}{293} = 50995.635 = 50995564\text{Nm}^3$

해설 구형 홀더 $V = \dfrac{\pi}{6}D^3$

Nm³(0℃)의 체적을 계산 시 표준상태로 계산하므로 kg/cm² → atm으로 변경을 위해 1.0332 를 나누어 줌. 현재 20℃(293K)를 Nm³(0℃의 체적)로 계산하므로 $\dfrac{273}{293}$ 을 보정하여 계산

12 유수식 가스홀더의 구비조건을 4가지 쓰시오.

> **해답** ① 원활히 작동하는 것일 것
> ② 가스방출장치를 설치한 것
> ③ 봉수의 동결방지조치를 한 것
> ④ 수조에 물공급관과 물 넘쳐 빠지는 구멍을 설치한 것

(4) 조정기

13 다음 조정기에 대한 물음에 답하시오.
(1) 조정기의 역할을 2가지 쓰시오.
(2) 고장 시 영향을 2가지 쓰시오.

> **해답** (1) ① 유출압력 조정
> ② 안정된 연소
> (2) ① 누설
> ② 불완전연소

14 단단감압식 조정기란 가스를 용기 내의 압력에서 한번에 소요압력까지 감압하는 방식이다. 현재 가장 많이 사용되고 있는 조정기로 단단감압에 의한 가정용 같은 일반 소비용으로 LP가스를 공급하는 경우에 사용된다. 다음 ①, ②, ③의 적당한 압력을 쓰시오.

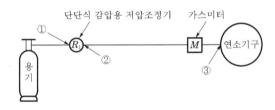

> **해답** ① 0.07~1.56MPa
> ② 2.3~3.3kPa
> ③ 2~3.3kPa

15 다음 빈칸에 알맞은 수치를 쓰시오.

단단(1단)감압식 준저압조정기란 조정기의 조정압력이 (①)kPa 이상 (②)kPa까지 여러 종류가 있으며, LP가스를 생활용 이외에 공급하는 경우(음식점의 조리용 등)에 사용한다.

> **해답** ① 5.0
> ② 30

16 조정압력이 3.3kPa 이하인 안전장치의 ① 작동표준압력, ② 작동개시압력, ③ 작동정지압력을 쓰시오.

해답 ① 7.0kPa ② 5.60~8.40kPa ③ 5.04~8.40kPa

참고 조정기의 종류
1. 종류에 따른 입구·조정압력 범위

종 류	입구압력(MPa)		조정압력(kPa)
1단 감압식 저압조정기	0.07~1.56		2.3~3.3
1단 감압식 준저압조정기	0.1~1.56		5.0~30.0 이내에서 제조자가 설정한 기준압력의 ±20%
2단 감압식 1차용 조정기	용량 200kg/h 이하	0.1~1.56	57.0~83.0
	용량 200kg/h 초과	0.3~1.56	
2단 감압식 2차용 저압조정기	0.01~0.1 또는 0.025~0.1		2.30~3.30
2단 감압식 2차용 준저압조정기	조정압력 이상~0.1		5.0~30.0 이내에서 제조자가 설정한 기준압력의 ±20%
자동절체식 일체형 저압조정기	0.1~1.56		2.55~3.3
자동절체식 일체형 준저압조정기	0.1~1.56		5.0~30.0 이내에서 제조자가 설정한 기준압력의 ±20%
그 밖의 압력조정기	조정압력 이상~1.56		5kPa을 초과하는 압력 범위에서 상기 압력조정기 종류에 따른 조정압력에 해당하지 않는 것에 한하며, 제조자가 설정한 기준압력의 ±20%일 것

2. 최대폐쇄압력

항 목	압력(kPa)
1단 감압식 저압조정기	3.50 이하
2단 감압식 2차용 저압조정기	
자동절체식 일체형 저압조정기	
2단 감압식 1차용 조정기	95.0 이하
1단 감압식 준저압·자동절체식	조정압력의 1.25배 이하
일체형 준저압, 그 밖의 조정기	

(5) 정압기

17 다음은 정압기의 정의에 대하여 기술한 것이다. ( )에 적당한 단어를 쓰시오.

도시가스 압력을 사용처에 맞게 낮추는 (①)기능, 2차측 압력을 허용범위 내의 압력으로 유지하는 (②)기능, 가스의 흐름이 없을 때 밸브를 완전히 폐쇄하여 압력상승을 방지하는 (③)기능을 가진 기기로서 정압기용 압력조정기와 그 부속설비를 말한다.

해답 ① 감압 ② 정압 ③ 폐쇄

18 다음 설명에 적합한 정압기의 명칭을 쓰시오.

(1) 일반도시가스사업자의 소유시설로 가스도매사업자로부터 공급받은 도시가스의 압력을 1차적으로 낮추기 위해 설치하는 정압기
(2) 일반도시가스사업자의 소유시설로서 지구정압기 또는 가스도매사업자로부터 공급받은 도시가스의 압력을 낮추어 다수의 사용자에게 가스를 공급하기 위해 설치하는 정압기
(3) 정압기 배관 및 안전장치 등이 일체로 구성된 정압기에 한하여 사용할 수 있는 정압기실로 내식성 재료의 캐비닛과 철근콘크리트 기초로 구성된 정압기실을 말한다.

해답 (1) 지구정압기
　　　 (2) 지역정압기
　　　 (3) 캐비닛형 구조 정압기

19 정압기 입구에 설치해야 하는 장치 2가지를 쓰시오.

해답 가스차단장치, 불순물제거장치

20 정압기 출구에 설치해야 하는 장치 2가지를 쓰시오.

해답 이상압력상승방지장치, 가스의 압력을 측정·기록할 수 있는 장치

21 정압기의 분해점검 및 고장에 대비하여 설치해야 하는 것 2가지를 쓰시오.

해답 예비정압기, 바이패스관

22 다음에 설명하는 정압기의 특성을 쓰시오.

(1) 정상상태에 있어 유량과 2차 압력의 관계
(2) 부하변화가 큰 곳에 사용되는 정압기에 대한 응답의 신속성과 안정성
(3) 메인밸브의 열림과 유량의 관계
(4) 메인밸브에는 1차와 2차 압력의 차압이 정압성능에 영향을 주나 이것이 실용적으로 사용할 수 있는 범위에서 최대로 되었을 때의 차압
(5) 1차 압력과 2차 압력의 차압이 어느 정도 이상이 없을 때 파일럿정압기는 작동할 수 없게 되며 이 최소한의 값을 말함

해답 (1) 정특성
　　　 (2) 동특성
　　　 (3) 유량특성
　　　 (4) 사용최대차압
　　　 (5) 작동최소차압

23 다음의 직동식 정압기에서 2차 압력이 설정압력보다 높을 경우의 작동상태에 대한 설명 중 ( )에 알맞은 단어를 쓰시오.

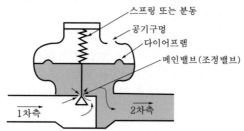

스프링 또는 분동
공기구멍
다이어프램
메인밸브(조정밸브)

1차측   2차측

2차측 압력이 설정압력보다 높을 때 (①)의 힘이 (②)을 밀어올려 메인밸브가 상부로 올라감에 의해 가스흐름이 차단되고 2차 압력이 설정압력을 회복하게 된다.

[해답] ① 다이어프램   ② 스프링

[참고] 2차 압력이 설정압력보다 낮을 때
스프링의 힘이 다이어프램의 힘을 이기고 메인밸브가 하부로 향하며 가스가 1차에서 2차로 흐름에 의해 2차 압력을 설정압력으로 회복시킨다.
2차 압력이 설정압력일 때
스프링의 힘과 다이어프램의 힘이 균형을 이루고 메인밸브의 열림도 균형을 이루며 공급되는 가스량과 소비되는 가스량이 균형을 이룬다.

24 파일럿 정압기의 종류를 2가지 쓰시오.

[해답] ① 파일럿식 언로딩형 정압기   ② 파일럿식 로딩형 정압기

[참고]

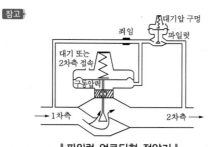

대기압 구멍
죄임
파일럿
대기 또는 2차측 접속
구동압력
1차측   2차측

‖ 파일럿 언로딩형 정압기 ‖

25 레이놀드정압기의 2차 압력상승 원인 4가지를 쓰시오.

[해답] ① 메인밸브에 먼지류가 끼어 cut-off 불량
② 바이패스밸브류 누설
③ 가스 중 수분 동결
④ 보조정압기 다이어프램 파손

[참고] 레이놀드정압기 2차 압력저하 원인
1. 정압기 능력 부족   2. 필터 먼지류 막힘
3. 동결   4. 센트스템 불량

26 피셔식 정압기 2차 압력상승 원인 4가지를 쓰시오.

해답 ① 메인밸브에 먼지류가 끼어 cut-off 불량
② 바이패스밸브류 누설
③ 가스 중 수분 동결
④ 파일럿서플라이밸브의 누설

참고 피셔식 정압기 2차 압력저하 원인
1. 정압기 능력 부족
2. 필터 먼지류 막힘
3. 센트스템 불량

27 피셔식 정압기의 특징 3가지를 쓰시오.

해답 ① 정특성, 동특성이 양호하다.
② 비교적 콤팩트하다.
③ 로딩형이다.

참고 AFV식 정압기의 특징
1. 정특성, 동특성이 양호하다.
2. 극히 콤팩트하다.
3. 변칙 언로딩형이다.
레이놀드식 정압기의 특징
1. 언로딩형이다.
2. 크기가 대형이다.
3. 정특성이 좋다.

28 정압기의 이상감압에 대처할 수 있는 방법 3가지를 쓰시오.

해답 ① 저압배관의 루프(loof)화
② 2차측 압력감시장치 설치
③ 정압기 2계열 설치

29 다음은 레이놀드정압기의 2차 압력의 원인과 대책이다. 빈칸을 채우시오.

원 인	대 책
정압기 능력 부족	적절한 정압기 교환
필터 먼지류 막힘	필터 교환
주다이어프램 파손	(①)
센트스템 작동 불량	(②)

해답 ① 다이어프램 교환
② 분해 점검

30 다음 도면을 보고 물음에 답하시오.

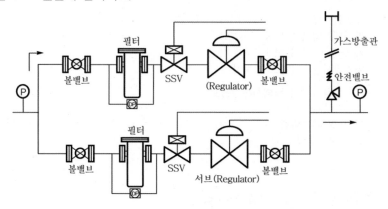

(1) 정압기에서 상용압력이란 통상 사용상태에서 사용하는 최고압력으로서 출구압력이 (①)kPa 이하
인 경우에는 (②)kPa을 말하며, 그 외는 일반도시가스사업자가 설정한 정압기의 최대출구압력을
말한다.
(2) 가스의 공급을 중단시키지 않고 정압기의 분해 점검 등을 할 수 있도록 (①)을 설치하여야 한다.
유량조절용 바이패스밸브는 조작이 용이한 글로브밸브를 주로 사용하며 먼지와 모래 때문에 완전
차단이 불가능한 밸브를 사용 시에는 (②)밸브를 추가로 설치한다.

해답 (1) ① 2.5
　　　　② 2.5
　　(2) ① 바이패스관
　　　　② 차단용 바이패스

(6) 가스미터

31 다음 가스계량기의 검정유효기간 ①, ②, ③, ④를 쓰시오.

계량기 종류	검정유효기간
기준가스계량기	①
LPG가스계량기	②
최대유량 10m³/h 가스계량기	③
기타 가스계량기	④

해답 ① 2년　② 3년　③ 5년　④ 8년

32 회전자식 계량기의 종류를 쓰시오.

해답 ① 오벌식
　　② 루트식
　　③ 로터리피스톤식

33 추량식 계량기의 종류 4가지를 쓰시오.

> 해답
> ① 오리피스식 　② 벤투리식
> ③ 터빈식 　　　④ 와류식

34 가스계량기를 사용하여야 하는 목적을 간단하게 기술하시오.

> 해답 소비자에게 공급되는 가스의 체적을 측정하며 요금환산의 근거로 삼는다.

35 가스미터 사용 시 고려사항 4가지를 기술하시오.

> 해답
> ① 사용최대유량에 적합한 계량능력이 있을 것
> ② 사용 중 기차변동이 없을 것
> ③ 계량이 정확할 것
> ④ 기밀성이 좋고 유지관리가 용이할 것

36 다음 계량기의 계량원리를 쓰시오.
(1) 터빈형 가스계량기
(2) 델타형 계량기

> 해답
> (1) 날개 차에 의해 가스의 유량을 검출
> (2) 전기적으로 가스의 유량을 검출

37 가스미터 고장에 대한 ①, ②, ③, ④에 해당하는 고장의 명칭을 쓰시오.

구 분	정 의	고장의 원인
①	가스가 가스미터는 통과하나 눈금이 움직이지 않는 고장	• 계량막 파손 • 밸브 탈락 • 밸브와 밸브시트 사이 누설 • 지시장치 기어 불량
②	가스가 가스미터를 통과하지 않는 고장	• 크랭크축 녹슴 • 밸브와 밸브시트가 타르, 수분 등에 의해 점착, 고착 • 날개조절장치 납땜의 떨어짐 등 회전장치부분 고장
③	기차가 변하여 계량법에 규정된 사용공차를 넘는 경우의 고장	• 계량막 신축으로 계량실의 부피변동으로 막에서 누설 • 밸브와 밸브시트 사이에 패킹 누설
④	가스계량기 연결부위 가스 누설	• 날개축 평축이 각 격벽을 관통하는 실부분의 기밀 파손
감도불량	감도유량을 보냈을 때 지침의 시도에 변화가 나타나지 않는 고장	• 계량막과 밸브와 밸브시트 사이에 패킹 누설
이물질에 의한 불량	크랭크축 이물질 침투로 인한 고장	• 크랭크축 이물질 침투 • 밸브와 밸브시트 사이 유분 등 점성물질 침투

> 해답 ① 부동 ② 불통 ③ 기차불량 ④ 누설

38 LP가스미터 선정 시 주의사항을 4가지 쓰시오.

> 해답 ① 액화석유가스용일 것
> ② 용량에 여유가 있을 것
> ③ 계량법에 정한 유효기간 내에 있을 것
> ④ 기타 외관검사를 행한 것일 것

39 가스계량기에 있는 다음 표시의 의미를 쓰시오.
(1) MAX 1.5m^3/h
(2) 0.5L/Rev
(3) 0.3kPa

> 해답 (1) 시간당 사용최대유량 1.5m^3
> (2) 계량실 1주기의 체적 0.5L
> (3) 가스계량기와 배관 전체의 압력손실 0.3kPa

40 가스미터의 감도유량에 대해 다음 물음에 답하시오.
(1) 정의를 쓰시오
(2) LP가스미터의 감도유량(L/hr)을 쓰시오.
(3) 막식 가스미터의 감도유량(L/hr)을 쓰시오.

> 해답 (1) 가스미터 눈금이 작동하는 최소의 유량
> (2) 15L/hr
> (3) 3L/hr

41 다음 중 가스미터 부착 시 안전사항에 대하여 틀린 사항을 골라 그 번호를 쓰시오.

> ① 진동이 적은 장소
> ② 습도가 높고 검침이 용이한 장소
> ③ 전기계량기, 전기개폐기와 30cm 이상 떨어질 것
> ④ 절연조치한 전선과 15cm 떨어질 것

> 해답 ②, ③, ④

> 해설 ② 습도가 낮은 장소
> ③ 전기계량기, 전기개폐기와 60cm 이상 떨어질 것
> ④ 절연조치한 전선과 10cm 떨어질 것

> 참고 절연조치하지 않은 전선
> 1. LPG 공급시설과 이격거리 : 30cm 이상
> 2. 도시가스 공급, LPG 사용시설 : 15cm 이상

42 다음에 해당되는 가스계량기의 명칭을 쓰시오.

항 목	장 점	단 점	일반적 용도
①	① 미터 가격이 저렴하다. ② 설치 후 유지관리에 시간을 요하지 않는다.	대용량의 경우 설치면적이 크다.	일반수용가
②	① 계량값이 정확하다. ② 사용 중에 기차(器差)변동이 없다. ③ 드럼 타입으로 계량된다.	① 설치면적이 크다. ② 사용 중 수위조정이 필요하다.	① 기준 가스미터용 ② 실험실용
③	① 설치면적이 작다. ② 중압의 계량이 가능하다. ③ 대유량의 가스 측정에 적합하다.	① 스트레이너 설치 및 설치 후의 유지관리가 필요하다. ② $0.5m^3/h$ 이하의 소유량에서는 부동의 우려가 있다.	대수용가

해답 ① 막식 가스미터
② 습식 가스미터
③ 루트식 가스미터

43 시험미터 지시량이 $100m^3/hr$, 기준미터 지시량이 $95m^3/hr$일 때 이 가스미터의 기차(%)는 얼마인지 계산하시오.

해답 $$기차 = \frac{시험미터\ 지시량 - 기준미터\ 지시량}{시험미터\ 지시량} = \frac{100-95}{100} \times 100 = 5\%$$

Craftsman Gas

03 가스제어 계측기기 운용

1 온도계

01 온도계 선택 시 구비조건 4가지를 쓰시오.

> **해답** ① 견고하고 내구성이 있을 것
> ② 측정범위와 정밀도가 적당할 것
> ③ 원격지시가 가능할 것
> ④ 자동제어가 가능할 것

02 접촉식 온도계의 종류 4가지를 쓰시오.

> **해답** ① 열전대온도계　② 전기저항온도계
> ③ 바이메탈온도계　④ 유리제온도계

03 비접촉식 온도계의 종류 4가지를 쓰시오.

> **해답** ① 광고온도계　② 광전관식 온도계
> ③ 복사온도계　④ 색온도계

04 열전대온도계의 열전대소자의 종류 4가지를 쓰시오.

> **해답** ① PR　② CA　③ IC　④ CC

05 열전대온도계의 열기전력의 구비조건 4가지를 쓰시오.

> **해답** ① 열기전력이 크고 온도상승에 따라 연속적으로 상승할 것
> ② 온도계수, 저항계수가 작을 것
> ③ 내열성이 클 것
> ④ 경제성이 있을 것

06 열전대온도계의 특징을 4가지 쓰시오.

> **해답** ① 접촉식 중 가장 고온 측정이 가능하다.
> ② 원격지시 기록이 용이하다.
> ③ 오차의 우려가 크다.
> ④ 측정장치에 전원이 필요 없다.

2 압력계

01 압력계 중 2차 압력계 종류 4가지를 쓰시오.

> **해답** ① 부르동관 압력계 　 ② 다이어프램 압력계 　 ③ 벨로즈 압력계 　 ④ 전기저항 압력계

> **참고** 1차 압력계 종류
> 마노미터(액주계), 자유피스톤식

02 다음 표에서 ①, ②, ③, ④, ⑤에 해당되는 압력계의 명칭을 쓰시오.

명칭	내용
①	부식성 유체에 적합한 압력계
②	2차 압력계의 눈금교정용으로 사용되는 압력계
③	로셀염과 관계가 있으며, 급격한 압력상승에 주로 사용되는 압력계
④	망간선과 관계가 있으며, 초고압 측정에 사용되는 압력계
⑤	2차 압력계 중 가장 많이 사용되는 압력계

> **해답** ① 다이어프램 압력계 　 ② 자유피스톤식 압력계 　 ③ 피에조 전기압력계
> ④ 전기저항 압력계 　 ⑤ 부르동관 압력계

03 다음 압력계를 보고, 물음에 답하시오.

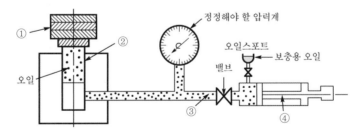

(1) 이 압력계의 명칭은?
(2) 이 압력계의 용도는?
(3) 이 압력계의 전달유체는?
(4) 이 압력계의 원리는?
(5) 지시된 ①, ②, ③, ④의 명칭은?
(6) 눈금의 교정방법을 설명하시오.

> **해답** (1) 자유피스톤식 압력계
> (2) 부르동관 압력계의 눈금교정용 및 연구실용
> (3) 오일
> (4) 피스톤 위에 추를 올리고, 실린더 내의 액압과 균형을 이루면 게이지압력으로 나타남
> (5) ① 추 　② 피스톤 　③ 오일 　④ 펌프
> (6) 추의 중량을 미리 측정하여 계산된 압력으로 눈금을 교정한다.

04 극심한 압력변화 측정에 적당한 압력계의 종류 2가지를 쓰시오.

> **해답** ① 피에조전기압력계
> ② 스트레인게이지

05 상용압력이 10MPa인 최고고압설비에서 압력계의 눈금범위는 얼마인지 쓰시오.

> **해답** 15~20MPa

> **해설** 압력계의 최고눈금범위는 상용압력의 1.5배 이상 2배이다.

06 압력계에 아래와 같은 표시가 되어 있다. 이것을 사용해야 되는 압력계의 종류와 그 이유를 쓰시오.

> no use oil(금유)

> **해답** ① 산소용 압력계
> ② 이유 : 산소는 유지류와 접촉 시 폭발우려가 있어 금유라고 표시된 산소전용의 압력계를 사용하여야 한다.

07 압력계의 재질로 동을 사용할 수 없는 가스 2가지를 쓰고, 그 이유를 쓰시오.

> **해답** ① 종류 : 아세틸렌, 암모니아
> ② 이유 : 아세틸렌은 동아세틸라이드를 생성하여 약간의 충격에도 폭발을 일으키고, 암모니아는 착이온을 생성하여 부식을 일으킨다.

08 다음 조건으로 부유피스톤형 압력계의 절대압력(kg/cm^2)을 계산하시오.

[조건]
- 실린더 직경 : 6cm
- 피스톤 직경 : 2cm
- 대기압 : $1kg/cm^2$
- 추와 피스톤의 무게 : 30kg
- $\pi = 3.14$

> **해답** 절대압력=대기압력+게이지압력=$1kg/cm^2 + \dfrac{30kg}{\dfrac{3.14}{4} \times (2cm)^2} = 10.554 = 10.55\,kg/cm^2(a)$

> **참고** 반드시 절대압력 표시 a를 붙여서 표현할 것

09 다음 조건으로 자유피스톤 압력계의 추와 피스톤의 무게(kg)를 구하시오.

[조건]
- 부르동관으로 측정된 압력 : $10kg/cm^2$
- 피스톤 직경 : 2cm
- 실린더 직경 : 4cm
- $\pi = 3.14$

해답 게이지압력$(P) = \dfrac{추와\ 피스톤\ 무게(W)}{피스톤의\ 단면적(a)}$

$$\therefore\ W = P \cdot a = 10kg/cm^2 \times \dfrac{3.14}{4} \times (2cm)^2 = 31.4kg$$

참고 실린더 직경과 피스톤 직경이 동시에 주어질 때는 피스톤 직경을 기준으로 계산

10 다음 조건으로 부유피스톤형 압력계의 오차값(%)을 계산하시오. (단, 계산의 중간과정에서도 소수점 발생 시 셋째자리에서 반올림하여 둘째자리까지 계산한다.)

[조건]
- 추의 무게 : 5kg
- 피스톤의 무게 : 15kg
- 실린더 직경 : 2cm
- 이 압력계에 접속된 부르동관의 압력계 눈금 : $7kg/cm^2$
- $\pi = 3.14$

해답 게이지압력$(P) = \dfrac{W}{a} = \dfrac{(5+15)}{\dfrac{3.14}{4} \times (2cm)^2} = 6.37kg/cm^2$

$$\therefore\ 오차값(\%) = \dfrac{측정값-진실값}{진실값} \times 100 = \dfrac{7-6.37}{6.37} \times 100 = 9.89\%$$

11 다음의 P_2 절대압력은 얼마(kg/cm^2)인지 계산하시오. (단, $P_1 = 1kg/cm^2$, 수은 비중 13, $h = 500mm$)

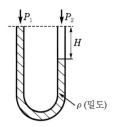

해답 $P_2 = P_1 + sh = 1 + 13(kg/10^3cm^3) \times 50cm = 1.65kg/cm^2a$

3 액면계

01 차압식 액면계가 주로 사용되는 가스탱크의 종류 3가지를 쓰시오.

> **해답** 액체산소, 액체아르곤, 액체질소
>
> **해설** 차압식(햄프슨식) 액면계는 초저온 저장탱크에 주로 사용되는 액면계이다.

02 다음의 액화석유가스 저장탱크에 주로 사용되는 액면계의 종류를 각각 쓰시오.
(1) 지상탱크
(2) 지하탱크

> **해답** (1) 클링커식 액면계
> (2) 슬립튜브식 액면계

03 인화중독의 우려가 없는 곳에 사용되는 액면계의 종류 3가지를 쓰시오.

> **해답** ① 슬립튜브식 액면계   ② 회전튜브식 액면계   ③ 고정튜브식 액면계

04 가스탱크의 액면계에는 유리제를 사용할 수 없으나 사용 가능한 가스탱크의 종류 2가지를 쓰시오.

> **해답** ① 불활성 가스탱크   ② 초저온 가스탱크

05 액화가스 저장탱크 액면계가 유리제일 때 안전조치 사항 2가지를 쓰시오.

> **해답** ① 금속제 프로텍터를 설치한다.
> ② 액면계의 상하에 자동 및 수동식 스톱밸브를 설치한다.

4 유량계

01 다음 물음에 답하시오.
(1) 직접식 유량계의 종류 1가지를 쓰시오.
(2) 차압식 유량계의 종류 3가지를 쓰시오.
(3) 간접식 유량계의 종류 3가지를 쓰시오.

> **해답** (1) 습식 가스미터
> (2) 오리피스, 플로노즐, 벤투리
> (3) 피토관, 오리피스, 벤투리

02 오리피스의 차압식 유량계에 사용되는 교축기구의 종류 3가지를 쓰시오.

해답 ① 코넬탭
② 베나탭
③ 플랜지탭

03 차압식 유량계의 측정원리를 쓰시오.

해답 베르누이 정리

04 다음에 해당되는 속도 V(m/s)를 계산하시오.

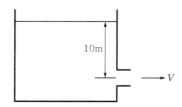

해답 $V = \sqrt{2gh} = \sqrt{2 \times 9.8 \times 10} = 14\,\mathrm{m/s}$

05 오리피스 유량계로 유량 측정 시 필요조건 4가지를 쓰시오.

해답 ① 흐름은 정상류일 것
② 관로는 수평을 유지할 것
③ 관 속에 유체가 충만되어 있을 것
④ 유체의 전도, 압축 등의 영향이 없을 것

06 관경 5cm의 관에 유속 5m/s로 흐를 때 유량(m³/hr)은 얼마인지 계산하시오.

해답 $Q = \dfrac{\pi}{4}d^2 \cdot V = \dfrac{\pi}{4} \times (0.05\mathrm{m})^2 \times 5\mathrm{m/s} = 0.0098\mathrm{m^3/s} = 0.0098 \times 3600 = 35.34\,\mathrm{m^3/hr}$

07 5cm의 관경에 흐른 유체의 유속이 2m/s일 때, 10cm에서의 유속은 얼마인지 계산하시오.

해답 연속의 법칙
$A_1 V_1 = A_2 V_2$에서

$$V_2 = \frac{A_1 V_1}{A_1} = \frac{\dfrac{\pi}{4} \times (5)^2 \times 2}{\dfrac{\pi}{4} \times (10)^2} = 0.5\,\mathrm{m/s}$$

08 차압식 유량계로 유량을 측정하였다. 차압이 1000mmH₂O에서 유량이 15m³/hr이면 차압이 2000mmH₂O 에서 유량은 얼마인지 계산하시오.

해답 유량은 차압의 평방근에 비례하므로

$$15 : \sqrt{1000} = x : \sqrt{2000} \quad \therefore \ x = \frac{\sqrt{2000}}{\sqrt{1000}} \times 15 = 21.2 \, \text{m}^3/\text{hr}$$

5 가스의 검지

01 다음 기구는 흡수분석법에 사용되는 오르자트 기기이다. 다음 물음에 답하시오.

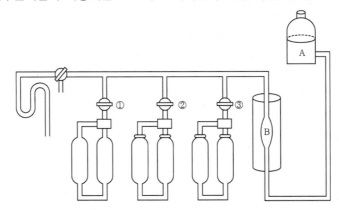

(1) 분석된 시료가스가 저장되는 저장소는?
(2) ①, ②, ③에 각각 흡수되는 가스의 명칭은?
(3) A의 명칭은?

해답 (1) 뷰렛(B)
　　 (2) ① CO　② O_2　③ CO_2
　　 (3) 수준병

02 다음 보기에 맞는 가스 흡수제를 사용하여 분석 시 분석순서 및 흡수제를 쓰시오.

[보기]　　　　　　　　　　　　　　　O_2, N_2, CO, C_2H_4, CO_2

해답

분석순서	흡수제
① CO_2	33% KOH 용액
② C_2H_4	발연황산
③ O_2	알칼리성 피로카롤 용액
④ CO	암모니아성 염화제1동 용액
⑤ N_2	전체를 백분율로 하여 나머지 양

03 100mL의 시료가스를 CO_2, O_2, CO 순서로 흡수 시 그때마다 남는 부피가 48mL, 24mL, 18mL 일 때 각 가스의 조성 부피(%)를 계산하시오. (단, 최종적으로 남는 가스는 N_2로 한다.)

> **해답**
> ① $CO_2(\%) = \dfrac{100-48}{100} \times 100 = 52\%$
>
> ② $O_2(\%) = \dfrac{48-24}{100} \times 100 = 24\%$
>
> ③ $CO(\%) = \dfrac{24-18}{100} \times 100 = 6\%$
>
> ∴ $N_2(\%) = 100 - (52+24+6) = 18\%$

04 흡수분석법의 종류와 분석순서를 쓰시오.

> **해답**

종 류	분석순서
오르자트법	$CO_2 \rightarrow O_2 \rightarrow CO$
헴펠법	$CO_2 \rightarrow C_m H_n \rightarrow O_2 \rightarrow CO$
게겔법	$CO_2 \rightarrow C_2H_2 \rightarrow C_3H_6,\ n\text{-}C_4H_{10} \rightarrow O_2 \rightarrow CO$

05 가스를 검지하는 방법 3가지를 쓰시오.

> **해답** ① 시험지법   ② 검지관법   ③ 가연성 가스 검출기

06 다음 빈칸에 알맞은 답을 쓰시오.

가스의 검지법	가연성 가스 검출기의 종류	가스누설 검지경보장치의 종류
시험지법	①	④
검지관법	②	⑤
가연성 가스 검출기	③	⑥

> **해답** ① 안전등형   ④ 접촉연소방식
> ② 간섭계형   ⑤ 격막갈바니전지방식
> ③ 열선형   ⑥ 반도체방식

07 열선식 가연성 가스 검지기로 CH_4가스의 누설을 검지 시 LEL 검지농도가 0.01%이었다. 이 검지기의 공기흡입량이 2cm^3/sec일 때 1min간 가스누설량(cm^3)을 계산하시오.

> **해답** 가스누설량 $= \dfrac{\text{가스흡입량}(cm^3) \times \text{LEL 검지농도}}{\text{가스흡입시간}(sec)} = 2cm^3/sec \times \dfrac{0.01}{100} = 0.0002\,cm^3/sec$
>
> ∴ $0.0002 \times 60 = 0.012\,cm^3/min$

08 다음 물음에 답하시오.

(1) 가스누설 시 접촉연소방식에서 사용되는 연소 엘리먼트의 원리를 쓰시오.

(2) 누설가스를 경보하여 주는 경보기를 설치하는 장소와 그 곳에 설치되어야 하는 이유를 쓰시오.

해답 (1) 백금표면을 활성화시킨 파라지움으로 처리한 것은 가연성 가스가 폭발하한계 이하의 농도에 서도 산화반응이 촉진되므로 백금의 전기저항값을 변화시켜 휘트스톤브리지에 의해 탐지되어 지시되는 원리이다.

　(2) ① 설치장소 : 가스관계에 종사하는 안전관리자가 항상 근무하는 장소

　　② 누설 시 조기발견하여 신속히 조치함으로써 대형사고를 예방하기 위함

09 가스 크로마토그래피에 대한 다음 물음에 답하시오.

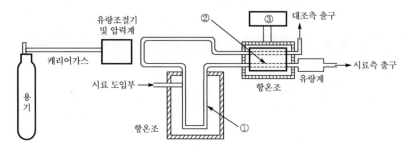

(1) G/C(가스 크로마토그래피)의 3대 구성요소 ①, ②, ③의 명칭을 쓰시오.

(2) G/C에 사용되는 검출기 종류 3가지를 쓰시오.

(3) G/C에 사용되는 캐리어가스의 종류 3가지를 쓰시오.

(4) 캐리어가스의 구비조건 4가지를 쓰시오.

(5) G/C(가스 크로마토그래피)의 종류를 2가지로 분류하고, 각각의 충전물 3가지를 쓰시오.

해답 (1) ① 분리관(칼럼)　② 검출기　③ 기록계

　(2) TCD(열전도도형검출기), FID(수소이온화검출기), ECD(전자포획이온화검출기)

　(3) He, Ar, N_2

　(4) ① 경제적일 것　　　　　② 사용되는 검출기에 적합할 것

　　③ 순도가 높고, 구입이 용이할 것　④ 시료가스와 반응하지 않는 불활성일 것

　(5) ① 흡착형 크로마토그래피(충전물 : 활성탄, 활성알루미나, 실리카겔)

　　② 분배형 크로마토그래피(충전물 : DMF, DMS, TCP)

참고 G/C에 쓰이는 검출기의 종류와 원리

종 류	원 리	적 용
FID (수소이온화검출기)	염으로 된 시료성분이 이온화됨으로 염 중에 놓여준 전극 간의 전기전도도가 증대하는 것을 이용	탄화수소 등에 최고의 감도
TCD (열전도도형검출기)	캐리어가스와 시료성분 가스의 열전도도차를 금속필라멘트의 저항 변화로 검출	가장 많이 사용되고 있는 검출기
ECD (전자포획이온화검출기)	캐리어가스가 이온화되고 생긴 자유전자를 시료 성분이 포획하면 이온전류가 소멸되는 것을 이용	할로겐가스, 산소화합물에서는 감도가 좋고, 탄화수소에는 감도가 저하

10 G/C를 가스분석에 사용 시 장점 3가지를 기술하시오.

> **해답** ① 분석시간이 짧다.
> ② 시료성분이 완전히 분리된다.
> ③ 불활성 기체로 분리관의 연속재생이 가능하다.

> **참고** 단점
> 강하게 분리된 성분 가스는 분석이 어렵다.

11 다음 각종 가스를 분석하는 방법 중 수소 분석법의 종류 4가지를 쓰시오.

> **해답** ① 폭발법   ② 열전도도법
> ③ 파라듐블랙에 의한 흡수법   ④ 산화동에 의한 연소법

12 독성가스 누설 시 검지에 사용되고 있는 시험지와 변색상태를 쓰시오.

가스명	시험지	변색상태
Cl_2	①	(①)
HCN	②	(②)
NH_3	③	(③)
CO	④	(④)
H_2S	⑤	(⑤)
$COCl_2$	⑥	(⑥)
C_2H_2	⑦	(⑦)

> **해답** ① KI전분지(청변)   ② 질산구리벤젠지(청변)
> ③ 적색리트머스지(청변) ④ 염화파라듐지(흑변)
> ⑤ 연당지(흑변)   ⑥ 하리슨시험지(심등색)
> ⑦ 염화제1동착염지(적변)

13 다음 가스 종류에 따른 가스누설 시 검지경보농도를 쓰시오.
(1) 가연성 가스
(2) 독성가스
(3) 암모니아(실내에서 사용 시)

> **해답** (1) 폭발하한의 1/4 이하
> (2) TLV-TWA 기준농도 이하
> (3) 50ppm 이하

> **참고** 지시계의 눈금범위
> 1. 가연성 가스 : 0~폭발하한
> 2. 독성가스 : TLV-TWA 기준농도 3배의 값
> 3. 암모니아 : 실내에서 사용 시 TLV-TWA 150ppm 이하

14 가스누설검지경보장치의 검지에서 발신까지 걸리는 시간은 경보농도의 1.6배 농도에서 몇 초 이내인지 다음 물음의 가스에 대해 각각 쓰시오.

(1) NH_3, CO
(2) NH_3, CO를 제외한 그 밖의 가스

해답 (1) 60초
(2) 30초

15 암모니아가스를 검지하는 방법을 쓰시오.

해답 ① 취기로 판별
② 적색리트머스지 사용 시 청변
③ 네슬러시약 사용 시 황갈색

Chapter **02**

가스시설 안전관리

01 가스의 특성

1 고압가스 분류

01 고압가스를 상태별로 분류하고, 그 예를 쓰시오.

해답 ① 압축가스(O_2, H_2, N_2)
② 액화가스(C_3H_8, C_4H_{10}, Cl_2)
③ 용해가스(C_2H_2)

02 고압가스를 연소성별로 분류하고, 그 예를 쓰시오.

해답 ① 가연성 가스(H_2, C_2H_2, C_3H_8)
② 조연성 가스(O_2, O_3)
③ 불연성 가스(N_2, CO_2, Ne)

03 독성가스의 정의에 대하여 ( )에 적당한 단어를 쓰시오.

(1) LC_{50} : 성숙한 흰쥐의 집단에서 대기 중에서 (①)시간 흡입실험에 의해 (②)일 이내 실험동물의 (③)%를 사망시킬 수 있는 가스의 농도로서 허용농도가 100만분의 (④) 이하가 독성가스이다.

(2) TLV–TWA : 건강한 성인남자가 1일 (①)시간 동안 그 가스의 분위기에서 작업을 하여도 인체에 해를 끼치지 않는 한계의 농도로서 허용농도 100만분의 (②) 이하를 독성가스라 한다.

해답 (1) ① 1   ② 14   ③ 50   ④ 5000
(2) ① 8   ② 200

04 LC_{50} 기준의 맹독성 가스의 정의와 그 예를 3가지 쓰시오.

해답 ① 정의 : LC_{50}의 기준으로 허용농도가 200ppm 이하인 가스를 맹독성 가스라 한다.
② 예 : F_2, HCN, $COCl_2$

05 독성인 동시에 가연성에 해당되는 가스를 4가지 쓰시오.

해답 HCN, CO, C_2H_4O, CH_3Cl

06 보기의 가스 중 공기보다 무거운 가스의 종류를 모두 쓰시오.

[보기] H_2, CO_2, C_3H_8, CH_4, CO, HCN, $COCl_2$

해답 CO_2, C_3H_8, $COCl_2$

07 보기의 가스 중 ① 액화가스이면서 가연성, ② 액화가스이면서 독성인 가스를 모두 쓰시오.

[보기] C_3H_8, Cl_2, C_4H_{10}, NH_3, O_2, H_2, CO_2

해답 ① 액화가스이면서 가연성 : C_3H_8, C_4H_{10}, NH_3
② 액화가스이면서 독성 : Cl_2, NH_3

참고 O_2 : 압축가스이면서 조연성, H_2 : 압축가스이면서 가연성, CO_2 : 액화가스이면서 불연성

08 가연성 가스란 무엇인지 정의를 쓰시오.

해답 폭발한계 하한이 10% 이하이거나 폭발한계 상한, 하한의 차이가 20% 이상인 가스

09 수소(H_2)에 대한 다음 빈칸을 채우시오.

구 분	내 용	중요기억사항
연소범위	4~75% (가연성 가스, 압축가스, 비등점 : −252℃)	• 부식은 고온, 고압에서 발생한다. • 수소가스에 의한 부식을 방지하기 위하여 (④) Cr강에 W, Mo, Ti, V 등을 첨가한다. • 수소취성에는 가역, 불가역의 수소취성이 있다.
부식명	수소취성(강의 탈탄)	
부식이 일어날 때 반응식	$Fe_3C+2H_2 \rightarrow CH_4+3Fe$	
폭명기 반응식 3가지	• 수소폭명기 : (①) • 염소폭명기 : (②) • 불소폭명기 : (③)	

제조법의 종류	• 물의 전기분해 : $2H_2O \rightarrow 2H_2+O_2$
	• 수성가스법 : $C+H_2O \rightarrow CO+H_2$
		제조법 중 CO의 전화법에서
		• 고온전화(1단계 반응) 촉매
		  : $Fe_2O_2 \rightarrow Cr_2O_2$계
		• 저온전화(2단계 반응) 촉매
		  : $CuO \rightarrow ZnO$계

해답 ① $2H_2+O_2 \rightarrow 2H_2O$ ② $H_2+Cl_2 \rightarrow 2HCl$ ③ $H_2+F_2 \rightarrow 2HF$ ④ 5~6%

10 수소의 성질 중 폭발화재 등의 재해발생 원인 3가지를 쓰시오.

해답 ① 가연성 가스로서 폭발범위가 넓다.
② 공기보다 가벼워 누설우려가 높다.
③ 고온고압하에서 탈탄작용이 있다.

11 고온고압의 가스배관 플랜지부에서 수소 누설 시 원인 3가지를 쓰시오.

해답 ① 수소취성의 발생으로 균열이 일어났다.
② 부품의 재료가 부적당하였다.
③ 플랜지부분의 패킹이 부적당하였다.

12 산소와 연결된 충전용 지관에 주로 사용되는 구리관의 위험성과 대책을 쓰시오.

해답 충격에 주의하여야 하고, 장기간 사용 시 경화되므로 주기적으로 동관 교체 및 열처리로 연화시켜야 한다.

13 다음은 산소(O_2)에 대한 핵심내용이다. ①, ②, ③을 채우시오.

구 분	내 용	중요기억사항
가스의 종류	압축가스, 조연성, 비등점 (①)℃	• 고압설비 내 청소점검보수 시 유지하여야 할 산소의 농도는 (②) 이상 (③) 이하
공기 중 함유율	부피(21%), 중량(23.2%)	• 공기액화분리장치 분리방법 3가지(전저압식 공기분리장치, 중압식 공기분리장치, 저압식 액화플랜트)
제조법	• 물의 전기분해법 • 공기액화분리법	• 공기액화 시 액화순서($O_2 \rightarrow Ar \rightarrow N_2$) • Ar까지 회수되는 공기액화분리장치 : 저압식 액산플랜트

해답 ① -183 ② 18 ③ 22

14 염소(Cl_2)에 관한 내용이다. 다음 물음에 답하시오.
(1) 다음 빈칸을 채우시오.

구 분	중요기억사항
가스의 종류	독성, 액화가스, 조연성
제조법	소금물 전기분해법(수은법, 격막법) $2NaCl + 2H_2O \rightarrow 2NaOH + H_2 + Cl_2$
비등점	( )℃

(2) 염소가스의 TLV-TWA 허용농도를 쓰시오.

해답 (1) -34
(2) 1ppm

참고 LC_{50} 허용농도 293ppm

15 다음 빈칸을 채우시오.

암모니아의 누설검지시험지는 (①)가 청색으로 변하고 물에 (②)배 용해하며 중화액으로는 물, 묽은 염산, 묽은 황산을 사용한다. 충전구의 나사는 (③)나사이며 전기설비에는 (④)구조를 설치하지 않아도 되고 Cu와는 착이온 생성으로 부식을 일으키므로 밸브 재질로는 단조강 및 Cu 함유량 (⑤) 미만의 Cu 합금을 사용하여야 한다.

해답 ① 적색리트머스시험지
② 800
③ 오른
④ 방폭
⑤ 62%

16 CO에 대한 내용이다. 다음 빈칸에 알맞은 내용을 쓰시오.

구 분	중요기억사항
가스의 종류	가연성, 압축가스, 독성가스(TLV-TWA 농도 : 50ppm)
연소범위	12.5~74%
부식명	카보닐(침탄)
부식 발생 시 반응식	• $Ni+4CO \rightarrow Ni(CO)_4$: 니켈 카보닐 • $Fe+5CO \rightarrow Fe(CO)_3$: 철 카보닐
부식 방지법	①
염소와 반응 시 촉매	②
가스누설 시 검지에서 발신까지 걸리는 시간	③
압력상승 시 일어나는 현상	④

해답 ① 고온·고압에서 CO를 사용 시 장치 내면을 피복하거나 Ni-Cr계 STS를 사용한다.
② 활성탄($CO+Cl_2 \rightarrow COCl_2$)
③ 60초
④ 폭발범위가 좁아짐

17 CH_4가스에 대한 내용이다. 다음 빈칸을 채우시오.

구 분	내 용
비등점	①
연소범위	②
분자량(g/mol)	③
연소의 하한계 값(mg/L)	④

해답 ① −161.5℃ ② 5~15% ③ 16g/mol
④ 하한계 값 5%에서
$0.05 \times 16g/mol \times 1mol/22.4L = 0.03571g/L$
∴ $0.03571 \times 10^3 = 35.71mg/L$

18 C_2H_2 용기의 충전 전 음향검사를 하는 이유를 3가지 쓰시오.

해답 ① 용기의 이상유무 확인
② 용기 내 이물질 존재여부 확인
③ 다공물질 침윤에 의한 용기의 내부공간 이상유무 점검

19 C_2H_2에 관한 핵심정리 내용이다. 다음 빈칸을 채우시오.

구 분		내 용
제조 반응식		• $CaCO_3 \rightarrow CaO + CO_2$ • $CaO + 3C \rightarrow CaC_2 + CO$ • $CaC_2 + 2H_2O \rightarrow C_2H_2 + Ca(OH)_2$
가스의 종류		가연성, 용해가스
연소범위		$2.5 \sim 81\%$
폭발성 3가지 반응식		①
아세틸라이드(화합폭발)를 일으키는 금속 3가지		②
발생기	발생형식에 따른 구분 3가지	③
	발생압력에 따른 구분 3가지와 그때의 압력	④
습식 C_2H_2 발생기의 표면온도와 최적온도		⑤
제조과정 중 불순물의 종류 5가지와 불순물 존재 시 영향		⑥
불순물을 제거하는 청정제 분류 3가지		⑦
충전 중 압력(MPa)		⑧
희석제의 종류와 희석제를 첨가하는 경우		⑨
역화방지기 내부에 사용되는 물질과 용제의 종류		⑩

해답 ① • 분해폭발 : $C_2H_2 \rightarrow 2C + H_2$
　　• 화합폭발 : $2Cu + C_2H_2 \rightarrow Cu_2C_2 + H_2$
　　• 산화폭발 : $C_2H_2 + 2.5O_2 \rightarrow 2CO_2 + H_2O$
② Cu, Ag, Hg
③ 주수식, 투입식, 침지식
④ • 저압식 : $0.07kg/cm^2$ 미만
　　• 중압식 : $0.07 \sim 1.3kg/cm^2$ 미만
　　• 고압식 : $1.3kg/cm^2$ 이상
⑤ • 발생기 표면온도 : $70℃$ 이하
　　• 발생기 최적온도 : $50 \sim 60℃$
⑥ • 불순물 종류 : PH_3(인화수소), SiH_4(규화수소), H_2S(황화수소), NH_3(암모니아), 비소(AsH_2)
　　• 영향 : 아세틸렌 순도 저하, 아세틸렌이 아세톤에 용해되는 것 저해, 폭발의 원인
⑦ 카다리솔, 리가솔, 에퓨렌
⑧ $2.5MPa$ 이하
⑨ • 희석제 종류 : N_2, CH_4, CO, C_2H_2
　　• 첨가하는 경우 : $2.5MPa$ 이상으로 충전 시 희석제 첨가
⑩ • 역화방지기 내부에 사용되는 물질 : 페로실리콘, 모래, 물, 자갈
　　• 용제 종류 : 아세톤, DMF

20 카바이드 취급 시 주의사항을 4가지 이상 기술하시오.

해답 ① 드럼통은 조심스럽게 취급할 것
② 저장실은 통풍이 양호하게 할 것
③ 타 가연물과 혼합적재하지 말 것
④ 전기설비는 방폭구조로 할 것
⑤ 우천 시에는 운반을 금지할 것

21 아세틸렌 충전 시 다공물질의 용적이 150m³, 침윤 잔용적이 120m³일 때 다음 물음에 답하시오.
(1) 다공도를 계산하시오.
(2) 합격여부를 판별하시오.

해답 (1) 다공도(%) $= \dfrac{V-E}{V} \times 100 = \dfrac{150-120}{150} \times 100 = 20\%$

(2) 다공도는 75% 이상 92% 미만이 되어야 하므로 불합격이다.

22 C_2H_2 충전 시 충전하는 다공물질의 종류와 구비조건을 쓰시오.

해답 (1) 종류 : 석면, 규조토, 목탄, 석회, 다공성 플라스틱
(2) 구비조건
① 경제적일 것
② 화학적으로 안정할 것
③ 고다공도일 것
④ 가스충전이 쉬울 것
⑤ 기계적 강도가 클 것

23 다음 (   ) 안에 적당한 단어를 쓰시오.

아세틸렌가스를 압축하여 용기에 충전할 수 없는 이유는 (①)이므로 압축 시 (②)폭발할 우려가 있어 아세틸렌을 운반 시 용기에 (③)을 삽입하여 이것에 (④)를 침투시켜 C_2H_2을 (⑤)시켜 운반한다.

해답 ① 흡열화합물
② 분해
③ 다공성 물질
④ 용제
⑤ 용해

참고 용제
아세톤, DMF

24 다음 빈칸에 알맞은 말을 쓰시오.

CaO(생석회)에서 C_2H_2을 제조 시 CaO + 3C → CaC_2(탄화칼슘) 생성 후 CaC_2 + $2H_2O$ → $Ca(OH)_2$ + C_2H_2 아세틸렌이 제조된다. C_2H_2 발생기의 형식은 (①), (②), (③)이 있으며, 발생기의 표면온도는 (④)℃ 이하이고 최적온도는 50~60℃이다.

해답 ① 주수식   ② 투입식   ③ 침지식   ④ 70

25 다음은 HCN의 핵심정리 내용이다. 빈칸을 채우시오.

구 분		내 용
가스의 종류		독성, 가연성
허용농도	LC_{50}	140ppm
	TLV-TWA	10ppm
연소범위		6~41%
폭발성 2가지		①
중합폭발이 일어나는 경우와 방지법에 사용되는 중합방지제		②
순도(%)		③
충전 후 미사용 시 다른 용기에 재충전하는 경과일수		④
누설검지시험지와 변색상태		⑤
중화액		⑥

해답 ① 산화폭발, 중합폭발
② • 수분 2% 이상 함유 시 중합폭발이 일어남
　　• 중합방지제 : 황산, 아황산, 동, 동망, 염화칼슘, 오산화인
③ 98% 이상
④ 60일
⑤ 질산구리벤젠지(청색)
⑥ 가성소다 수용액

26 포스겐에 대한 내용에 대하여 다음 빈칸을 채우시오.

구 분		내 용
가스의 종류		독성가스
허용농도	LC_{50}	5ppm
	TLV-TWA	0.1ppm
가수분해 시 반응식		①
제조반응식		②
누설검지시험지와 변색상태		③
중화액		④

해답 ① $COCl_2 + H_2O$ → $CO_2 + 2HCl$
② $CO + Cl_2$ → $COCl_2$
③ 하리슨시험지, 심등색
④ 가성소다 수용액, 소석회

27 다음은 황화수소(H_2S)의 핵심정리 내용이다. 빈칸을 채우시오.

구 분		내 용
가스의 종류		독성가스, 가연성
허용농도	LC$_{50}$	712ppm
	TLV−TWA	10ppm
연소범위		4.3~45%
연소반응식	완전연소	$2H_2S + 3O_2 \rightarrow 2H_2O + 2SO_2$
	불완전연소	$2H_2S + O_2 \rightarrow 2H_2O + 2S$
누설검지시험지와 변색상태		①
중화액		②

해답 ① 연당지, 흑색
② 가성소다 수용액, 탄산소다 수용액

28 다음 브롬화메탄에 대하여 빈칸을 채우시오.

구 분		내 용
허용농도	LC$_{50}$	850ppm
	TLV−TWA	20ppm
연소범위		①
방폭구조로 하지 않아도 되는 이유		②
충전구나사		③

해답 ① 13.5~14.5%
② 폭발하한이 높으므로 타 가연성에 비해 폭발가능성이 낮다.
③ 오른나사

29 다음 가스의 폭발성 종류를 각각 2가지 이상을 기술하시오.

가스의 종류 \ 폭발성	폭발의 종류
아세틸렌	①
산화에틸렌	②
시안화수소	③

해답 ① 분해폭발, 화합폭발, 산화폭발
② 분해폭발, 중합폭발, 산화폭발
③ 중합폭발, 산화폭발

30 다음 각 가스에 대한 부식명(위해성)과 방지법에 대하여 빈칸을 채우시오.

가스명	부식명(위해성)	방지법
(1) H_2	①	②
(2) C_2H_2	①	②
(3) C_2H_4O	①	②
(4) CO	①	②
(5) Cl_2	①	②
(6) LPG	①	②

해답 (1) ① 수소취성(강의 탈탄)
② 고온·고압 하에서 수소가스를 사용 시 5~6%의 Cr강에 W, Mo, Ti, V 등을 사용
(2) ① 약간의 충격에도 폭발의 우려가 있다.
② C_2H_2을 2.5MPa 이상으로 충전 시 N_2, CH_4, CO, C_2H_4 등의 희석제를 첨가
(3) ① 분해와 중합폭발을 동시에 가지고 있으며, 가연성 가스로서 연소범위가 3~80%로 대단히 위험
② 충전 시 45℃에서 N_2, CO_2를 0.4MPa 이상으로 충전 후 산화에틸렌을 충전
(4) ① 카보닐(침탄)
② 고온·고압 하에서 CO를 사용 시 장치 내면을 피복하거나 Ni-Cr계 STS를 사용
(5) ① 수분과 접촉 시 HCl 생성으로 급격히 부식 진행
② Cl_2를 사용 시 수분이 없는 곳에서 건조한 상태로 사용
(6) ① 천연고무를 용해
② 패킹제로는 합성고무제인 실리콘고무를 사용

31 고압장치에 다음 사항이 발생 시 위험성과 방지방법을 기술하시오.

가스명	위험성	방지방법
(1) 저온취성	①	②
(2) 저장탱크에 액화가스 충전 중 과충전 발생	①	②
(3) C_2H_2가스에 아세틸라이드 생성	①	②

해답 (1) ① 저온장치에 부적당한 재료를 사용 시 장치의 파괴폭발의 우려가 있다.
② 저온장치에 적합한 오스테나이트계 STS, 9% Ni, Cu, Al 등의 재료를 사용한다.
(2) ① 저장탱크의 균열, 누출 등으로 인하여 폭발 및 중독의 우려가 있다.
② 법정 충전량 계산식 $W = 0.9dV$로 계산하여 90% 이하로 충전하며, 소형 저장탱크에는 85% 이하로 충전하여야 한다.
(3) ① 약간의 충격에도 폭발의 우려가 있다.
② C_2H_2 장치에 Cu, Ag, Hg 62% 미만의 동합금 및 철합금을 사용하여야 한다.

02   가스안전관리 종합편

01 다음은 고압가스안전관리법에서 규정된 고압가스의 종류 및 범위에 해당되는 내용이다. ( )에 알맞은 숫자를 쓰시오.

(1) 상용의 온도 또는 35℃에서 압력이 ( )MPa 게이지 이상인 압축가스

(2) 상용의 온도에서 압력이 ( )MPa 게이지 이상인 액화가스로서 실제 그 압력이 ( )MPa 게이지 이상되는 것 또는 ( )MPa 게이지가 되는 경우 35℃ 이하인 액화가스

(3) 15℃의 온도에서 ( )Pa 게이지를 초과하는 아세틸렌가스

(4) 35℃에서 ( )Pa 게이지를 초과하는 액화가스 중 액화시안화수소, 액화브롬화메탄 및 액화산화에 틸렌가스

[해답] (1) 1   (2) 0.2, 0.2, 0.2   (3) 0   (4) 0

02 다음 빈칸에 알맞은 단어를 쓰시오.

가스를 액화시키려면 압력은 (①) 이상으로, 온도는 (②) 이하로 유지하여야 한다.

[해답] ① 임계압력   ② 임계온도

03 상용의 온도가 0℃인 압축가스가 20℃의 1.1MPa(g)의 압력을 유지 시 이 가스는 고압가스인지 아닌지 계산으로 판별하시오. (단, 1atm=0.1MPa이다.)

[해답] $\dfrac{P_1}{T_1} = \dfrac{P_2}{T_2}$, $P_2 = \dfrac{P_1 T_2}{T_1} = \dfrac{(1.1+0.1) \times 273}{293} = 1.118 \text{MPa}$

$1.118 - 0.1 = 1.018 = 1.02 \text{MPa(g)}$

∴ 압력이 1MPa(g) 이상이므로 고압가스에 해당된다.

04 다음 물음에 답하시오.

(1) 압축가스를 단열팽창 시 온도와 압력이 강하하는 현상을 무엇이라 하는지 쓰시오.

(2) C_2H_2, C_2H_4O의 폭발범위를 쓰시오.

(3) C_2H_2의 위험도를 계산하시오.

(4) 반경 r(m) 구형 탱크의 내용적(kL)을 계산하시오.

[해답] (1) 줄-톰슨효과

(2) 2.5~81%, 3~80%

(3) $\dfrac{81-2.5}{2.5} = 31.4$

(4) $V = \dfrac{\pi}{6} D^3 = \dfrac{\pi}{6} \times (2r)^3 = \dfrac{4}{3}\pi r^3 (\text{kL})$

05 35℃에서 15MPa(g)로 충전된 산소탱크 내에 안전밸브가 작동 시 이때의 온도는 몇 ℃인지 계산하시오. (단, F_p＝15MPa이고, 1atm＝0.1MPa이다.)

해답 안전밸브 작동 시 압력

$$F_p \times \frac{5}{3} \times \frac{8}{10} = 15 \times \frac{5}{3} \times \frac{8}{10} = 20\,\text{MPa}$$

$$\frac{T_2}{T_1} = \frac{P_2}{P_1} \text{에서}$$

$$T_2 = \frac{T_1 P_2}{P_1} = \frac{(273+35) \times (20+0.1)}{(15+0.1)} = 409.986\,\text{K}$$

$$\therefore\ 409.986 - 273 = 136.986 = 136.99℃$$

06 다음 물음에 답하시오.

(1) 가스의 일반적 화염온도를 쓰시오.
(2) 1atm의 가스 폭굉 발생 시 최고압력을 쓰시오.

해답 (1) 1100~2800℃
(2) 15~40atm

07 수분과 접촉 시 부식을 일으키는 가스를 3가지 쓰시오.

해답 ① Cl_2
② $COCl_2$
③ SO_2

08 다음 가스의 연소하한계(mg/L)를 구하시오.

(1) C_4H_{10}
(2) CH_4

해답 (1) $\dfrac{58\text{g}}{22.4\text{L}} \times 0.018 \times 10^3\,\text{mg/g} = 46.607 = 46.61\,\text{mg/L}$

(2) $\dfrac{16\text{g}}{22.4\text{L}} \times 0.05 \times 10^3\,\text{mg/g} = 36\,\text{mg/L}$

09 $COCl_2$가스 취급 시 주의점을 3가지 쓰시오.

해답 ① 반드시 보호구를 착용하고 취급한다.
② 수분 접촉 시 염산 생성으로 부식의 우려가 있다.
③ 공기보다 무거워 누설 시 낮은 곳에 체류하므로 환기장치로 자주 환기시킨다.

10 다음 ( )에 적합한 단어를 쓰시오.

(1) 산화에틸렌 충전용기에는 (①)℃ 온도에서 용기 내부압력이 (②)MPa 이상이 되도록 (③), (④)를 충전하여야 한다.

(2) 아크릴로니트릴의 중합방지제의 명칭은 (   )이다.

해답 (1) ① 45   ② 0.4   ③ N_2 ④ CO_2
(2) 하이드로퀴논

11 공업용 아세틸렌을 브롬법으로 검사 시 흡수시약 제조법 2가지를 쓰시오.

해답 ① SO_3 약 30%를 함유하는 발연황산을 흡수용으로 사용한다.
② 30% 브롬화칼슘 수용액에 시약용 브롬을 포화시켜 흡수용 시약으로 한다.

12 LP가스 연소기구가 갖추어야 할 기본조건 3가지를 기술하시오.

해답 ① 가스를 완전연소 시킬 수 있을 것
② 열을 가장 유효하게 이용할 수 있을 것
③ 취급이 간단하고, 안전성이 높을 것

13 LPG 연료의 연소방법 3가지를 쓰시오.

해답 ① 대기압하 공기 중에서 연소시키는 방법
② 내연기관과 같이 고온고압하에서 연소시키는 방법
③ 촉매를 써서 특수조건하에서 연소시키는 방법

14 연소에 필요한 공기의 공급방식 4가지를 쓰시오.

해답 ① 적화식
② 분젠식
③ 세미분젠식
④ 전1차 공기식

15 연소기구 연소 시 선화(리프팅)에 대해 설명하고, 원인 4가지를 기술하시오.

해답 (1) 정의 : 가스의 유출속도가 연소속도보다 커 염공을 떠나 공간에서 연소하는 것
(2) 원인
① 공기압력이 높을 때
② 염공이 작을 때
③ 공기조절장치를 많이 열었을 때
④ 배기, 환기가 불량할 때

16 연소기구에서 가스를 연소 시 역화의 정의와 원인 4가지를 쓰시오.

> **해답** (1) 정의 : 가스의 연소속도가 유출속도보다 커 연소기 내부에서 연소하는 현상
> (2) 원인
> ① 공기압력이 낮을 때
> ② 염공이 클 때
> ③ 가스공급압력이 낮을 때
> ④ 버너 과열 시

17 연소기구에서 가스를 연소 시 옐로팁의 정의와 그 현상이 일어나는 원인 2가지를 쓰시오.

> **해답** (1) 정의 : 염의 선단이 적황색 불꽃을 내며 연소하는 현상
> (2) 원인
> ① 1차 공기 부족 시
> ② 주물 밑부분에 철가루 등이 존재 시

18 LP가스용 순간온수기를 목욕탕 내 설치 시 다음 물음에 답하시오.

(1) 연소기구에 미치는 영향을 쓰시오.
(2) 인체에 미치는 영향을 쓰시오.

> **해답** (1) 습기로 인한 연소불량 및 기구의 수명 단축
> (2) 환기불량에 의하여 불완전연소가 일어나 산소결핍에 의한 질식, CO에 의한 중독사고의 우려가 있다.

19 급배기 방식에 의한 연소기구 종류 3가지를 쓰시오.

> **해답** ① 개방형 연소기구
> ② 밀폐형 연소기구
> ③ 반밀폐형 연소기구

20 LP가스의 불완전연소가 되는 원인을 쓰시오.

> **해답** ① 공기량 부족
> ② 배기, 환기 불량
> ③ 가스 조성 불량
> ④ 가스기구, 연소기구가 맞지 않을 때

03 화재폭발 분야

01 폭발의 종류 5가지를 쓰시오.

> **해답** ① 화학적 폭발
> ② 압력의 폭발
> ③ 분해폭발
> ④ 중합폭발
> ⑤ 촉매폭발

> **해설** **폭발**
> 급격한 압력의 발생 해방의 결과로서 격렬한 음향을 내며 파열, 팽창하는 현상

02 폭발에 예민한 폭발성 물질 4가지를 쓰시오.

> **해답** ① CuC_2(동아세틸라이드)
> ② Ag_2C_2(은아세틸라이드)
> ③ HgC_2(수은아세틸라이드)
> ④ HgN_6(질화수은)

03 다음은 안전간격에 대한 설명이다. 빈칸을 채우시오.

(①)L의 구형 용기 내 (②)를 채우고 점화시킨 경우 화염이 전파되지 않는 한계의 (③)을 말한다.

> **해답** ① 8　② 폭발성 혼합가스　③ 틈

04 아래의 폭발등급에 대한 빈칸을 채우시오.

폭발등급	해당 안전간격	해당 가스 종류
1등급	①	메탄, 에탄, 프로판
2등급	②	에틸렌, 석탄가스
3등급	③	④

> **해답** ① 0.6mm 이상
> ② 0.4mm 이상 0.6mm 미만
> ③ 0.4mm 미만
> ④ 이황화탄소, 수소, 아세틸렌, 수성가스

05 발화가 생기는 원인 4가지를 쓰시오.

> **해답** ① 온도　② 조성　③ 압력　④ 용기의 형태와 크기

06 발화점에 영향을 주는 인자 5가지를 쓰시오.

해답 ① 가연성 가스와 공기의 혼합비
② 발화가 생기는 공간의 형태와 크기
③ 가열속도와 지속시간
④ 기벽의 재질과 촉매효과
⑤ 점화원의 종류와 에너지투여법

07 넓이 40m², 높이 2.5m인 0℃의 방에 순프로판가스 7kg이 누설되었을 때 폭발의 가능성 여부를 판별하시오.

해답 ① C_3H_8 7kg의 부피 : $\dfrac{7}{44} \times 22.4 = 3.5636\,\mathrm{m}^3$

② 공기의 부피 : $40 \times 2.5 = 100\,\mathrm{m}^3$

③ $C_3H_8(\%) = \dfrac{3.5636}{100 + 3.5636} \times 100 = 3.44\%$

∴ C_3H_8의 폭발범위 2.1~9.5 내에 있으므로 폭발위험이 있다.

08 CH_4 15%, C_2H_2 20%, C_3H_8 30%, C_4H_{10} 35%로 혼합된 혼합가스에 대해 다음 물음에 답하시오.

(1) 폭발하한계를 계산하시오.
(2) 이 경우의 경보 농도를 구하시오. (단, 각 가스의 폭발범위는 CH_4(5~15%), C_2H_2(2.5~81%), C_3H_8(2.1~9.5%), C_4H_{10}(1.8~8.4%)이다.)

해답 (1) $\dfrac{100}{L} = \dfrac{V_1}{L_1} + \dfrac{V_2}{L_2} + \dfrac{V_3}{L_3} + \dfrac{V_4}{L_4}$ 에서

$\dfrac{100}{L} = \dfrac{15}{5} + \dfrac{20}{2.5} + \dfrac{30}{2.1} + \dfrac{35}{1.8} = 44.73$

∴ $L = \dfrac{100}{44.73} = 2.235 = 2.24\%$

(2) 경보농도는 폭발하한의 $\dfrac{1}{4}$ 이므로 $2.24 \times \dfrac{1}{4} = 0.56\%$

09 폭굉에 대하여 다음 빈칸을 채우시오.

(1) 폭굉이란 가스 중 (   )보다 (   ) 속도가 큰 경우 파면 선단에 충격파라는 솟구치는 압력파가 발생하여 격렬한 파괴작용을 일으키는 원인을 말한다.
(2) 폭굉속도는 (~   )m/s이다.
(3) 가스의 정상연소속도는 (~   )m/s이다.

해답 (1) 음속, 화염전파
(2) 1000~3500
(3) 0.03~10

10 폭굉유도거리란 최초의 완만한 연소가 격렬한 폭굉으로 발전하는 거리를 말한다. 폭굉유도거리
가 짧아지는 조건 4가지를 쓰시오.

> **해답**
> ① 정상연소속도가 큰 혼합가스일수록
> ② 관 속에 방해물이 있거나 관경이 가늘수록
> ③ 압력이 높을수록
> ④ 점화원의 에너지가 클수록

11 고압용기의 파열사고 원인 4가지를 쓰시오.

> **해답**
> ① 용기의 내압력 부족
> ② 폭발성 가스 혼입
> ③ 타격충격 마찰
> ④ 난폭한 취급

12 고압가스 저장탱크 용기 등이 내부 압력에 의한 파열을 방지하기 위한 조치 3가지를 쓰시오.

> **해답**
> ① 안전밸브 정상작동 가능 여부 점검
> ② 충전 시 과충전을 피할 것
> ③ 밸브 재질, 압력계 등 가스에 적합한 재료를 사용할 것

13 다음 빈칸에 알맞은 단어를 쓰시오.

C_2H_2가스의 폭발범위는 2.5~81%일 때 2.5%를 (①)계, 81%를 (②)계라고 부르며, 폭발범위의 측
정은 (③)불꽃으로 점화 화염의 전달여부로 구한다.

> **해답**
> ① 하한
> ② 상한
> ③ 전기

14 다음에 설명하는 폭발의 종류는 무엇인지 쓰시오.

가연성 고체를 미분으로 공기 중에 부유 시 산소의 접촉으로 일어나는 폭발로서 소맥분, 금속분진 등의
물질이 해당되는 폭발이다.

> **해답** 분진폭발

15 가연성 가스용기 밸브를 급격히 개방 시 예상되는 위험을 설명하시오.

> **해답** 가스가 급격히 분출하여 정전기 발생으로 폭발의 위험이 있다.

16 가스용기를 충전 전 용기 밸브가 개방되어 있다는 것을 알게 되었다. 그대로 충전 시 예상되는
위험성에 대하여 기술하시오.

> **해답** 용기 내 잔가스와 공기가 폭발성 혼합기체를 형성하게 될 경우 폭발의 위험이 있다.

17 폭굉 발생 시에 대한 다음 물음에 답하시오.

(1) 연소보다 최초압력은 몇 배 정도인가?
(2) 파면압력은 연소에 비하여 몇 배 정도인가?
(3) 폭굉파가 벽에 충돌 시 파면압력은 몇 배인가?
(4) 폭발온도는 연소에 비하여 몇 배 높은가?

> **해답** (1) 5~35배
> (2) 2배
> (3) 2.5배
> (4) 1.1~1.2배

18 다음의 작동점검주기를 쓰시오.

(1) 충전용 주관의 압력계
(2) 충전용 주관 이외의 압력계
(3) 압축기 최종단의 안전밸브
(4) 압축기 최종단 이외의 안전밸브

> **해답** (1) 매월 1회 이상
> (2) 3월 1회 이상
> (3) 1년 1회 이상
> (4) 2년 1회 이상

19 다음 물음에 답하시오.

(1) 가연성 고압설비와 가연성 고압설비 상호간 이격거리(m)를 쓰시오.
(2) 가연성 고압설비와 산소의 고압설비와의 이격거리(m)를 쓰시오.
(3) 액화가스 배관에 설치하여야 할 계기류 2가지를 쓰시오.

> **해답** (1) 5m 이상
> (2) 10m 이상
> (3) 압력계, 온도계

20 액화가스 저장탱크 내 안전공간을 확보하여야 하는 이유를 쓰시오.

> **해답** 액체는 비압축성이므로 온도상승에 따른 액팽창으로 파열의 위험이 있기 때문에

21 다음은 부취제에 대한 내용이다. 빈칸을 채우시오.

구 분		내 용
정의		누설 시 조기발견을 위하여 첨가하는 향료
착지농도		①
구비조건		• 경제적일 것 • 독성이 없을 것 • 물에 녹지 않을 것 • 화학적으로 안정할 것 • 보통 존재 냄새와 구별될 것 • 가스관이나 가스미터에 흡착되지 않을 것
부취제 냄새 측정방법		• 오드로미터법 • 주사기법 • 냄새주머니법 • 무취실법
주입방식	액체주입식	펌프주입방식, 적하주입방식, 미터연결바이패스방식
	증발식	바이패스증발식, 위크증발식

특 성 \ 종 류	TBM (터시어리부틸메르카부탄)	THT (케크아라니즈오키노펜)	DMS (디메틸설파이드)
냄새 종류	②	③	④
강도	강함	보통	약간 약함
안정성	불안정 (내산화성 우수)	매우 안정 (산화중합이 일어나지 않음)	안정 (내산화성 우수)
혼합사용 여부	혼합 사용	단독 사용	혼합 사용
토양의 투과성	우수	보통	매우 우수

해답 ① 1/1000
② 양파 썩는 냄새
③ 석탄가스 냄새
④ 마늘 냄새

22 용기 제조에 사용되는 비열처리 재료의 종류 3가지를 쓰시오.

해답 ① 오스테나이트계 스테인리스강
② 내식 알루미늄 합금판
③ 내식 알루미늄 합금 단조품

23 고압액화가스 탱크에 설치되는 방류둑의 구비조건 4가지를 쓰시오.

해답 ① 액밀한 구조일 것
② 액이 체류한 표면적은 가능한 적을 것
③ 높이에 상당하는 액두압에 견딜 것
④ 가연성과 독성, 가연성과 조연성의 방류제를 혼합 설치하지 말 것

24 저장능력이 60000kg인 가연성 저온저장탱크의 1종 보호시설, 2종 보호시설과의 이격거리를 계산하시오.

> **해답** 1종 : $\dfrac{3}{25}\sqrt{60000+10000}=31.749=32\text{m}$
>
> 2종 : $\dfrac{2}{25}\sqrt{60000+10000}=21.166=22\text{m}$

25 내용적이 35000L인 액체염소와 1종 보호시설의 이격거리는 몇 m인지 계산하시오. (단, 액비중 1.14이다.)

> **해답** $W=0.9dv=0.9\times1.14\times35000=35910\text{kg}$이므로 27m 이상 이격

> **해설** 독성 가연성 가스

저장능력	1종	2종
1만 이하	17m	12m
1만 초과 2만 이하	21m	14m
2만 초과 3만 이하	24m	16m
3만 초과 4만 이하	27m	18m
4만 초과 5만 이하	30m	20m

26 가스누설 시 흡수 또는 재해장치를 설치하여야 하는 독성가스 중 특정고압가스에 해당되는 가스를 2종류만 쓰시오.

> **해답** ① 액화암모니아
> ② 액화염소

27 배관의 감시장치에서 경보장치가 가동되는 경우 4가지를 쓰시오.

> **해답** ① 배관의 압력이 상용압력의 1.05배 초과 시
> ② 압력이 정상압력보다 15% 이상 강하 시
> ③ 유량이 정상유량보다 7% 이상 변동 시
> ④ 긴급차단밸브 고장 시

> **참고** 배관의 감시장치 운영 중 이상상태가 발생하였다고 보는 경우
> 1. 압력이 상용압력의 1.1배 초과 시
> 2. 압력이 정상압력보다 30% 이상 강하 시
> 3. 유량이 정상유량보다 15% 이상 증가 시
> 4. 가스누설검지 경보장치가 작동 시

28 가스 제조설비의 정전기 제거설비에 대한 다음 물음에 답하시오.

(1) 접지저항치의 총합은?
(2) 피뢰설비가 있는 경우의 접지저항치는?
(3) 본딩용 접지접속선의 단면적은?
(4) 단독 접지하여야 할 설비 4가지는?

해답 (1) 100Ω 이하
(2) 10Ω 이하
(3) $5.5mm^2$ 이상
(4) 탑류, 저장탱크, 회전기계, 벤트스택

참고 본딩용 접지 접속선 단면적은 $5.5mm^2$ 이상(단선은 제외된다.)

29 다음은 고압가스안전관리법에서 정한 용어의 정의이다. (   )에 적합한 숫자를 기입하시오.

용 어		정 의
가연성 가스		• 폭발한계 하한 10% 이하 • 폭발한계 상한과 하한의 차이가 20% 이상
독성가스	LC₅₀	인체 유해한 독성을 가진 가스로서 허용농도 100만분의 5000 이하인 가스
		허용농도 : 해당 가스를 성숙한 흰쥐의 집단에게 대기 중 1시간 동안 계속 노출 시 14일 이내에 흰쥐의 1/2 이상이 죽게 되는 농도
	TLV–TWA	인체에 유해한 독성을 가진 가스 허용농도 100만분의 200 이하인 가스
		허용농도 : 건강한 성인 남자가 그 분위기에서 1일 8시간(주 40시간) 작업을 하여도 건강에 지장이 없는 농도
액화가스		가압 냉각에 의해 액체로 되어 있는 것으로 비점이 40℃ 또는 상용온도 이하인 것
압축가스		압력에 의하여 압축되어 있는 가스
저장설비		고압가스를 충전 저장하기 위한 저장탱크 및 충전용기 보관설비
저장탱크		고압가스를 충전 저장하기 위한 지상, 지하에 고정 설치된 탱크
초저온저장탱크		(①)℃ 이하 액화가스를 저장하기 위한 탱크로서 단열재를 씌우거나 냉동설비로 냉각시키는 방법으로 탱크 내 가스 온도가 상용온도를 초과하지 아니하도록 한 것
초저온용기		(②)℃ 이하 액화가스를 충전하기 위한 용기로서 단열재를 씌우거나 냉동설비로 냉각시키는 방법으로 용기 내 가스 온도가 상용온도를 초과하지 아니하도록 한 것
가연성 가스 저온저장탱크		대기압에서 비점 0℃ 이하 가연성을 0℃ 이하인 액체 또는 기상부 상용압력 (③)MPa 이하 액체상태로 저장하기 위한 탱크로서 단열재 씌움·냉동설비로 냉각 등으로 탱크 내가 상용온도를 초과하지 않도록 한 것
충전용기		충전질량 또는 압력이 (④) 이상 충전되어 있는 용기
잔가스용기		충전질량 또는 압력이 (⑤) 미만 충전되어 있는 용기
처리설비		고압가스 제조, 충전에 필요한 설비로서 펌프, 압축기, 기화장치
처리능력		처리·감압 설비에 의하여 압축·액화의 방법으로 1일에 처리할 수 있는 양으로서 (⑥)℃, (⑦)Pa(g) 상태를 말한다.

해답 ① –50　② –50　③ 0.1　④ 1/2　⑤ 1/2　⑥ 0　⑦ 0

30 독성가스를 운반 시 소석회를 보유하여야 할 독성가스 종류 4가지를 쓰시오.

해답 염소, 염화수소, 포스겐, 아황산

참고 운반 독성이 1000kg 이상 시 : 소석회 40kg 이상 보유
운반 독성이 1000kg 미만 시 : 소석회 20kg 이상 보유

31 차량 고정탱크 및 용기 운반 시 주차할 경우의 기준 3가지를 쓰시오.

해답 ① 1종 보호시설에서 15m 이상 떨어진 곳
② 2종 보호시설이 밀집되어 있는 지역으로 육교 및 고가차도 아래는 피할 것
③ 교통량이 적고 부근에 화기가 없는 안전하고 지반이 좋은 장소

32 특정고압가스의 종류를 3가지 이상 쓰고, 저장능력에 따른 사용신고를 해야 하는 경우 2가지를 쓰시오.

해답 (1) 종류 : 포스핀, 세렌화수소, 게르만, 디실란
(2) 사용신고를 해야 하는 경우
① 액화가스 저장설비의 경우 250kg 이상
② 압축가스 저장설비의 경우 50m^3 이상

33 저장탱크에 부압파괴방지조치의 설비 3가지를 쓰시오.

해답 ① 압력계 ② 압력경보설비 ③ 진공안전밸브

34 저장탱크에 가스를 충전 시 과충전방지장치에 대하여 다음 물음에 답하시오.

(1) 이 장치를 하여야 할 독성가스 종류 8가지를 쓰시오.
(2) 과충전방지를 하는 방법 2가지를 쓰시오.

해답 (1) 아황산, 암모니아, 염소, 염화메탄, 산화에틸렌, 시안화수소, 포스겐, 황화수소
(2) ① 용량 90% 도달 시 액면·액두압을 검지하는 방법
② 용량 초과 검지 시 경보장치가 작동하게 하는 법

35 가스보일러의 급배기 방식 4가지를 쓰시오.

해답 ① CF ② FE ③ BF ④ FF

참고 ① CF(반밀폐식 자연배기방식)
② FE(반밀폐식 강제배기방식)
③ BF(밀폐형 자연급배기방식)
④ FF(밀폐형 강제급배기방식)

36 다음의 장소에 설치하여야 할 밸브 또는 장치를 쓰시오.

(1) • 가연성 가스를 압축 시 압축기와 충전용 주관 사이
   • C$_2$H$_2$을 압축 시 압축기의 유분리기와 고압건조기 사이
   • 암모니아 또는 메탄올의 합성 시 정제탑 및 정제탑과 압축기 사이 배관
   • 특정고압가스 사용시설의 독성가스 감압설비와 그 반응설비 간의 배관
(2) • 가연성 가스를 압축 시 압축기와 오토클레이브 사이 배관
   • 아세틸렌의 고압건조기와 충전용 교체밸브 사이 배관 및 충전용 지관
   • 특정고압가스 사용시설의 산소, 수소, 아세틸렌의 화염 사용시설

해답 (1) 역류방지밸브
        (2) 역화방지장치

37 다음 빈칸에 알맞은 수치를 쓰시오.

액화가스 고압설비에 부착되어 있는 스프링식 안전밸브는 설비 내 상용체적의 ( )%까지 팽창되는 온도에 대응하는 압력에 작동하여야 한다.

해답 98

38 고압가스의 특수반응설비 중 내부반응감시장치 4가지를 쓰시오.

해답 ① 온도감시장치
        ② 압력감시장치
        ③ 유량감시장치
        ④ 가스밀도 조성 등의 감시장치

수소 경제 육성 및 수소 안전관리에 관한 법령

01 수소연료 사용시설의 시설 · 기술 · 검사 기준

01 다음 내용은 각각 무엇을 설명하는지 쓰시오.

(1) 수소를 제조하기 위한 수소용품 중 수전해 설비 및 수소 추출설비를 말한다.

(2) 수소를 충전, 저장하기 위하여 지상과 지하에 고정 설치하는 저장탱크를 말한다.

(3) 수소 제조설비, 수소 저장설비 및 연료전지와 이들 설비를 연결하는 배관 및 그 부속설비 중 수소가 통하는 부분을 말한다.

해답 (1) 수소 제조설비
(2) 수소 저장설비
(3) 수소가스 설비

02 수소용품의 종류 3가지를 쓰시오.

해답 ① 연료전지, ② 수전해 설비, ③ 수소 추출설비

03 다음 내용은 각각 어떠한 용어에 대한 정의인지 쓰시오.

(1) 수소와 산소의 전기화학적 반응을 통하여 전기와 열을 생산하는 고정형(연료 소비량 232.6kW 이하인 것) 및 이동형 설비와 그 부대설비

(2) 물의 전기분해에 의하여 그 물로부터 수소를 제조하는 설비

(3) 도시가스 또는 액화석유가스 등으로부터 수소를 제조하는 설비

해답 (1) 연료전지 (2) 수전해 설비 (3) 수소 추출설비

04 다음은 각종 압력의 정의에 대하여 서술한 것이다. ( ) 안에 알맞은 단어를 쓰시오.

(1) "설계압력"이란 ( )가스 설비 등의 각부의 계산 두께 또는 기계적 강도를 결정하기 위하여 설계된 압력을 말한다.

(2) "상용압력"이란 (①)시험압력 및 (②)시험압력의 기준이 되는 압력으로서 사용상태에서 해당 설비 등의 각부에 작용하는 최고사용압력을 말한다.

(3) "설정압력(set pressure)"이란 ( )밸브의 설계상 정한 분출압력 또는 분출개시압력으로서 명판에 표시된 압력을 말한다.

(4) "초과압력(over pressure)"이란 ( )밸브에서 내부 유체가 배출될 때 설정압력 이상으로 올라가는 압력을 말한다.

해답 (1) 수소
(2) ① 내압, ② 기밀
(3) 안전
(4) 안전

05 밸브의 토출측 배압의 변화에 따라 성능 특성에 영향을 받지 않는 안전밸브를 무엇이라 하는지 쓰시오.

> **해답** 평형벨로스 안전밸브

> **참고** 일반형 안전밸브 : 토출측 배압의 변화에 따라 성능 특성에 영향을 받는 안전밸브

06 가스계량기를 설치할 수 없는 장소를 3가지 쓰시오.

> **해답** ① 진동의 영향을 받는 장소
> ② 석유류 등 위험물의 영향을 받는 장소
> ③ 수전실, 변전실 등 고압전기설비가 있는 장소

07 다음 물음에 답하시오.
(1) 수소가스 설비 외면에서 화기취급 장소까지 우회거리는 몇 m 이상인가?
(2) 수소가스 설비와 산소 저장설비의 이격거리는 몇 m 이상인가?
(3) 유동방지 설비의 내화성 벽의 높이는?

> **해답** (1) 8m 이상
> (2) 5m 이상
> (3) 2m 이상

[**수소 제조 · 저장 설비**]

08 수소 제조설비와 저장설비를 실내에 설치 시 다음 물음에 답하시오.
(1) 설비벽의 재료는?
(2) 지붕의 재료는?

> **해답** (1) 불연재료
> (2) 불연 또는 난연의 가벼운 재료

09 수소 저장설비의 구조에 대하여 다음 물음에 답하시오.
(1) 가스방출장치를 설치해야 하는 수소 저장설비의 저장능력은 몇 m³ 이상인가?
(2) 중량 몇 ton 이상의 수소 저장설비를 내진설계로 시공하여야 하는가?

> **해답** (1) 5m^3 이상
> (2) 500ton 이상

10 수소 저장설비의 보호대에 대하여 물음에 답하시오.
(1) 철근콘크리트 보호대의 두께 규격을 쓰시오.
(2) KSD 3570(배관용 탄소강관) 보호대의 호칭규격을 쓰시오.
(3) 보호대의 높이는 몇 m 이상인지 쓰시오.
(4) 보호대가 말뚝형태일 때, ① 말뚝의 개수와 ② 말뚝끼리의 간격을 쓰시오.

해답 (1) 0.12m 이상
(2) 100A 이상
(3) 0.8m 이상
(4) ① 2개 이상, ② 1.5m 이하

11 수소연료 사용시설에 설치해야 할 장치 또는 설비 3가지를 쓰시오.

해답 ① 압력조정기, ② 가스계량기, ③ 중간밸브

12 수소가스 설비의 내압, 기밀 성능에 대하여 물음에 답하시오.
(1) 내압시험압력을 ① 수압으로 하는 경우와 ② 공기 또는 질소로 하는 경우의 압력을 쓰시오.
(2) 연료전지를 제외한 기밀시험압력을 쓰시오.

해답 (1) ① 수압으로 하는 경우 : 상용압력×1.5배 이상
② 공기 또는 질소로 하는 경우 : 상용압력×1.25배 이상
(2) 최고사용압력×1.1배 이상 또는 8.4kPa 중 높은 압력

13 수전해 설비에 대하여 다음 물음에 답하시오.
(1) 수전해 설비의 환기가 강제환기망으로 이루어지는 경우 강제환기가 중단되었을 때에 설비의 상황은 어떻게 되어야 하는가?
(2) 설비를 실내에 설치 시 산소의 농도(%)는?

해답 (1) 설비의 운전이 정지되어야 한다.
(2) 23.5% 이하

14 수전해 설비의 수소 및 산소의 방출관의 방출구에 대하여 다음 물음에 답하시오.
(1) 수소 방출관의 방출구 위치를 쓰시오.
(2) 산소 방출관의 방출구 위치를 쓰시오.

해답 (1) 지면에서 5m 이상 또는 설비 정상부에서 2m 이상 중 높은 위치
(2) 수소 방출관의 방출구 높이보다 낮은 높이

15 수전해 설비에서 대한 다음 설명의 ( ) 안에 알맞은 숫자를 쓰시오.

(1) 산소를 대기로 방출하는 경우에는 그 농도가 (   )% 이하가 되도록 공기 또는 불활성 가스와 혼합하여 방출한다.

(2) 수전해 설비의 동결로 인한 파손을 방지하기 위하여 해당 설비의 온도가 (   )℃ 이하인 경우에는 설비의 운전을 자동으로 차단하는 조치를 한다.

해답 (1) 23.5 (2) 5

16 수소가스계량기에 대하여 다음 물음에 답하시오. (단, 용량 $30m^3/h$ 미만에 한한다.)

(1) 계량기의 설치높이는?

(2) 바닥으로부터 2m 이내에 설치하는 경우 3가지는?

(3) 전기계량기, 전기개폐기와의 이격거리는 몇 m 이상으로 해야 하는가?

(4) 단열조치하지 않은 굴뚝, 전기점멸기, 전기접속기와의 이격거리는 몇 m 이상으로 해야 하는가?

(5) 절연조치하지 않은 전선과의 거리는 몇 m 이상으로 해야 하는가?

해답 (1) 바닥에서 1.6m 이상 2m 이내
(2) ① 보호상자 내에 설치 시, ② 기계실에 설치 시, ③ 가정용이 아닌 보일러실에 설치 시
(3) 0.6m 이상
(4) 0.3m 이상
(5) 0.15m 이상

17 수소 추출설비를 실내에 설치 시 기준에 대하여 다음 물음에 답하시오.

(1) 캐비닛 설비 또는 실내에 설치하는 검지부에서 검지하여야 할 가스는?

(2) 설비 실내의 산소 농도가 몇 % 미만 시 운전이 정지되도록 하여야 하는가?

해답 (1) CO (2) 19.5% 미만

18 연료 설비가 설치된 곳에 설치하는 배관용 밸브 설치장소 3가지를 쓰시오.

해답 ① 수소연료 사용시설에는 연료전지 각각에 설치
② 배관이 분기되는 경우에는 주배관에 설치
③ 2개 이상의 실로 분기되는 경우에는 각 실의 주배관마다 설치

19 지지물에 이상전류가 흘러 대지전위로 인하여 부식이 예상되는 장소에 설치된 배관장치의 배관은 지지물, 그 밖의 구조물로부터 절연시키고 절연용 물질을 삽입한다. 다만, 절연이음물질의 사용방법 등에 따라서 매설배관의 부식이 방지될 수 있는 경우에는 절연조치를 하지 않을 수 있는데, 절연조치를 하지 않아도 되는 경우 3가지를 쓰시오.

해답 ① 누전으로 인하여 전류가 흐르기 쉬운 곳
② 직류전류가 흐르고 있는 선로의 자계로 인하여 유도전류가 발생하기 쉬운 곳
③ 흙속 또는 물속에서 미로전류가 흐르기 쉬운 곳

20 사업소 외의 배관장치에 수소의 압력과 배관의 길이에 따라 안전장치가 가동되어야 할 경우 제어기능 3가지를 기술하시오.

> **해답** ① 압력안전장치, 가스누출검지경보장치, 긴급차단장치, 또는 그 밖에 안전을 위한 설비 등의 제어회로가 정상상태로 작동되지 않는 경우에, 압축기 또는 펌프가 작동되지 않는 제어기능
> ② 이상상태가 발생한 경우에, 재해발생 방지를 위하여 압축기·펌프·긴급차단장치 등을 신속하게 정지 또는 폐쇄하는 제어기능
> ③ 압력안전장치, 가스누출검지경보설비 등 그 밖에 안전을 위한 설비 등의 조작회로에 동력이 공급되지 않는 경우 또는 경보장치가 경보를 울리고 있는 경우에, 압축기 또는 펌프가 작동하지 않는 제어기능

21 수소의 배관장치에서 압력안전장치가 갖추어야 하는 기준 3가지를 쓰시오.

> **해답** ① 배관 안의 압력이 상용압력을 초과하지 않고 또한 수격현상으로 인하여 생기는 압력이 상용압력의 1.1배를 초과하지 않도록 하는 제어기능을 갖춘 것
> ② 재질 및 강도는 가스의 성질, 상태, 온도 및 압력 등에 상응되는 적절한 것
> ③ 배관장치의 압력변동을 충분히 흡수할 수 있는 용량을 갖춘 것

22 다음은 수소가스 배관의 내용물 제거장치에 대한 설명이다. ( ) 안에 알맞은 말을 쓰시오.
사업소 밖의 배관에는 서로 인접하는 긴급차단장치의 구간마다 그 배관 안의 수소를 이송하고 (   ) 가스 등으로 치환할 수 있는 구조로 하여야 한다.

> **해답** 불활성

23 수소가스 배관에서 상용압력이 몇 MPa 이상의 배관 내압시험 압력이 상용압력의 1.5배 이상이 되어야 하는지 쓰시오.

> **해답** 0.1MPa 이상

24 지하매설 수소배관의 색상에 따른 배관의 최고사용압력을 쓰시오.
(1) 황색
(2) 적색

> **해답** (1) 0.1MPa 미만 (2) 0.1MPa 이상
> **참고** 지상배관은 황색

25 수소배관을 지하에 매설 시 배관의 직상부에 설치하는 보호포에 대하여 다음 물음에 답하시오.
(1) 보호포의 종류를 쓰시오.
(2) 보호포의 두께와 폭을 쓰시오.

(3) 황색 보호포와 적색 보호포의 최고사용압력을 쓰시오.

(4) 보호포는 배관 정상부에서 몇 m 이상 떨어진 곳에 설치해야 하는지 쓰시오.

해답 (1) 일반형 보호포, 탐지형 보호포

(2) 두께 0.2mm, 폭 0.15m

(3) 황색 보호포 : 0.1MPa 미만

적색 보호포 : 0.1MPa 이상 1MPa 미만

(4) 0.4m 이상

26 수소 설비 안의 압력이 상용압력을 초과 시 설치하여야 하는 과압안전장치 중 다음 물음에 알맞은 종류를 쓰시오.

(1) 기체 및 증기의 압력상승 방지를 위하여 설치하는 과압안전장치는?

(2) 급격한 압력 상승, 독성가스의 누출, 유체의 부식성 또는 반응 생성물의 성상 등에 따라 안전밸브가 부적당한 경우 설치하는 과압안전장치는?

(3) 펌프 및 배관에서 액체의 압력상승을 방지하기 위하여 설치하는 과압안전장치는?

(4) 다른 과압안전장치와 병행하여 설치할 수 있는 과압안전장치는?

해답 (1) 안전밸브

(2) 파열판

(3) 릴리프 밸브 또는 안전밸브

(4) 자동제어장치

참고 과압안전장치의 설치위치

과압안전장치는 수소가스 설비 중 압력이 최고허용압력 또는 설계압력을 초과할 우려가 있는 다음의 구역마다 설치한다.

1. 내·외부 요인으로 압력 상승이 설계압력을 초과할 우려가 있는 압력용기 등

2. 토출측의 막힘으로 인한 압력 상승이 설계압력을 초과할 우려가 있는 압축기의 최종단(다단압축기의 경우에는 각 단) 또는 펌프의 출구측

3. 1.부터 2.까지 이외에 압력조절 실패, 이상반응, 밸브의 막힘 등으로 인한 압력상승이 설계압력을 초과할 우려가 있는 수소가스 설비 또는 배관 등

27 연료전지를 연료전지실에 설치하지 않아도 되는 경우 2가지를 쓰시오.

해답 ① 밀폐식 연료전지

② 연료전지를 옥외에 설치하는 경우

28 반밀폐식 연료전지의 강제배기식에 대한 다음 물음에 답하시오.

(1) 배기통 터미널에 직경 몇 mm 이상인 물체가 통과할 수 없는 방조망을 설치하여야 하는가?

(2) 터미널의 전방, 측면, 상하 주위 몇 m 이내에 가연물이 없어야 하는가?

(3) 터미널 개구부로부터 몇 m 이내에는 배기가스가 실내로 유입할 우려가 있는 개구부가 없어야 하는가?

해답 (1) 16mm   (2) 0.6m   (3) 0.6m

29 과압안전장치를 수소 저장설비에 설치 시 설치높이를 쓰시오.

> **해답** 지상에서 5m 이상의 높이 또는 수소 저장설비 정상부로부터 2m의 높이 중 높은 위치로서 화기 등이 없는 안전한 위치

30 수소가스 가스누출경보기에 대한 다음 내용의 빈칸에 알맞은 용어나 숫자를 쓰시오.
(1) 경보 농도는 검지경보장치의 설치장소, 주위 분위기, 온도에 따라 폭발하한계의 (   ) 이하로 한다.
(2) 경보기의 정밀도는 경보 농도 설정치의 (   )% 이하로 한다.
(3) 검지에서 발신까지 걸리는 시간은 경보 농도의 1.6배 농도에서 보통 (   )초 이내로 한다.
(4) 검지경보장치의 경보 정밀도는 전원의 전압 등 변동이 (   )% 정도일 때에도 저하되지 않아야 한다.
(5) 지시계의 눈금은 (   ) 값을 명확하게 지시하는 것으로 한다.
(6) 경보를 발신한 후에는 원칙적으로 분위기 중 가스 농도가 변화해도 계속 경보를 울리고, 그 확인 또는 (①)을 강구함에 따라 경보가 (②)되는 것으로 한다.

> **해답** (1) 1/4 (2) ±25
> (3) 30 (4) ±10
> (5) 0~폭발하한계 (6) ① 대책, ② 정지

31 수소 제조·저장 설비 공장 등과 같이 천장높이가 지나치게 높은 건물에 설치한 검지경보장치 검출부는 다량의 가스가 누출되어 위험한 상태가 되어야만 검지가 가능하므로, 이를 보완하기 위하여 수소가 소량 누출되어도 검지가 가능하도록 설비 중 누출되기 쉬운 것의 상부에 검출부를 설치하여 누출가스 포집이 가능하도록 하고 있다. 이 검출부에 설치하여야 하는 것은 무엇인지 쓰시오.

> **해답** 포집갓
> **참고** 포집갓의 규격
> (1) 원형 : 직경 0.4m 이상
> (2) 사각형 : (가로×세로) 0.4m 이상

32 사업소 밖의 수소가스누출경보기의 설치장소 3곳을 쓰시오.

> **해답** ① 긴급차단장치가 설치된 부분
> ② 슬리브관, 2중관 또는 방호구조물 등으로 밀폐되어 설치된 부분
> ③ 누출가스가 체류하기 쉬운 구조인 부분

33 시가지 주요 하천과 호수를 횡단하는 수소가스 배관은 횡단거리가 몇 m 이상일 때 배관의 양 끝으로부터 가까운 거리에 긴급차단장치를 설치하여야 하는지 쓰시오.

> **해답** 500m 이상
> **참고** 배관이 4km 연장되는 구간마다 긴급차단장치를 추가로 설치

34 수소가스 설비에 자연환기가 불가능할 때 설치하는 강제환기설비의 기준 3가지를 쓰시오.

> **해답** ① 통풍능력은 바닥면적 1m²당 0.5m³/min 이상으로 한다.
> ② 배기구는 천장 가까이 설치한다.
> ③ 배기가스 방출구는 지면에서 3m 이상으로 한다.

35 수소연료전지를 실내에 설치하는 경우 환기능력에 대한 다음 물음에 답하시오.
(1) 실내 바닥면적 1m²당 환기능력은 몇 m³/분 이상이어야 하는가?
(2) 전체 환기능력은 몇 m³/분 이상이어야 하는가?

> **해답** (1) 0.3m³/분
> (2) 45m³/분

36 수소 배관의 표지판 간격을 쓰시오.
(1) 지상배관
(2) 지하배관

> **해답** (1) 1000m마다
> (2) 500m마다

37 수소 저장설비의 온도상승 방지 조치에 대하여 물음에 답하시오.
(1) 고정분무설비 능력은 표면적 1m²당 몇 L/min 이상의 비율로 계산된 수량이어야 하는가?
(2) 소화전의 위치는 저장설비 몇 m 이내인 위치에서 방사할 수 있어야 하는가?
(3) 소화전의 호스 끝 수압(MPa)과 방수능력(L/min)은 얼마인가?

> **해답** (1) 5L/min
> (2) 40m
> (3) 수압 : 0.3MPa 이상, 방수능력 : 400L/min 이상

02 수전해 설비 제조의 시설 · 기술 · 검사 기준

38 수소 경제 육성 및 수소 안전관리에 관한 기준이 적용되는 수전해 설비의 종류 3가지를 쓰시오.

> **해답** ① 산성 및 염기성 수용액을 이용하는 수전해 설비
> ② AEM(음이온교환막) 전해질을 이용하는 수전해 설비
> ③ PEM(양이온교환막) 전해질을 이용하는 수전해 설비

39 수전해 설비에 대한 다음 내용의 (   ) 안에 알맞은 용어를 쓰시오.
"수전해 설비"란 물을 전기분해하여 (①)를 생산하는 것으로서 법 규정에 따른 설비를 말하며, 그 설비의 기하학적 범위는 급수밸브로부터 스택, 전력변환장치, 기액분리기, 열교환기, (②) 제거장치, (③) 제거장치 등을 통해 토출되는 수소 배관의 첫 번째 연결부까지이다.

해답 ① 수소, ② 수분, ③ 산소

40 다음 물음에 알맞은 용어를 쓰시오.
(1) 수전해 설비에서 정상운전 상태에서 전류가 흐르는 도체 또는 도전부를 말한다.
(2) 수전해 설비의 비상정지 등이 발생하여 수전해 설비를 안전하게 정지하고, 이후 수동으로만 운전을 복귀시킬 수 있도록 하는 것을 말한다.
(3) 위험 부분으로의 접근, 외부 분진의 침투 또는 물의 침투에 대한 외함의 방진보호 및 방수보호 등급을 말한다.

해답 (1) 충전부
(2) 로크아웃
(3) IP등급

41 수전해 설비에서 물, 수용액, 산소, 수소 등의 유체가 통하는 부분에 적당한 재료를 쓰시오.

해답 스테인리스강 및 충분한 내식성이 있는 재료, 또는 코팅된 재료

참고 수용액, 산소, 수소가 통하는 배관의 재료 : 금속재료

42 외함 및 수분 접촉에 따른 부식의 우려가 있는 금속부분의 재료는 스테인리스강을 사용하여야 하는데, 스테인리스강을 사용하지 않고 탄소강을 사용 시 해야 하는 조치를 쓰시오.

해답 부식에 강한 코팅 처리를 해야 한다.

43 수전해 설비에 사용하지 못하는 재료 3가지를 쓰시오.

해답 ① 폴리염화비페닐, ② 석면, ③ 카드뮴

44 수전해 설비에서 수소 및 산소가 통하는 배관, 관 이음매 등에 사용되는 재료를 사용할 수 없는 경우를 쓰시오.

해답 ① 상용압력이 98MPa 이상인 배관 등
② 최고사용온도가 815℃를 초과하는 배관 등
③ 직접 화기를 받는 배관 등

45 수전해 설비는 본체에 설치된 스위치 또는 컨트롤러의 조작을 통해서 운전을 시작하거나 정지할 수 있는 구조로 해야 하지만, 원격조작이 가능한 경우가 있는데 이 경우 2가지를 쓰시오.

> **해답** ① 본체에서 원격조작으로 운전을 시작할 수 있도록 허용하는 경우
> ② 급격한 압력 및 온도 상승 등 위험이 생길 우려가 있어 수전해 설비를 정지해야 하는 경우

46 수전해 설비에 대한 다음 내용 중 ( ) 안에 알맞은 단어를 쓰시오.
(1) 수전해 설비의 안전장치가 작동해야 하는 설정값은 ( ) 등을 통하여 임의로 변경할 수 없도록 한다.
(2) ( ) 등 수전해 설비의 운전상태에서 사람이 접할 우려가 있는 가동부분은 쉽게 접할 수 없도록 적절한 보호틀이나 보호망 등을 설치한다.
(3) 정격압력전압 또는 정격주파수를 변환하는 기구를 가진 ( )의 것은 변환된 전압 및 주파수를 쉽게 식별할 수 있도록 한다. 다만, 자동으로 변환되는 기구를 가지는 것은 그렇지 않다.
(4) 수전해 설비의 외함 내부에는 ( ) 가스가 체류하거나, 외부로부터 이물질이 유입되지 않는 구조로 한다.
(5) ( )를 실행하기 위한 제어장치의 설정값 등을 사용자 또는 설치자가 임의로 조작해서는 안 되는 부분은 봉인 실 또는 잠금장치 등으로 조작을 방지할 수 있는 구조로 한다.
(6) (①) 또는 (②)의 유체가 설비 외부로 방출될 수 있는 부분에는 주의문구를 표시한다.

> **해답** (1) 원격조작
> (2) 환기팬
> (3) 이중정격
> (4) 가연성
> (5) 비상정지
> (6) ① 가연성, ② 독성

47 설비의 유지, 보수나 긴급정지 등을 위해 유체의 흐름을 차단하는 밸브를 설치하는 경우, 차단밸브가 갖추어야 하는 기준 4가지를 쓰시오.

> **해답** ① 차단밸브는 최고사용압력과 온도 및 유체특성 등이 사용조건에 적합해야 한다.
> ② 차단밸브의 가동부는 밸브 몸통으로부터 전해지는 열을 견딜 수 있어야 한다.
> ③ 자동차단밸브는 공인인증기관의 인증품 또는 법 규정에 따른 성능시험을 만족하는 것을 사용해야 한다.
> ④ 자동차단밸브는 구동원이 상실되었을 경우 안전하게 가동될 수 있는 구조이어야 한다.

48 수전해 설비의 배관에 액체 공급 및 배수의 구조에 대한 다음 물음에 답하시오.
(1) 급수라인 접속부에 설치하여야 하는 장치를 쓰시오.
(2) 물, 수용액 등을 저장하기 위한 설비의 구조에 대하여 쓰시오.

> **해답** (1) 역류방지장치
> (2) 설비를 견고히 고정하고 그 설비 안의 내용물이 밖으로 흘러넘치지 않는 구조로 한다.

49 다음은 수전해 설비의 전기배선에 대한 내용이다. ( ) 안에 알맞은 숫자를 쓰시오.

(1) 배선은 가동부에 접촉하지 않도록 설치해야 하며, 설치된 상태에서 ( )N의 힘을 가하였을 때에도 가동부에 접촉할 우려가 없는 구조로 한다.

(2) 배선은 고온부에 접촉하지 않도록 설치해야 하며, 설치된 상태에서 ( )N의 힘을 가하였을 때 고온부에 접촉할 우려가 있는 부분은 피복이 녹는 등의 손상이 발생되지 않고 충분한 내열성능을 갖는 것으로 한다.

(3) 배선이 구조물을 관통하는 부분 또는 ( )N의 힘을 가하였을 때 구조물에 접촉할 우려가 있는 부분은 피복이 손상되지 않는 구조로 한다.

(4) 전기접속기에 접속한 것은 ( )N의 힘을 가하였을 때 접속이 풀리지 않는 구조로 한다.

해답 (1) 2
(2) 2
(3) 2
(4) 5

50 수전해 설비의 전기배선 시 단락, 과전류 등과 같은 이상상황 발생 시 전류를 효과적으로 차단하기 위해 설치해야 하는 장치를 쓰시오.

해답 퓨즈 또는 과전류보호장치

51 수전해 설비의 전기배선에서 충전부에 사람이 접촉하지 않도록 하는 방법을 다음과 같이 구분하여 설명하시오.

(1) 충전부의 보호함이 공구를 이용하지 않아도 쉽게 분리되는 경우
(2) 충전부의 보호함이 공구 등을 이용해야 분리되는 경우

해답 (1) 충전부의 보호함이 드라이버, 스패너 등의 공구 또는 보수점검용 열쇠 등을 이용하지 않아도 쉽게 분리되는 경우에는, 그 보호함 등을 제거한 상태에서 시험지를 삽입하여 시험지가 충전부에 접촉하지 않는 구조로 한다.
(2) 충전부의 보호함이 나사 등으로 고정 설치되어 있어 공구 등을 이용해야 분리되는 경우에는, 그 보호함이 분리되어 있지 않은 상태에서 시험지를 삽입하여 시험지가 충전부에 접촉하지 않는 구조로 한다.

52 수전해 설비의 전기배선에서 충전부는 사람이 접촉하지 않도록 해야 하는데, 예외적으로 시험지가 충전부에 접촉할 수 있는 구조로 할 수 있는 경우가 있다. 그 경우를 4가지 쓰시오.

해답 ① 설치한 상태에서 쉽게 사람에게 접촉할 우려가 없는 설치면의 충전부
② 질량이 40kg을 넘는 몸체 밑면의 개구부로부터 40cm 이상 떨어진 충전부
③ 구조상 노출될 수밖에 없는 충전부로서 절연변압기에 접속된 2차측 회로의 대지전압과 선간전압이 교류 30V 이하, 직류 45V 이하인 것
④ 구조상 노출될 수밖에 없는 충전부로서 대지와 접지되어 있는 외함과 충전부 사이에 $1k\Omega$의 저항을 설치한 후 수전해 설비 내 충전부의 상용주파수에서 그 저항에 흐르는 전류가 1mA 이하인 것

53 수소가 통하는 배관의 접지 기준 4가지를 쓰시오.

해답
① 직선 배관은 80m 이내의 간격으로 접지한다.
② 서로 교차하지 않는 배관 사이의 거리가 100mm 미만인 경우에는 배관 사이에서 발생될 수 있는 스파크 점퍼를 방지하기 위해 20m 이내의 간격으로 점퍼를 설치한다.
③ 서로 교차하는 배관 사이의 거리가 100mm 미만인 경우에는 배관이 교차하는 곳에 점퍼를 설치한다.
④ 금속볼트 또는 클램프로 고정된 금속플랜지에는 추가적인 정전기와이어가 정착되지 않지만, 최소한 4개의 볼트 또는 클램프들마다에는 양호한 전도성 접촉점이 있도록 해야 한다.

54 수전해 설비의 유체이동 관련 기기에 사용되는 전동기의 구조 조건 4가지를 쓰시오.

해답
① 회전자의 위치와 관계없이 시동되는 것으로 한다.
② 정상적인 운전이 지속될 수 있는 것으로 한다.
③ 전원에 이상이 있는 경우에도 안전에는 지장 없는 것으로 한다.
④ 통상의 사용환경에서 전동기의 회전자는 지장을 받지 않는 구조로 한다.

55 수전해 설비에서 가스홀더, 펌프 및 배관 등 압력을 받는 부분에는 압력이 상용압력을 초과할 우려가 있는 어느 하나의 구역에 안전밸브, 릴리프 밸브 등의 과압안전장치를 설치하여야 한다. 그 구역에 해당되는 곳 4가지를 쓰시오.

해답
① 내·외부 요인으로 압력상승이 설계압력을 초과할 우려가 있는 압력용기 등
② 펌프의 출구측
③ 배관 안의 액체가 2개 이상의 밸브로 차단되어 외부열원으로 인한 액체의 열팽창으로 파열이 우려되는 배관
④ 그 밖에 압력조절 실패, 이상반응, 밸브의 막힘 등으로 인해 상용압력을 초과할 우려가 있는 압력부

참고 과압안전장치 방출관은 지상으로부터 5m 이상의 높이에, 주위에 화기 등이 없는 안전한 위치에 설치한다. 다만, 수전해 설비가 하나의 외함으로 둘러싸인 구조의 경우에는 과압안전장치에서 배출되는 가스는 외함 밖으로 방출되는 구조로 한다.

56 다음은 수전해 설비의 셀스틱 구조에 대한 내용이다. (   ) 안에 알맞은 가스명을 쓰시오. (단, ①, ②의 순서가 바뀌어도 정답으로 인정한다.)
셀스틱은 압력, 진동열 등으로 인하여 생기는 응력에 충분히 견디고, 사용환경에서 절연열화 방지 등 전기 안전성을 갖는 구조로 한다. 또한 (①)와 (②)의 혼합을 방지할 수 있는 분리막이 있는 구조로 한다.

해답 ① 산소, ② 수소

57 수전해 설비에서 열평형을 유지할 수 있도록 냉각, 열 방출, 과도한 열의 회수 및 시동 시 장치를 가열할 수 있도록 보유하여야 하는 시스템은 무엇인지 쓰시오.

해답 열관리시스템

58 수전해 설비의 외함에는 충분한 환기성능을 갖는 기계적 환기장치나 환기구를 설치하여야 한다. 환기구의 설치기준 3가지를 쓰시오.

해답 ① 먼지, 눈, 식물 등에 의해 방해받지 않도록 설계되어야 한다.
② 누출된 가스가 외부로 원활히 배출될 수 있는 위치에 설치해야 한다.
③ 유지, 보수를 위해 사람이 외함 내부로 들어갈 수 있는 구조를 가진 수전해 설비의 환기구 면적은 $0.003\text{m}^2/\text{m}^3$ 이상으로 한다.

59 수전해 설비의 외함 구조가 갖추어야 하는 조건 4가지를 쓰시오.

해답 ① 외함 상부는 누출된 수소가 체류하지 않는 구조로 한다.
② 외함에 설치된 패널, 커버, 출입문 등은 외부에서 열쇠 또는 전용공구 등을 통해 개방할 수 있고 개폐상태를 유지할 수 있는 구조를 갖추어야 한다.
③ 작업자가 통과할 정도로 큰 외함의 점검구, 출입문 등은 바깥쪽으로 열리고, 열쇠 또는 전용공구 없이 안에서 쉽게 개방할 수 있는 구조여야 한다.
④ 수전해 설비가 수산화칼륨(KOH) 등 유해한 액체를 포함하는 경우 수전해 설비의 외함은 유해한 액체가 외부로 누출되지 않도록 안전한 격납수단을 갖추어야 한다.

60 수전해 설비의 시동 시 안전상 제어되어야 할 사항 4가지를 쓰시오.

해답 ① 수전해 설비 운전 개시 전 외함 내부의 폭발 가능한 가연성 가스 축적을 방지하기 위하여 공기, 질소 등으로 외함 내부를 충분히 퍼지할 것
② 시동은 모든 안전장치가 정상적으로 작동하는 경우에만 가능하도록 제어될 것
③ 올바른 시동 시퀀스를 보증하기 위해 적절한 연동장치를 갖는 구조일 것
④ 정지 후 자동 재시동은 모든 안전조건이 충족된 후에만 가능한 구조일 것

61 다음 내용의 빈칸에 알맞은 용어를 쓰시오.
수전해 설비의 열관리 장치에서 독성의 유체가 통하는 열교환기는 파손으로 상수원 및 상수도에 영향을 미칠 수 있는 경우 (①)으로 하고, (②) 사이는 공극으로써 대기 중에 (③)된 구조로 한다. 다만, 독성 유체의 압력이 냉각유체의 압력보다 (④)kPa 이상 낮은 경우로서 모니터를 통하여 그 압력 차이가 항상 유지되는 구조인 경우에는 (⑤)으로 하지 않을 수 있다.

해답 ① 이중벽, ② 이중벽, ③ 개방, ④ 70, ⑤ 이중벽

62 수전해 설비의 수소 정제장치에서 안전한 작동을 보장하기 위하여 수소 정체장치의 작동이 정지되어야 하는 경우 4가지를 쓰시오.

해답 ① 공급가스의 압력, 온도, 조성 또는 유량이 경보 기준수치를 초과한 경우
② 프로세스 제어밸브가 작동 중에 장애를 일으키는 경우
③ 수소 정제장치에 전원 공급이 차단된 경우
④ 압력용기 등의 압력 및 온도가 허용최대설정치를 초과하는 경우

63 수전해 설비의 수소 정제장치에 설치해야 할 설비 및 갖추어야 하는 장치를 3가지 쓰시오.

해답 ① 가연성 혼합물 또는 폭발성 혼합물의 생성을 방지하기 위해 촉매 등을 통한 산소 제거설비
② 수소 중의 수분을 제거하기 위해 흡탈착 방법 등을 이용한 수분 제거설비
③ 산소 제거설비 및 수분 제거설비가 정상적으로 작동되는지 확인할 수 있도록 그 설비에 설치된 온도, 압력 등을 측정할 수 있는 모니터링 장치

64 수전해 설비의 내압성능에 대한 다음 물음에 답하시오.
(1) 내압시험을 실시하는 유체의 대상을 4가지 이상 쓰시오.
(2) 내압시험압력을 ① 수압으로 하는 경우와 ② 공기, 질소, 헬륨으로 하는 경우의 압력을 쓰시오.
(3) 내압시험의 시간을 쓰시오.
(4) 내압시험의 압력기준을 쓰시오.
(5) 기밀시험의 압력기준을 쓰시오.

해답 (1) 물, 수용액, 산소, 수소
(2) ① 상용압력×1.5배 이상, ② 상용압력×1.25배 이상
(3) 20분간
(4) 시험 실시 시 팽창, 누설 등의 이상이 없어야 한다.
(5) 최고사용압력의 1.1배 또는 8.4kPa 중 높은 압력으로 누설이 없어야 한다.

65 수전해 설비의 물, 수용액, 산소 등 유체의 통로는 기밀시험을 실시한다. 기밀시험을 생략할 수 있는 경우를 쓰시오.

해답 내압시험을 기체로 실시한 경우

66 수전해 설비의 기밀시험 실시 방법을 3가지 쓰시오.

해답 ① 기밀시험은 원칙적으로 공기 또는 위험성이 없는 기체의 압력으로 실시한다.
② 기밀시험은 그 설비가 취성파괴를 일으킬 우려가 없는 온도에서 한다.
③ 기밀시험 압력은 상용압력 이상으로 하되, 0.7MPa을 초과하는 경우 0.7MPa 이상의 압력으로 한다. 이 경우 시험할 부분의 용적에 대응한 기밀유지기간 이상을 유지하고, 처음과 마지막 시험의 측정압력차가 압력측정기구의 허용오차 안에 있는 것을 확인하며, 처음과 마지막 시험의 온도차가 있는 경우에는 압력차를 보정한다.

67 수전해 설비의 기밀시험 유지시간에 대한 다음 빈칸을 채우시오.

압력 정기구	용적	기밀유지시간
압력계 또는 자기압력기록계	1m³ 미만	①
	1m³ 이상 10m³ 미만	②
	10m³ 이상	48×V분(다만, 2880분을 초과한 경우는 2880분으로 할 수 있다.)

[비고] V는 피시험부분의 용적(단위 : m³)이다.

해답 ① 48분, ② 480분

68 수전해 설비에 대하여 다음 물음에 답하시오.

(1) 500V의 절연저항계(정격전압이 300V를 초과하고 600V 이하인 것은 1000V) 또는 이것과 동등한 성능을 가지는 절연저항계로 측정한 수전해 설비의 충전부와 외면(외면이 절연물인 경우는 외면에 밀착시킨 금속박) 사이의 절연저항은 몇 MΩ 이상으로 하여야 하는가?

(2) 수소가 통하는 배관의 기밀을 유지하기 위해 사용되는 패킹류, 실재 등의 비금속재료는 5℃ 이상 25℃ 이하의 수소가스를 해당 부품에 작용되는 상용압력으로 72시간 인가 후, 24시간 동안 대기 중에 방치하여 무게변화율이 몇 % 이내이어야 하는가?

(3) 수전해 설비의 안전장치가 정상적으로 작동해야 하는 경우에서
① 외함 내 수소 농도 몇 % 초과 시 안전장치가 작동하여야 하는가?
② 발생 수소 중 산소의 농도가 몇 % 초과 시 안전장치가 작동하여야 하는가?
③ 발생 산소 중 수소의 농도가 몇 % 초과 시 안전장치가 작동하여야 하는가?

해답 (1) 1MΩ 이상
(2) 20% 이내
(3) ① 1%, ② 3%, ③ 2%

해설 그 밖에 안전장치가 정상 작동해야 하는 경우
1. 환기장치에 이상이 생겼을 경우
2. 설비 내 온도가 현저히 상승 또는 저하되는 경우
3. 수용액, 산소, 수소가 통하는 부분의 압력이 현저히 상승하였을 경우

69 수전해 설비의 자동제어시스템은 고장모드에 의한 결점회피와 결점허용을 감안하여 설계고장 발생 시 어떠한 상태에 도달해야 하는지 영어(원어)로 쓰시오.

해답 fail-safe

참고 fail-safe : 안전한 상태

70 수전해 설비 정격운전 후 허용최고온도는 몇 시간 후 측정해야 하는지 쓰시오.

해답 2시간

71 수전해 설비 항목별 최고온도 기준에서 허용최고온도를 쓰시오.
(1) 조작 시 손이 닿는 부분 중
① 금속제, 도자기제 및 유리제의 것
② 금속제, 도자기제 및 유리제 이외의 것
(2) 배기구 톱 또는 급기구 톱의 주변 목변 및 급배기구 통의 벽 관통 목벽의 표면의 온도는 몇 ℃ 이하인지 쓰시오.

해답 (1) ① 50℃ 이하, ② 55℃ 이하
(2) 100℃ 이하

72 수전해 설비에 누설전류가 발생 시 누설전류는 몇 mA 이하여야 하는지 쓰시오.

해답 5mA 이하

73 수전해 설비 절연거리의 공간거리 측정시험에 대한 오염등급을 쓰시오.
(1) 주요 환경조건이 비전도성 오염이 없는 마른 곳, 오염이 누적되지 않은 환경
(2) 주요 환경조건이 비전도성 오염이 일시적으로 누적될 수도 있는 환경
(3) 주요 환경조건이 오염이 누적되고 습기가 있는 환경
(4) 주요 환경조건이 먼지, 비, 눈 등에 노출되어 오염이 누적되는 환경

해답 (1) 오염등급 1등급
　　(2) 오염등급 2등급
　　(3) 오염등급 3등급
　　(4) 오염등급 4등급

74 다음은 수전해 설비의 부품 내구성능에 대한 내용이다. ( ) 안에 적당한 숫자를 쓰시오.
(1) 자동제어시스템을 (2~20)회/분 속도로 (　)회 내구성능시험을 실시 후 성능에 이상이 없어야 한다.
(2) 압력차단장치를 (2~20)회/분 속도로 5000회 내구성능시험을 실시 후 성능에 이상이 없어야 하며, 압력차단 설정값의 (　)% 이내에 안전하게 차단해야 한다.
(3) 과열방지 안전장치를 (2~20)회/분 속도로 5000회 내구성능시험을 실시 후 성능에 이상이 없어야 하며, 과열차단 설정값의 (　)% 이내에서 안전하게 차단해야 한다.

해답 (1) 25000　(2) 5　(3) 5

75 수전해 설비의 정격운전 상태에서 측정된 수소 생산량은 제조사가 표시한 값의 몇 % 이내여야 하는지 쓰시오.

해답 ±5%

76 수전해 설비를 안전하게 사용할 수 있도록 극성이 다른 충전부 사이 또는 충전부와 사람이 접촉할 수 있는 비충전 금속부 사이의 첨두전압이 600V를 초과하는 부분은 그 부근 또는 외부의 보기 쉬운 장소에 쉽게 지워지지 않는 방법으로 어떠한 표시를 해야 하는지 쓰시오.

해답 주의 표시

77 수전해 설비의 배관에는 배관 표시를 해야 한다. 이때 배관 연결부 주위에 하는 표시의 종류 4가지를 쓰시오.

해답 가스, 전기, 급수, 수용액

78 수전해 설비에 시공표지판을 부착 시 기록해야 하는 내용에 대하여 쓰시오.

해답 시공자의 상호, 소재지, 시공관리자 성명, 시공일

79 수전해 설비의 시험실에 대하여 물음에 답하시오.
(1) 시험실의 온도를 쓰시오.
(2) 시험실의 상대습도(%)를 쓰시오.

해답 (1) 20 ± 5℃
(2) (65 ± 20)℃

80 수전해 설비의 자동차단밸브 성능시험에서 호칭지름에 따른 밸브의 차단시간을 쓰시오.
(1) 100A 미만
(2) 100A 이상 200A 미만
(3) 200A 이상

해답 (1) 1초 이내
(2) 3초 이내
(3) 5초 이내

필답형
모의고사

기출문제 중심으로 구성된
모의고사 문제입니다.
그동안 공부한 학습내용을 중점으로
자가측정 해보시고
시험에 대비하시길 바랍니다.

가스기능사

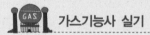

가스기능사 실기

PART 3. 필답형 모의고사

기출문제 중심 필답형 모의고사

제1회 모의고사

01 다음 물음에 답하시오.

(1) 압축가스를 단열팽창 시 온도와 압력이 강하하는 현상을 무슨 효과라 하는가?

(2) 수소의 폭발범위는?

(3) 수소와 염소가 반응 시 염화수소를 생성하는데 이의 반응식을 쓰고, 이 반응이 일어나는 반응식의 명칭을 쓰시오.

(4) 반경 r(m)인 구형탱크의 내용적(kL)을 쓰시오.

정답 (1) 줄−톰슨효과

(2) 4~75%

(3) $H_2 + Cl_2 \rightarrow 2HCl$(염소폭명기)

(4) $\dfrac{4}{3}\pi r^3$(kL)

02 압축기를 운전 중 중간단 토출압력 이상저하 원인 4가지를 쓰시오.

정답 ① 전단 흡입토출밸브 불량 ② 전단 피스톤링 불량

③ 전단 클리어런스밸브 불량 ④ 중간단 냉각기 능력 과대

03 가스누설검지를 검지관으로 측정 시 검지한도와 측정농도범위를 쓰시오.

측정대상가스	측정농도범위	검지한도
C_2H_2	①	②
H_2	③	④

정답 ① 0~0.3% ② 10ppm ③ 0~1.5% ④ 250ppm

04 5000L의 액산탱크의 방출밸브를 15시간 개방 시 탱크 내 액화산소가 6kg 감소할 때 시간당 탱크에 침입하는 열량을 계산하시오. (단, 액상의 증발잠열은 60kcal/kg이다.)

정답 $6\text{kg} \times 60\text{kcal/kg} : 15\text{hr}$
$\qquad\qquad x \qquad\quad : 1\text{hr}$
$\therefore x = \dfrac{6 \times 60 \times 1}{15} = 24\text{kcal/hr}$

05 내경 15cm의 파이프를 플랜지로 연결하였다. 이 파이프에 30kg/cm²의 압력을 걸었을 때 볼트 1개에 걸리는 힘을 450kg으로 하여야 하는 경우 볼트 수는 몇 개가 되어야 하는지 계산하시오.

정답 볼트 개당 압력$(P) = \dfrac{450}{\dfrac{\pi}{4} \times (15\text{cm})^2} = 2.546\text{kg/cm}^2$

$\therefore$ 볼트 수 $30 \div 2.546 = 11.78 = 12$개

06 40L, 27℃, 150atm 산소가스가 충전되어 있을 때 용기 내 질량(kg)을 계산하시오.

정답 $PV = \dfrac{w}{M}RT$

$\therefore w = \dfrac{PVM}{RT} = \dfrac{150 \times 40 \times 32}{0.082 \times (273 + 27)} = 7804.878\text{g} = 7.80\text{kg}$

07 CH₄ 50%, C₂H₆ 30%, C₃H₈ 20%의 혼합기체 폭발하한을 구하시오. (단, CH₄, C₂H₆, C₃H₈의 하한은 5%, 3%, 2%이다.)

정답 $\dfrac{100}{L} = \dfrac{V_1}{L_1} + \dfrac{V_2}{L_2} + \dfrac{V_3}{L_3} = \dfrac{50}{5} + \dfrac{30}{3} + \dfrac{20}{2} = 30$

$\therefore L = 100 \div 30 = 3.33\%$

08 상용온도가 0℃인 어떤 장치에서 20℃의 가스압력이 0.9MPa(g)인 경우의 압축가스는 고압가스인지 아닌지를 판명하시오. (단, 1atm=0.1MPa이다.)

정답 $\dfrac{P_1}{T_1} = \dfrac{P_2}{T_2}$, $P_2 = \dfrac{P_1 T_2}{T_1} = \dfrac{(0.9 + 0.1) \times (273 + 0)}{(273 + 20)} = 0.93\text{MPa}$

$0.93 - 0.1 = 0.83\text{MPa(g)}$

$\therefore$ 상용의 온도에서 압력이 1MPa(g) 이하이므로 고압가스가 아니다.

09 C_2H_2가스를 충전 시 2.5MPa 이하로 충전하여야 한다. 다음 물음에 답하시오.

(1) 그 이유를 쓰시오.

(2) 2.5MPa 이상으로 압축 충전 시 조치사항을 쓰시오.

> **정답** (1) C_2H_2은 압축하면 분해폭발을 일으키므로 2.5MPa 이하로 압축 용해하여 충전하여야 한다.
> (2) 2.5MPa 이상으로 압축 시 N_2, CH_4, CO, C_2H_4 등의 희석제를 첨가하여야 한다.

10 C_2H_2가스에 Cu 62% 이상 함유된 금속재료를 사용하지 못하는 그 이유를 반응식과 함께 설명하시오.

> **정답** $2Cu + C_2H_2 \rightarrow Cu_2C_2 + H_2$
> 폭발성 물질인 Cu_2C_2(동아세틸라이드)를 생성하기 때문이다.

11 LP가스를 차량고정탱크로 운반 시 비치 소화제의 (1) 종류, (2) 비치 수를 쓰시오.

> **정답** (1) 분말소화제
> (2) 차량 좌우 각각 1개 이상

12 기체용해도의 법칙에 관해 ( )에 알맞은 단어를 쓰시오.

기체가 액체에 녹는 경우의 용해도는 온도상승에 대하여 (①)하며, 온도가 일정 시 액체에 용해하는 기체의 질량은 (②)에 비례하고 혼합기체이면 (③)에 비례한다.

> **정답** ① 감소
> ② 압력
> ③ 분압

제2회 모의고사

01 다음 가스 중 독성액화가스의 종류를 모두 쓰시오.

$$H_2, \ C_2H_2, \ NH_3, \ CO, \ Cl_2, \ C_2H_4O, \ O_2, \ O_3$$

정답 $NH_3, \ Cl_2, \ C_2H_4O$

02 고압가스안전관리법상 다음 물음에 답하시오.
(1) 용해가스 1가지를 쓰시오.
(2) 가연성 가스 2가지를 쓰시오.
(3) 조연성 가스 2가지를 쓰시오 .

정답 (1) C_2H_2 (2) $C_3H_8, \ C_4H_{10}$ (3) $O_2, \ O_3$

03 내용적 20000L인 C_4H_{10} 저장탱크의 저장능력(kg)과 1종 보호시설과의 안전거리를 계산하시오. (단, 액비중은 0.52이다.)

정답 $W = 0.9dv = 0.9 \times 0.52 \times 20000 = 9360 \, \text{kg}$
∴ 1만 미만이므로 1종 보호시설과 이격거리는 17m 이상

04 0℃, 1kg/cm²a인 C_3H_8의 용기가 30℃로 되면 그 압력은 얼마(kg/cm²)인지 계산하시오.

정답 $\dfrac{P_1}{T_1} = \dfrac{P_2}{T_2}$

$\therefore P_2 = \dfrac{P_1 T_2}{T_1} = \dfrac{1 \times (273 + 30)}{273} = 1.109 = 1.11 \, \text{kg/cm}^2$

05 C_3H_8 500kg을 저장 시 100L 용기는 몇 개가 필요한지 구하시오. (단, 정수 2.35로 한다.)

정답 용기 1개당의 질량
$G = \dfrac{V}{C} = \dfrac{100}{2.35} = 42.553 \, \text{kg}$
∴ $500 \div 42.553 = 11.75 = 12$개

06 왕복압축기를 운전 중 실린더를 냉각하였다. 그 효과를 4가지 쓰시오.

> **정답** ① 체적효율 증대　　　② 압축효율 증대
> ③ 윤활기능 향상　　　④ 압축기수명 연장

07 왕복압축기의 연속적인 용량 제어방법 4가지를 쓰시오.

> **정답** ① 회전수 변경법
> ② 바이패스밸브에 의하여 토출가스를 흡입 측에 복귀시키는 방법
> ③ 타임드밸브에 의한 방법
> ④ 흡입주밸브를 폐쇄하는 방법

08 압축기 운전 중 점검사항을 4가지 이상 쓰시오.

> **정답** ① 압력이상 유무　　　② 온도이상 유무　　　③ 누설 유무
> ④ 소음진동 유무　　　⑤ 윤활상태 유무

09 분해폭발을 일으킬 수 있는 가스 3가지를 쓰시오.

> **정답** C_2H_2, C_2H_4O, N_2H_4

10 압축기 운전 중 압력계 눈금이 변화 시 기계적 고장원인 4가지를 쓰시오.

> **정답** ① 흡입토출밸브 불량　　　② 피스톤링 마모
> ③ 배관이음부에서 가스 누설　　　④ 용량조정장치 작동 불량

11 염소가스의 제조 시 다음 물음에 답하시오.

(1) 반응식을 쓰시오.
(2) 제조방법 2가지를 쓰시오.

> **정답** (1) $2NaCl + 2H_2O \rightarrow 2NaOH + Cl_2 + H_2$
> (2) 수은법, 격막법

12 비중 2.5인 액의 높이가 5m인 경우 압력(kg/cm^2)을 계산하시오.

> **정답** $P = SH = 2.5kg/L \times 5m = 2.5(kg/10^3cm^3) \times 500cm = 11.25kg/cm^2$

제3회 모의고사

01 ( )에 알맞은 단어를 기입하시오.

여름에는 (①)가 높아 (②)에 의해 수분이 많이 제거되고, 또한 여름에는 기온이 높아 공기의 (③)가 작아져 공기량이 감소한다.

정답 ① 습도
② 응축기
③ 밀도

02 가스의 제조설비 종류 4가지를 쓰시오.

정답 ① 충전설비
② 저장설비
③ 기화설비
④ 처리설비

03 고압장치에서 유해 불순물을 제거하여야 하는 이유 2가지를 쓰시오.

정답 ① 불순물이 생성물 될 우려가 있다.
② 불순물이 장치를 부식시킬 우려가 있다.

04 다공도를 구하는 식을 쓰고, 기호를 설명하시오.

정답 다공도(%) $= \dfrac{V-E}{V} \times 100$

여기서, V : 다공물질의 용적
E : 침윤 잔용적

05 용기 내 A, B 기체가 있다. A의 증기압 10atm, B의 증기압 30atm, A 1몰, B 2몰일 때 용기 내 전압(atm)을 구하시오.

정답 $P = P_A X_A + P_B X_B = 10 \times \dfrac{1}{1+2} + 30 \times \dfrac{2}{1+2} = 23.33 \mathrm{atm}$

06 고압장치에서 안전밸브를 설치하여야 하는 장소 4가지를 쓰시오.

정답> ① 압축기 최종단   ② 저장탱크 기상부
③ 펌프의 토출 측   ④ 기화기의 토출 측 배관

07 흡입압력이 1kg/cm²고 최종압력이 26kg/cm²g인 3단 압축기의 압축비를 구하시오. (단, 1atm =1kg/cm²이다.)

정답> $a = \sqrt[3]{\dfrac{P_2}{P_1}} = \sqrt[3]{\dfrac{26+1}{1}} = 3$

08 1일 1세대당 평균가스소비량 1.35kg/day, 50kg용 1개당 가스발생량 2.08kg/hr, 60세대인 조건일 때 다음 물음에 답하시오.

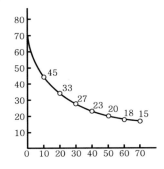

(1) 피크 시 평균가스소비량을 구하시오.
(2) 필요 용기수를 계산하시오. (단, 소수점 이하는 버림.)

정답> (1) $Q = q \times N \times \eta = 1.35 \times 60 \times 0.18 = 14.58 \text{kg/hr}$
(2) $\dfrac{14.58}{2.08} = 7.00 = 7$개

09 다음 배관 이음에 대해 설명하시오.

(1) 나사이음
(2) 용접이음
(3) 플랜지이음

정답> (1) 배관의 양단에 암수나사를 내어 결합
(2) 배관의 양단을 용접하여 결합
(3) 배관의 양단에 플랜지를 붙이고 개스킷을 끼워 볼트와 너트로 결합

10 다음 ( )에 적합한 단어를 쓰시오.

(1) 아세틸렌 충전 시 다공물질을 고루 채운 다음 (①) 또는 (②)를 고루 침윤시킨 후 충전한다.

(2) (①) 또는 (②)을 용기에 충전 시 압축기와 충전용 지관 사이에 수취기를 설치하여 당해 가스 중 수분을 제거하여야 한다.

정답 (1) ① 아세톤　② DMF
　　 (2) ① 산소　② 천연메탄

11 저온장치에서 가연성, 지연성 가스취급 시 사고방지를 위한 주의사항을 4가지 쓰시오.

정답 ① 재료는 저온취성이 일어나지 않는 적절한 재료를 사용한다.
　　 ② 계통 내 수분을 완전히 제거한다.
　　 ③ 기기의 제작, 수리 시 온도저하에 따른 수축에 주의한다.
　　 ④ 계통 내 부압 형성 및 이상압력 상승에 주의한다.

12 왕복식 압축기에서 압축비 상승 시 문제점 4가지를 쓰시오.

정답 ① 소요동력 증대
　　 ② 실린더 내 온도 상승
　　 ③ 체적효율 감소
　　 ④ 윤활기능 저하

제4회 모의고사

01 50L의 용기에 최고충전압력으로 충전된 수소 110병을 저장하고 있는 경우 다음 물음에 답하시오.

(1) 저장능력을 계산하시오.

(2) 2종 보호시설과 안전거리(m)를 계산하시오.

정답 (1) $Q = (10P+1)V = (10 \times 15 + 1) \times 0.05 \times 110 = 825\,\mathrm{m}^3$

(2) 수소는 가연성 가스로서 1만 이하의 2종 보호시설과 안전거리 12m 이상

02 1000rpm으로 회전하고 있는 펌프의 회전수를 2000ppm으로 변경 시 다음 물음에 답하시오.

(1) 양정은 몇 배로 변화하는가?

(2) 소요동력은 몇 배로 변화하는가?

정답 (1) $H_2 = H_1 \times \left(\dfrac{N_2}{N_1}\right)^2 = H_1 \times \left(\dfrac{2000}{1000}\right)^2 = 4H_1$ ∴ 양정 : 4배

(2) $P_2 = P_1 \times \left(\dfrac{N_2}{N_1}\right)^3 = P_1 \times \left(\dfrac{2000}{1000}\right)^3 = 8P_1$ ∴ 소요동력 : 8배

03 부취제에 대하여 다음 물음에 답하시오.

(1) 종류 3가지와 그 냄새를 기술하시오.

(2) 부취제의 구비조건을 4가지 이상 쓰시오.

정답 (1) THT(석탄가스 냄새), TBM(양파섞는 냄새), DMS(마늘 냄새)

(2) ① 화학적으로 안정할 것   ② 독성이 없을 것

③ 물에 녹지 않을 것   ④ 토양에 대한 투과성이 클 것

⑤ 경제적일 것   ⑥ 보통 냄새와 구별될 것

04 초저온액화가스 취급 시 주의점을 3가지 이상 쓰시오.

정답 ① 저온취성에 유의한다.

② 제작 시 잔류응력이 남지 않도록 한다.

③ 부압이나 이상승압에 주의한다.

④ 포켓부의 가연물질 축적에 주의한다.

05 다음 빈칸에 알맞은 말을 쓰시오.

CH_4가스의 제조법은 유기물의 (①)로부터, 석유정제의 (②)로부터, 석탄의 (③)로부터, (④)로부터 얻을 수 있다.

정답 ① 발효　② 분해가스　③ 고압건류　④ 천연가스

06 산소와 질소가 1:1로 혼합되어 있는 경우 혼합가스의 평균분자량을 구하고, 이러한 가스의 검지기를 설치하는 경우 검지기의 설치위치에 대하여 그 이유와 함께 기술하시오.

정답 (1) 혼합가스의 평균분자량 : $32 \times 0.5 + 28 \times 0.5 = 30g$
(2) 공기보다 무거우므로 지면에서 검지기 상부까지 30cm 이내에 설치하여야 한다.

07 고온·고압장치 재료로 일반적 구비조건을 3가지 이상 쓰시오.

정답 ① 내열성이 있을 것
② 내압에 견디는 충분한 강도가 있을 것
③ 가스누설이 방지될 것
④ 내마모성, 내구성이 있을 것

08 가스배관에 생기는 진동의 원인 4가지를 기술하시오.

정답 ① 자연의 영향
② 펌프 압축기에 의한 진동
③ 안전밸브 분출에 의한 진동
④ 관 내를 흐르는 유체의 압력변화에 의한 진동

09 어떤 기체 100mL를 취하여 오르자트 가스분석기로 CO_2를 흡수 후 남는 기체 88mL, O_2 흡수 후 54mL, CO 흡수 후 50mL가 남았다. 남은 기체가 N_2일 때의 용적 백분율을 구하시오.

정답 $CO_2(\%) = \dfrac{100-88}{100} \times 100 = 12\%$

$O_2(\%) = \dfrac{88-54}{100} \times 100 = 34\%$

$CO(\%) = \dfrac{54-50}{100} \times 100 = 4\%$

$\therefore N_2 = 100 - (12+34+4) = 50\%$

10 기어펌프의 치형에 의한 (1) 봉입현상과 (2) 그 영향을 3가지 이상 쓰시오.

정답 (1) 기어가 서로 맞물려 돌아갈 때 두 점의 접촉으로 그 사이의 액이 나갈 때가 없어 심하게 압축
되어 고압이 형성되는 현상
(2) ① 소음을 발생시킨다.
② 기포가 발생한다.
③ 진동을 일으킨다.
④ 펌프 수명이 단축된다.

11 LP가스에 공기를 혼합하는 목적을 3가지 이상 쓰시오.

정답 ① 발열량을 조절할 수 있다.
② 연소효율이 증대된다.
③ 누설 시 손실이 감소된다.
④ 재액화를 방지할 수 있다.

12 저조의 단열방법 4가지를 쓰시오.

정답 ① 상압단열법
② 분말진공단열법
③ 다층진공단열법
④ 고진공단열법

제5회 모의고사

01 F_P가 15MPa인 고압용기에 산소가 27℃, 15MPa(g)로 충전되어 있는데 화재가 발생하여 이 용기의 안전밸브가 분출 시 그때의 산소가스의 온도는 몇 ℃인지를 계산하시오. (단, 1atm= 0.1MPa이다.)

정답 안전밸브 분출압력(P_2)$= F_p \times \dfrac{5}{3} \times \dfrac{8}{10} = 15 \times \dfrac{5}{3} \times \dfrac{8}{12} = 20\,\mathrm{MPa}$

$\dfrac{P_1}{T_1} = \dfrac{P_2}{T_2}$ 에서

안전밸브 분출온도 $T_2 = \dfrac{T_1 \times P_2}{P_1} = \dfrac{(273+27) \times (20+0.1)}{(15+0.1)}$

$\qquad\qquad = 399.337\mathrm{K}$
$\qquad\qquad = 126.337\,℃$
$\qquad\qquad ≒ 126.34\,℃$

02 가스압축 시 산소 2% 이상 함유 시 압축할 수 없는 가스 3가지를 쓰시오.

정답 ① 아세틸렌
② 에틸렌
③ 수소

03 펌프에서 발생되는 베이퍼록 방지법 4가지를 쓰시오.

정답 ① 펌프의 설치위치를 낮춘다.
② 회전수를 낮춘다.
③ 흡입관경을 넓힌다.
④ 실린더 라이너를 냉각시킨다.

04 펌프의 축봉장치의 메커니컬실 방식 중 더블실형의 특징 4가지를 쓰시오.

정답 ① 유독액, 인화성이 강한 액일 때
② 보냉, 보온이 필요할 때
③ 내부가 고진공일 때
④ 기체를 밀봉할 때

05 LPG 준내화구조의 탱크에 냉각살수장치를 설치 시 다음 물음에 답하시오.

(1) 탱크 표면적 $1m^2$당 몇 L/min의 비율로 계산된 수량을 분무할 수 있어야 하는가?
(2) 소화전의 호스 끝 수압(MPa)은?
(3) 방수능력(L/min)은?

정답 (1) 2.5L/min   (2) 0.25MPa   (3) 350L/min

참고 고압가스의 저장탱크 물분무장치
(1) 소화전의 호스 끝 수압 0.3MPa
(2) 방수능력 : 400L/min

06 가연성 가스 용기밸브를 급격히 개방 시 위험성을 기술하시오.

정답 가스가 급격히 분출하여 정전기 발생에 의한 폭발의 위험이 있다.

07 액체 부취제 주입방식의 종류 3가지를 쓰시오.

정답 ① 펌프주입방식
② 적하주입방식
③ 미터연결바이패스방식

08 C_2H_2에 대해 다음 물음에 답하시오.

(1) 다공물질의 다공도(%)는 얼마인가?
(2) 다공물질에 침윤시키는 아세톤의 비중은 20℃에서 얼마인가?

정답 (1) 75% 이상 92% 미만
(2) 0.795 이하

09 C_3H_8가스에 대하여 물음에 답하시오.

(1) 완전연소 반응식을 쓰시오.
(2) 11g이 연소 시 생성되는 CO_2양을 계산하시오.

정답 (1) $C_3H_8 + 5O_2 \rightarrow 3CO_2 + 4H_2O$
(2) C_3H_8 : $3CO_2$
      11g : $x(g)$
      44g : $3 \times 44g$
∴ $x = \dfrac{11 \times 3 \times 44}{44} = 33g$

10 고압배관 설계의 유의점에 대하여 ( )에 맞는 단어를 쓰시오.

배관을 설계 시 마찰저항에 의한 (①)을 고려하여 같은 (②)의 관을 사용하고, 고온 · 저온 유체의 관로를 (③)로 보온하며, 관에 (④)이음을 만들어야 한다.

정답 ① 압력손실
② 재질
③ 단열재
④ 신축

11 다음 빈칸에 알맞은 단어를 쓰시오.

고압장치가 내부 압력에 파열되는 경우를 대비하여 저장탱크에 가스를 충전 시 (①)을 피하고, (②)의 규정압력을 정비하며, (③)의 불량을 점검하고, (④)계의 파열을 고려한다.

정답 ① 과잉충전
② 안전밸브
③ 재질
④ 압력

12 지하에 정압기실을 설치 시 주의할 점 2가지를 쓰시오.

정답 ① 침수방지 조치를 할 것
② 동결방지 조치를 할 것

동영상 핵심이론

'PART 5. 동영상 중요문제' 편과
비교하면서 공부하세요.
이 장의 이론을 암기하려 하지 않아도
자연스럽게 습득될 것입니다.

가스기능사

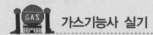

가스기능사 실기

PART 4. 동영상 핵심이론

고법·액법·도법(공통 분야) 설비시공 실무편

01-1 위험장소 분류, 가스시설 전기방폭 기준(KGS Gc 201)

(1) 위험장소 분류

가연성 가스가 폭발할 위험이 있는 농도에 도달할 우려가 있는 장소(이하 "위험장소"라 한다)의 등급은 다음과 같이 분류한다.

① 0종 장소

가연성 가스의 농도가 연속해서 폭발하한계 이상으로 되는 장소

② 1종 장소

종종 가연성 가스가 체류해 위험하게 될 우려가 있는 장소

③ 2종 장소

0종·1종 이외의 위험장소

④ 해당 사용 방폭구조

0종 : 본질안전방폭구조

1종 : 본질안전방폭구조, 유입방폭구조, 압력방폭구조, 내압방폭구조

2종 : 본질안전방폭구조, 유입방폭구조, 내압방폭구조, 압력방폭구조, 안전증방폭구조

(2) 가스시설 전기방폭 기준

종 류	기 호	정 의
내압방폭구조	(d)	폭발발생 시 폭발압력에 견디는 구조
유입방폭구조	(o)	절연유를 이용하여 가연성 가스의 인화를 방지한 구조
압력방폭구조	(p)	보호가스로 내부압력을 유지한 구조
안전증방폭구조	(e)	특히 안전도를 증가시킨 방폭구조
본질안전방폭구조	(ia), (ib)	점화시험 및 기타 방법으로 확인된 구조
특수방폭구조	(s)	상기 이외의 방법으로 점화방지가 확인된 구조

PART 4·동영상 핵심이론 **175**

(3) 방폭기기 선정

[내압방폭구조의 폭발 등급]

최대안전틈새 범위(mm)	0.9 이상	0.5 초과 0.9 미만	0.5 이하
가연성 가스의 폭발 등급	A	B	C
방폭전기기기의 폭발 등급	IIA	IIB	IIC

[비고] 최대안전틈새는 내용적이 8리터이고, 틈새깊이가 25mm인 표준용기 안에서 가스가 폭발할 때 발생한 화염이 용기 밖으로 전파하여 가연성 가스에 점화되지 않는 최대값

※ 본질안전방폭구조의 최소점화전류비는 메탄가스의 최소점화전류를 기준으로 나타낸다.

[가연성 가스 발화도 범위에 따른 방폭전기기기의 온도 등급]

가연성 가스의 발화도(℃) 범위	방폭전기기기의 온도 등급
450 초과	T1
300 초과 450 이하	T2
200 초과 300 이하	T3
135 초과 200 이하	T4
100 초과 135 이하	T5
85 초과 100 이하	T6

(4) 기타 방폭전기기기 설치에 관한 사항

기기 분류	간추린 핵심내용
용기	방폭성능을 손상시킬 우려가 있는 유해한 흠부식, 균열, 기름 등 누출부위가 없도록 할 것
방폭전기기기 결합부의 나사류를 외부에서 조작 시 방폭성능 손상우려가 있는 것	드라이버, 스패너, 플라이어 등의 일반 공구로 조작할 수 없도록 한 자물쇠식 죄임구조로 할 것
방폭전기기기 설치에 사용되는 정션박스, 풀박스 접속함	내압방폭구조 또는 안전증방폭구조
조명기구 천장, 벽에 매어 달 경우	바람 및 진동에 견디도록 하고 관의 길이를 짧게 한다.

01-2 방호벽(KGS Fp 111)(2.7.2 관련)

구 조 \ 종 류	철근콘크리트	콘크리트블록	강판제	
			후강판	박강판
높이	2000mm	2000mm	2000mm	2000mm
두께	120mm	150mm	6mm	3.2mm

(표 제목: 방호벽의 종류)

01-3 비파괴검사

관련사진

[자분(탐상)검사(MT)]

[침투(탐상)검사(PT)]

[초음파(탐상)검사(UT)]

[방사선(투과)검사(RT)]

01-4 비파괴시험대상 및 생략대상 배관(KGS Fs 331, p30)(KGS Fs 551, p21)

법규 구분	비파괴시험대상	비파괴시험 생략대상
고법	① 중압(0.1MPa) 이상 배관 용접부 ② 저압 배관으로 호칭경 80A 이상 용접부	① 지하 매설배관 ② 저압으로 80A 미만으로 배관 용접부
LPG	① 0.1MPa 이상 액화석유가스가 통하는 배관 용접부 ② 0.1MPa 미만 액화석유가스가 통하는 　호칭지름 80mm 이상 배관의 용접부	건축물 외부에 노출된 0.01MPa 미만 배관의 용접부
도시가스	① 지하 매설배관(PE관 제외) ② 최고사용압력 중압 이상인 노출 배관 ③ 최고사용압력 저압으로서 50A 이상 노출 배관	① PE 배관 ② 저압으로 노출된 사용자 공급관 ③ 호칭지름 80mm 미만인 저압의 배관
참고사항	LPG, 도시가스 배관의 용접부는 100% 비파괴시험을 실시할 경우 ① 50A 초과 배관은 맞대기 용접을 하고 맞대기 용접부는 방사선투과시험을 실시 ② 그 이외의 용접부는 방사선투과, 초음파탐상, 자분탐상, 침투탐상시험을 실시	

01-5 긴급이송설비(벤트스택과 플레어스택)

관련사진

[벤트스택]

[플레어스택]

항 목	벤트스택	항 목	플레어스택
착지농도	가연성 : 폭발하한계 미만의 값	지표면에 미치는 복사열	4000kcal/m² · hr 이하
	독성 : TLV-TWA 기준농도 미만의 값		
방출구 위치 (작업원이 정상작업의 필요장소 및 통행장소로부터 이격거리)	공급시설, 긴급용 벤트스택 : 10m 이상		
	그 밖의 벤트스택 : 5m 이상		

(1) 저장탱크의 내부압력이 외부압력보다 낮아져 저장탱크가 파괴되는 것을 방지하기 위한 조치의 설비(부압을 방지하는 조치)

① 압력계

② 압력경보설비

③ 그 밖의 것(다음 중 어느 한 개의 설비)

　㉠ 진공안전밸브

　㉡ 다른 저장탱크 또는 시설로부터의 가스도입 배관(균압관)

　㉢ 압력과 연동하는 긴급차단장치를 설치한 냉동제어설비

　㉣ 압력과 연동하는 긴급차단장치를 설치한 송액설비

01-6 가스누출경보 및 차단장치 설치장소 및 검지부의 설치개수(KGS Fp 111) (2.6.2.3.1 관련)

법규에 따른 항목			설치 세부내용
도시가스 사업법 (KGS Fp 451)	건축물 안	바닥면 둘레 및 설치 개수	10m마다 1개 이상
	지하의 전용탱크 처리설비실		20m마다 1개 이상
	정압기(지하 포함)실		20m마다 1개 이상
가스누출검지 경보장치의 연소기 버너 중심에서 검지부 설치 수		공기보다 가벼운 경우	8m마다 1개
		공기보다 무거운 경우	4m마다 1개

01-7　고압가스 운반 등의 기준(KGS Gc 206)

관련사진

(1) 경계표시(KGS Gc 206 2.1.1.2)

구 분		내 용
설치위치		차량 앞뒤 명확하게 볼 수 있도록(RTC 차량은 좌우에서 볼 수 있도록)
표시사항		위험 고압가스, 독성 가스 등 삼각기를 외부 운전석 등에 게시
규격	직사각형	가로 치수 : 차폭의 30% 이상, 세로 치수 : 가로의 20% 이상
	정사각형	면적 : 600cm^2 이상
	삼각기	① 가로 : 40cm, 세로 : 30cm ② 바탕색 : 적색, 글자색 : 황색
그 밖의 사항		① 상호, 전화번호 ② 운반기준 위반행위를 신고할 수 있는 허가관청, 등록관청의 전화번호 등이 표시된 안내문을 부착
경계표시 도형		위　고압가스 험　독성가스　　30cm ◁ 40cm
독성 가스 충전용기 운반		① 붉은 글씨의 위험 고압가스, 독성 가스 ② 위험을 알리는 도형, 상호, 사업자 전화번호, 운반기준 위반행위를 신고할 수 있는 등록관청 전화번호 안내문
독성 가스 이외 충전용기 운반		상기 항목의 독성 가스 표시를 제외한 나머지는 모두 동일하게 표시

(2) 운반책임자 동승 기준

용기에 의한 운반			
가스 종류		허용농도(ppm)	적재용량(m³, kg)
독성 가스	압축가스(m³)	200 초과	100m³ 이상
		200 이하	10m³ 이상
	액화가스(kg)	200 초과	1000kg 이상
		200 이하	100kg 이상
비독성 가스	압축가스 가연성	300m³ 이상	
	압축가스 조연성	600m³ 이상	
	액화가스 가연성	3000kg 이상(납붙임 접합용기는 2000kg 이상)	
	액화가스 조연성	6000kg 이상	

차량에 고정된 탱크에 의한 운반(운행거리 200km 초과 시에만 운반책임자 동승)					
압축가스(m³)			액화가스(kg)		
독성	가연성	조연성	독성	가연성	조연성
100m³ 이상	300m³ 이상	600m³ 이상	1000kg 이상	3000kg 이상	6000kg 이상

(3) 차량 고정탱크에 휴대해야 하는 안전운행 서류

① 고압가스 이동계획서

② 관련 자격증

③ 운전면허증

④ 탱크테이블(용량 환산표)

⑤ 차량 운행일지

⑥ 차량 등록증

(4) 차량 고정탱크(탱크로리) 운반기준

항 목	내 용
두 개 이상의 탱크를 동일 차량에 운반 시	① 탱크마다 주밸브 설치 ② 탱크 상호 탱크와 차량 고정부착 조치 ③ 충전관에 안전밸브, 압력계 긴급탈압밸브 설치
LPG를 제외한 가연성 산소	18000L 이상 운반금지
NH_3를 제외한 독성	12000L 이상 운반금지
액면요동부하 방지를 위해 하는 조치	방파판 설치
차량의 뒷범퍼와 이격거리	① 후부취출식 탱크(주밸브가 탱크 뒤쪽에 있는 것) : 40cm 이상 이격 ② 후부취출식 이외의 탱크 : 30cm 이상 이격 ③ 조작상자(공구 등 기타 필요한 것을 넣는 상자) : 20cm 이상 이격

01-8 가스 제조설비의 정전기 제거설비 설치(KGS Fp 111) (2.6.11)

항 목		간추린 세부 핵심내용
설치목적		가연성 제조설비에 발생한 정전기가 점화원으로 되는 것을 방지하기 위함
접지 저항치	총합	100Ω 이하
	피뢰설비가 있는 것	10Ω 이하
본딩용 접속선 접지접속선 단면적		$5.5mm^2$ 이상(단선은 제외)을 사용 경납붙임 용접, 접속금구 등으로 확실하게 접지
단독접지설비		탑류, 저장탱크 열교환기, 회전기계, 벤트스택

01-9 방류둑 설치기준

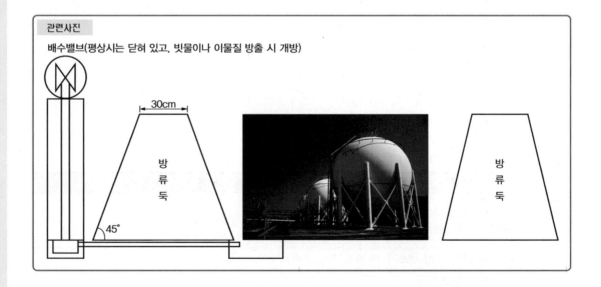

관련사진

배수밸브(평상시는 닫혀 있고, 빗물이나 이물질 방출 시 개방)

30cm

방류둑

45°

방류둑

방류둑 : 액화가스가 누설 시 한정된 범위를 벗어나지 않도록 탱크 주위를 둘러쌓은 제방

법령에 따른 기준			설치기준 저장탱크 가스홀더 및 설비의 용량	항 목		세부 핵심내용
고압가스 안전관리법 (KGS 111, 112)	독성		5t 이상	방류둑 용량(액 화가스 누설 시 방류둑에서 차 단할 수 있는 양)	독성 가연성	저장능력 상당용적
	산소		1000t 이상			
	가연성	일반 제조	1000t 이상		산소	저장능력 상당용적의 60% 이상
		특정 제조	500t 이상			
	냉동제조		수액기 용량 10000L 이상	재료		철근콘크리트·철골·금속·흙 또는 이의 조합
LPG 안전관리법	1000t 이상 (LPG는 가연성 가스임)			성토 각도		45°
도시가스 안전관리법	가스도매사업법		500t 이상	성토 윗부분 폭		30cm 이상
	일반도시가스사업법		1000t 이상	출입구 설치 수		50m마다 1개(전 둘레 50m 미만 시 2곳을 분산 설치)
	(도시가스는 가연성 가스임)			집합 방류둑		가연성과 조연성, 가연성, 독성 가스 의 저장탱크를 혼합 배치하지 않음
참고사항	① 방류둑 안에는 고인물을 외부로 배출할 수 있는 조치를 한다. ② 배수조치는 방류둑 밖에서 배수차단 조작을 하고 배수할 때 이외는 반드시 닫아둔다.					

01-10 단열성능시험

시험용 가스	
종 류	비 점
액화질소	−196℃
액화산소	−183℃
액화아르곤	−186℃
침투열량에 따른 합격기준	
내용적(L)	열량(kcal/hr℃·L)
1000L 이상	0.002
1000L 미만	0.0005
침입열량 계산식	
$Q = \dfrac{W \cdot q}{H \cdot \Delta t \cdot V}$	Q : 침입열량(kcal/hr℃·L)　　W : 기화 가스량(kg) q : 시험가스의 기화잠열(kcal/kg)　H : 측정시간(hr) Δt : 가스비점과 대기온도차(℃)　　V : 내용적(L)

01-11 배관의 표지판 간격

관련사진

법규 구분		설치간격(m)
고압가스 안전관리법 (일반 도시가스사업법의 고정식 압축 도시가스 충전시설, 고정식 압축 도시가스 자동차 충전시설, 이동식 압축 도시가스 자동차 충전시설, 액화 도시가스 자동차 충전시설)	지상배관	1000m마다
	지하배관	500m마다
가스도매사업법		500m마다
일반 도시가스사업법	제조 공급소 내	500m마다
	제조 공급소 밖	200m마다

01-12 용기

(1) 용기의 각인 사항

기 호	내 용	단 위
V	내용적	L
W	초저온 용기 이외의 용기에 밸브 부속품을 포함하지 아니한 용기 질량	kg
T_W	아세틸렌 용기에 있어 용기 질량에 다공물질 용제 및 밸브의 질량을 합한 질량	kg
T_P	내압시험압력	MPa
F_P	최고충전압력	MPa
t	500L 초과 용기 동판 두께	mm
그 외의 표시사항		
• 용기 제조업자의 명칭 또는 약호 • 충전하는 명칭 • 용기의 번호		

(2) 용기 종류별 부속품의 기호

기 호	내 용
AG	C_2H_2 가스를 충전하는 용기의 부속품
PG	압축가스를 충전하는 용기의 부속품
LG	LPG 이외의 액화가스를 충전하는 용기의 부속품
LPG	액화석유가스를 충전하는 용기의 부속품
LT	초저온 저온용기의 부속품

(3) 용기의 C, P, S 함유량(%)

용기 종류 \ 성 분	C(%)	P(%)	S(%)
무이음용기	0.55 이하	0.04 이하	0.05 이하
용접용기	0.33 이하	0.04 이하	0.05 이하

(4) 독성 가스 누설검지 시험지와 변색상태

검지가스	시험지	변 색	검지가스	시험지	변 색
NH_3	적색 리트머스지	청변	H_2S	연당지	흑변
Cl_2	KI전분지	청변	CO	염화파라듐지	흑변
HCN	초산(질산구리)벤젠지	청변	$COCl_2$	하리슨시험지	심등색
C_2H_2	염화제1동착염지	적변	—	—	—

(5) 용기밸브 충전구나사

[숫나사]　　　　　[암나사]

구 분		내용	구 분	내용
왼나사	해당 가스	가연성 가스(NH_3, CH_3Br 제외)	A형	충전구나사 숫나사
	전기설비	방폭구조로 시공	B형	충전구나사 암나사
오른나사	해당 가스	NH_3, CH_3Br 및 가연성 이외의 모든 가스	C형	충전구에 나사가 없음
	전기설비	방폭구조로 시공할 필요 없음	—	—

Chapter **02**

고압가스 설비시공 실무편

02-1 상용압력에 따른 배관 공지의 폭(KGS Fp 111) (2.5.7.3.2 사업소 밖 배관 노출 설치 관련)

상용압력(MPa)	공지의 폭(m)
0.2 미만	5
0.2 이상 1 미만	9
1 이상	15
규정 공지 폭의 $\frac{1}{3}$ 정도 유지하는 경우	① 전용 공업 지역 및 일반 공업 지역 ② 산업통상자원부 장관이 지원하는 지역

02-2 열응력 제거 이음(신축곡관＝루프이음)

관련사진

[신축곡관]

① 곡관의 수직방향의 길이 : 수평방향 길이의 $\frac{1}{2}$ 이상

② 수평방향의 길이 : 배관 호칭경의 6배 이상

02-3 독성 가스 표지 종류(KGS Fu 111)

관련사진

[식별 표지]

[위험 표지]

표지판의 설치목적	독성 가스 시설에 일반인의 출입을 제한하여 안전을 확보하기 위함	
항 목　　표지 종류	식 별	위 험
보기	독성 가스(○○) 저장소	독성 가스 누설주의 부분
문자 크기(가로×세로)	10cm×10cm	5cm×5cm
식별거리	30m 이상에서 식별 가능	10m 이상에서 식별 가능
바탕색	백색	백색
글자색	흑색	흑색
적색표시 글자	가스 명칭(○○)	주의

02-4 긴급차단장치

관련사진

[긴급차단밸브]

구 분	내 용
기능	이상사태 발생 시 작동하여 가스 유동을 차단하여 피해 확대를 막는 장치(밸브)
적용시설	내용적 5000L 이상 저장탱크
원격조작온도	110℃
동력원(밸브를 작동하게 하는 힘)	유압, 공기압, 전기압, 스프링압

02-5 에어졸 제조시설(KGS Fp 112)

관련사진

구 조	내 용	기타 항목
내용적	1L 미만	
용기 재료	강, 경금속	
금속제 용기 두께	0.125mm 이상	① 정량을 충전할 수 있는 자동충전기 설치
내압시험압력	0.8MPa	② 인체, 가정 사용
가압시험압력	1.3MPa	제조시설에는 불꽃길이 시험장치 설치
파열시험압력	1.5MPa	③ 분사제는 독성이 아닐 것
누설시험온도	46~50℃ 미만	④ 인체에 사용 시 20cm 이상 떨어져 사용
화기와 우회거리	8m 이상	⑤ 특정부위에 장시간 사용하지 말 것
불꽃길이 시험온도	24℃ 이상 26℃ 이하	

02-6 용기 및 특정설비의 재검사 기간(고법 시행규칙 별표 22 관련)

관련사진

용기 종류		신규검사 후 경과연수		
		15년 미만	15년 이상 20년 미만	20년 이상
		재검사 주기		
용접 용기 (액화석유가스는 제외)	500L 이상	5년마다	2년마다	1년마다
	500L 미만	3년마다	2년마다	1년마다
액화석유가스용 용접 용기	500L 이상	5년마다	2년마다	1년마다
	500L 미만	5년마다		2년마다
이음매 없는 용기 및 복합재료 용기	500L 이상	5년마다		
	500L 미만	신규검사 후 10년 이하 신규검사 후 10년 초과	5년마다 3년마다	

02-7 판매시설 용기보관실 면적(m²) (KGS Fs 111) (2.3.1)

(1) 판매시설 용기보관실 면적(m²)

관련사진

법규 구분	용기보관실	사무실 면적	용기보관실 주위 부지 확보 면적 및 주차장 면적
고압가스 안전관리법 (산소, 독성, 가연성)	10m² 이상	9m² 이상	11.5m² 이상
액화석유가스 안전관리법	19m² 이상	9m² 이상	11.5m² 이상

(2) 저장설비 재료 및 설치기준

항 목	간추린 핵심내용
충전용기보관실	불연재료 사용
충전용기보관실 지붕	불연성 재료의 가벼운 것
용기보관실 사무실	동일 부지에 설치
가연성, 독성, 산소 저장실	구분하여 설치
누출가스가 혼합 후 폭발성 가스나 독성 가스 생성 우려가 있는 경우	가스의 용기보관실을 분리하여 설치

LPG 설비시공 실무편

03-1   LPG 저장탱크 지하설치 소형 저장탱크 설치 기준(KGS Fu 331 관련)

설치 기준 항목		설치 세부내용
저장 탱크실	천장, 벽, 바닥의 재료와 두께	30cm 이상 방수조치를 한 철근콘크리트
	저장탱크와 저장탱크실의 빈 공간	세립분을 함유하지 않은 모래를 채움 ※ 고압가스 안전관리법의 저장탱크 지하설치 시는 그냥 마른 모래를 채움
	집수관	직경 : 80A 이상(바닥에 고정)
	검지관	① 직경 : 40A 이상 ② 개수 : 4개소 이상
소형 저장탱크		
설치 기준	① 동일 장소 설치 수 : 6기 이하 ② 바닥에서 5cm 이상 콘크리트 바닥에 설치 ③ 충전질량 합계 : 5000kg 미만 ④ 충전질량 1000kg 이상은 높이 3m 이상 경계책 설치 ⑤ 화기와 거리 5m 이상 이격	
기초	지면 5cm 이상 높게 설치된 콘크리트 위에 설치	
보호대	재질	철근콘크리트, 강관재
	높이	80cm 이상
	두께 강관재	100A 이상
	철근콘크리트	12cm 이상

03-2 LPG 충전시설의 사업소 경계와 거리(KGS Fp 331) (2.1.4)

관련사진

[충전소 표지판]

시설별		사업소 경계거리
충전설비		24m
저장설비	저장능력	사업소 경계거리
	10톤 이하	24m
	10톤 초과 20톤 이하	27m
	20톤 초과 30톤 이하	30m
	30톤 초과 40톤 이하	33m
	40톤 초과 200톤 이하	36m
	200톤 초과	39m

03-3 LPG 충전시설의 표지

관련사진

충전 중 엔진정지 (황색바탕에 흑색글씨)

화기엄금 (백색바탕에 적색글씨)

01 폭발방지장치와 방파판(KGS Ac 113) (p13)

구 분		세부 핵심내용
폭발방지 장치	설치장소와 설치탱크	주거·상업지역, 저장능력 10t 이상 저장탱크(지하설치 시는 제외), 차량에 고정된 LPG 탱크
	재료	알루미늄 합금박판
	형태	다공성 벌집형

03-4 액화석유가스 자동차에 고정된 충전시설 가스설비 설치 기준(KGS Fp 332) (2.4)

관련사진

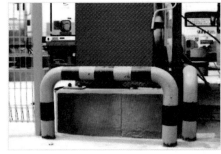

구 분		간추린 핵심내용
로딩암 설치		충전시설 건축물 외부
로딩암을 내부 설치 시		① 환기구 2방향 설치 ② 환기구 면적은 바닥면적 6% 이상
충전기 보호대	높이	80cm 이상
	두께	① 철근콘크리트제 : 12cm 이상 ② 배관용 탄소강관 : 100A 이상
캐노피		충전기 상부 공지면적의 1/2 이상으로 설치
충전기 호스길이		① 5m 이내 정전기 제거장치 설치 ② 자동차 제조공정 중에 설치 시는 5m 이상 가능
가스 주입기		원터치형으로 할 것
세이프 티 카플러 설치		충전호스에 과도한 인장력이 가해졌을 때 충전기와 가스 주입기가 분리될 수 있는 안전장치
소형 저장탱크의 보호대	재질	철근콘크리트 및 강관제
	높이	80cm 이상
	두께	① 철근콘크리트 12cm 이상 ② 배관용 탄소강관 100A 이상

(1) LPG 자동차 충전시설의 충전기 보호대

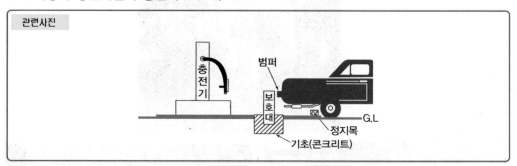

(2) 액화석유가스 판매 용기저장소 시설기준

배치 기준	① 사업소 부지는 그 한 면이 폭 4m 이상 도로와 접할 것 ② 용기보관실은 화기를 취급하는 장소까지 2m 이상 우회거리를 두거나 용기를 보관하는 장소와 화기를 취급하는 장소 사이에 누출가스가 유동하는 것을 방지하는 시설을 할 것
저장설비 기준	① 용기보관실은 불연재료를 사용하고 그 지붕은 불연성 재료를 사용한 가벼운 지붕을 설치할 것 ② 용기보관실의 벽은 방호벽으로 할 것 ③ 용기보관실의 면적은 19m^2 이상으로 할 것
사고설비 예방 기준	① 용기보관실은 분리형 가스 누설경보기를 설치할 것 ② 용기보관실의 전기설비는 방폭구조일 것 ③ 용기보관실은 환기구를 갖추고 환기 불량 시 강제통풍시설을 갖출 것
부대설비 기준	① 용기보관실 사무실은 동일 부지 안에 설치하고 사무실 면적은 9m^2 이상일 것 ② 용기운반자동차의 원활한 통행과 용기의 원활한 하역작업을 위하여 보관실 주위 11.5m^2 이상의 부지를 확보할 것

01 저장탱크 및 용기에 충전

설 비 ＼ 가 스	액화가스	압축가스
저장탱크	90% 이하	상용압력 이하
용기	90% 이하	최고충전압력 이하
85% 이하로 충전하는 경우	① 소형 저장탱크 ② LPG 차량용 용기 ③ LPG 가정용 용기	—

02 저장능력에 따른 액화석유가스 사용시설과 화기와 우회거리

저장능력	화기와 우회거리(m)
1톤 미만	2m
1톤 이상 3톤 미만	5m
3톤 이상	8m

03-5 조정기

관련사진

사용 목적	유출 압력 조정, 안정된 연소		고정 시 영향	누설, 불완전 연소
종 류	장 점		단 점	
1단 감압식	① 장치가 간단하다. ② 조작이 간단하다.		① 최종압력이 부정확하다. ② 배관이 굵어진다.	
2단 감압식	① 공급압력이 안정하다. ② 중간배관이 가늘어도 된다. ③ 관의 입상에 의한 압력손실이 보정된다. ④ 각 연소기구에 알맞은 압력으로 공급할 수 있다.		① 조정기가 많이 든다. ② 검사방법이 복잡하다. ③ 재액화에 문제가 있다.	
자동교체 조정기 사용 시 장점	① 전체 용기 수량이 수동보다 적어도 된다. ③ 잔액을 거의 소비시킬 수 있다.		② 분리형 사용 시 압력손실이 커도 된다. ④ 용기 교환주기가 넓다.	

03-6 압력조정기

(1) 종류에 따른 입구 · 조정 압력 범위

종 류	입구압력(MPa)	조정압력(kPa)
1단 감압식 저압조정기	0.07 ~ 1.56	2.3 ~ 3.3

(2) 조정압력이 3.30kPa 이하인 안전장치 작동압력

항 목	압 력(kPa)
작동표준	7.0
작동개시	5.60 ~ 8.40
작동정지	5.04 ~ 8.40

03-7 용기보관실 및 용기집합설비 설치(KGS Fu 431)

관련사진

용기저장능력에 따른 구분	세부 핵심내용
100kg 이하	직사광선 및 빗물을 받지 않도록 보호판 및 보호대 설치
100kg 초과	① 용기보관실 설치, 용기보관실 벽과 문은 불연재료, 지붕은 가벼운 불연재료로 설치, 구조는 단층구조 ② 용기집합설비의 양단 마감조치에는 캡 또는 플랜지 설치 ③ 용기를 3개 이상 집합하여 사용 시 용기집합장치 설치 ④ 용기와 연결된 측도관 트윈호스 조정기 연결부는 조정기 이외의 설비와는 연결하지 않는다. ⑤ 용기보관실 설치곤란 시 외부인 출입방지용 출입문을 설치하고 경계표시
500kg 초과	소형 저장탱크를 설치

03-8 LP가스 이송 방법

(1) 이송 방법의 종류

① 차압에 의한 방법

② 압축기에 의한 방법

③ 균압관이 있는 펌프 방법

④ 균압관이 없는 펌프 방법

(2) 이송 방법의 장단점

관련사진

[압축기]

[펌프]

장단점 구 분	장 점	단 점
압축기	① 충전시간이 짧다. ② 잔가스 회수가 용이하다. ③ 베이퍼록의 우려가 없다.	① 재액화 우려가 있다. ② 드레인 우려가 있다.
펌 프	① 재액화 우려가 없다. ② 드레인 우려가 없다.	① 충전시간이 길다. ② 잔가스 회수가 불가능하다. ③ 베이퍼록의 우려가 있다.

03-9 콕의 종류 및 기능(KGS AA 334)

관련사진

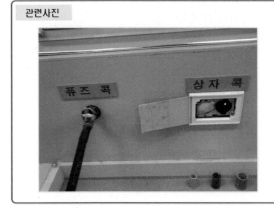

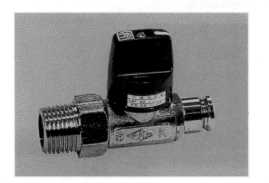

종 류	기 능
퓨즈 콕	가스유로를 볼로 개폐 과류차단 안전기구가 부착된 것으로 배관과 호스, 호스와 호스, 배관과 배관, 배관과 카플러를 연결하는 구조
상자 콕	가스유로를 핸들, 누름, 당김 등의 조작으로 개폐하고 과류차단 안전기구가 부착된 것으로서 밸브, 핸들이 반개방 상태에서도 가스가 차단되어야 하며 배관과 카플러를 연결하는 구조
주물연소기용 노즐 콕	① 주물연소기용 부품으로 사용 ② 볼로 개폐하는 구조
업무용 대형 연소기용 노즐 콕	

콕의 열림방향은 시계바늘 반대방향이며, 주물연소기용 노즐 콕은 시계바늘 방향이 열림방향으로 한다.

03-10 사고의 통보 방법(고압가스 안전관리법 시행규칙 별표 34) (법 제54조 ①항 관련)

관련사진

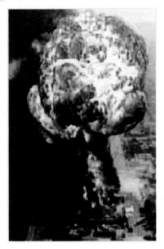

[부천 LPG 충전소 폭발 시 일어난 BLEVE(블레브) 발생]

(1) 사고의 통보 내용에 포함되어야 하는 사항
① 통보자의 소속, 직위, 성명, 연락처
② 사고발생 일시
③ 사고발생 장소
④ 사고내용(가스의 종류, 양, 확산거리 포함)
⑤ 시설 현황(시설의 종류, 위치 포함)
⑥ 피해 현황(인명, 재산)

도시가스 설비시공 실무편

04-1 가스시설 전기방식 기준(KGS Gc 202)

(1) 전기방식 측정·점검주기

측정 및 점검주기			
전기방식시설의 관대지전위	외부전원법에 따른 외부전원점 관대지전위, 정류기 출력, 전압, 전류, 배선 접속, 계기류 확인	배류법에 따른 배류점 관대지전위, 배류기 출력, 전압, 전류, 배선 접속, 계기류 확인	절연부속품, 역전류 방지장치, 결선보호 절연체 효과
1년 1회 이상	3개월 1회 이상	3개월 1회 이상	6개월 1회 이상
전기방식조치를 한 전체 배관망에 대하여 2년 1회 이상 관대지 등의 전위를 측정			

전위 측정용(터미널(T/B)) 시공 방법	
외부전원법	희생양극법, 배류법
500m 간격	300m 간격

전기방식 기준(자연전위와의 변화값 : -300mV)		
고압가스	액화석유가스	도시가스
포화황산동 기준 전극		
-5V 이상 -0.85V 이하	-0.85V 이하	-0.85V 이하
황산염 환원 박테리아가 번식하는 토양		
-0.95V 이하	-0.95V 이하	-0.95V 이하

04-2 전기방식법

01 종류

(1) 희생(유전) 양극법

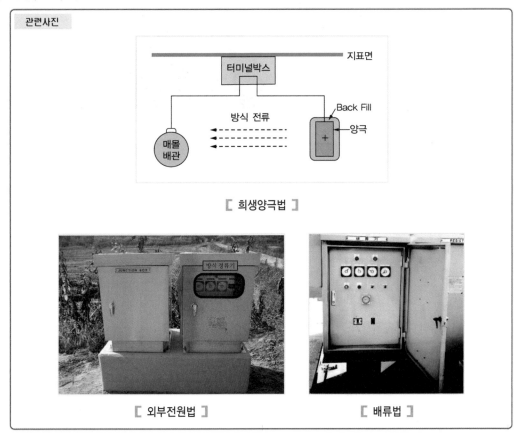

[희생양극법]

[외부전원법]

[배류법]

(2) 외부전원법   (3) 강제배류법   (4) 선택배류법

(5) 전기방식의 선택

구 분	방식법의 종류
직류 전철 등에 의한 누출전류의 우려가 없는 경우	외부전원법, 희생양극법
직류 전철 등에 의한 누출전류의 우려가 있는 경우	배류법(단, 방식효과가 충분하지 않을 때 외부전원법, 희생양극법을 병용)

04-3   도시가스 배관

(1) 도시가스 배관설치 기준

관련사진

항 목	세부 내용
중압 이하 배관 고압배관 매설 시	매설 간격 2m 이상 (철근콘크리트 방호구조물 내 설치 시 1m 이상 배관의 관리주체가 같은 경우 3m 이상)
본관 공급관	기초 밑에 설치하지 말 것
천장 내부 바닥 벽 속에	공급관 설치하지 않음
공동주택 부지 안	0.6m 이상 깊이 유지
폭 8m 이상 도로	1.2m 이상 깊이 유지
폭 4m 이상 8m 미만 도로	1m 이상
배관의 기울기(도로가 평탄한 경우)	$\frac{1}{500} \sim \frac{1}{1000}$

(2) 교량 배관설치 시 지지간격

호칭경(A)	지지간격(m)
100	8
150	10
200	12
300	16
400	19
500	22
600	25

압력별 가스배관의 사용 재료(KGS code에 규정된 부분)	
최고사용압력	배관 종류
지하매몰배관	폴리에틸렌 피복강관
	분말 용착식 폴리에틸렌 피복강관
	가스용 폴리에틸렌관

04-4 PE관 SDR(압력에 따른 배관의 두께) (KGS Fp 551) (2.5.4.1.2)

SDR	압 력
11 이하(1호관)	0.4MPa 이하
17 이하(2호관)	0.25MPa 이하
21 이하(3호관)	0.2MPa 이하

※ SDR= D(외경)/t(최소 두께)

04-5 가스용 폴리에틸렌(PE 배관)의 접합(KGS Fs 451) (2.5.5.3)

관련사진

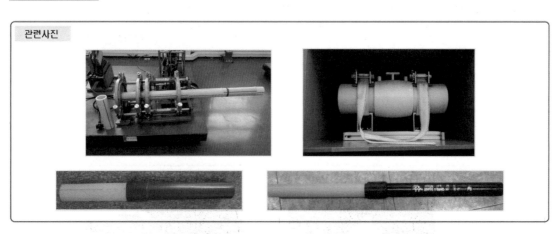

항 목			접합 방법
일반적 사항			① 눈, 우천 시 천막 등의 보호조치를 하고 융착 ② 수분, 먼지, 이물질 제거 후 접합
금속관과 접합			이형질 이음관(T/F)을 사용
공칭 외경이 상이한 경우			관이음매(피팅)를 사용
접합	열융착	맞대기	① 공칭 외경 90mm 이상 직관 연결 시 사용 ② 이음부 연결오차는 배관두께의 10% 이하
		소켓	배관 및 이음관의 접합은 일직선
		새들	새들 중심선과 배관의 중심선은 직각 유지
	전기융착	소켓	이음부는 배관과 일직선 유지
		새들	이음매 중심선과 배관 중심선 직각 유시
굴곡 허용반경			외경의 20배 이상(단, 20배 이하 시 엘보 사용)
로케팅 와이어			굵기 6mm^2 이상

04-6 도시가스 배관의 보호판 및 보호포 설치기준(KGS, Fs 451)

(1) 보호판(KGS Fs)

관련사진

규 격		설치기준
두께	중압 이하 배관 : 4mm 이상, 고압 배관 : 6mm 이상	① 배관 정상부에서 30cm 이상(보호판에서 보호포까지 30cm 이상) ② 직경 30mm 이상 50mm 이하 구멍을 3m 간격으로 뚫어 누출가스가 지면으로 확산되도록 한다.
곡률반경	5~10mm	
길이	1500mm 이상	

(2) 보호포(KGS Fs 551)

관련사진

항 목		핵심정리 내용
종류		일반형, 탐지형
색상	저압관	황색
	중압 이상	적색
설치위치	중압	보호판 상부 30cm 이상
	저압	① 매설깊이 1m 이상 : 배관 정상부 60cm 이상 ② 매설깊이 1m 미만 : 배관 정상부 40cm 이상
	공동주택 부지 안	배관 정상부에서 40cm 이상

04-7 정압기

(1) 정압기(Governor) (KGS Fs 552)

관련사진

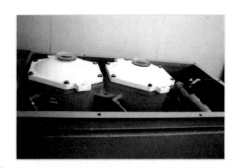

구 분	세부 내용
정의	도시가스 압력을 사용처에 맞게 낮추는 감압 기능, 2차측 압력을 허용범위 내의 압력으로 유지하는 정압 기능, 가스흐름이 없을 때 밸브를 완전히 폐쇄하여 압력상승을 방지하는 폐쇄기능을 가진 기기로서 정압기용 압력조정기와 그 부속설비
정압기용 부속설비	1차측 최초 밸브로부터 2차측 말단 밸브 사이에 설치된 배관, 가스차단장치, 정압기용 필터, 긴급차단장치(slamshut valve), 안전밸브(safety valve), 압력기록장치(pressure recorder), 각종 통보설비, 연결배관 및 전선

(2) 정압기와 필터(여과기)의 분해점검 주기

시설 구분	정압기, 필터		분해점검 주기
공급시설	정압기		2년 1회
	예비정압기		3년 1회
	필터	공급 개시 직후	1월 이내
		1월 이내 점검한 다음	1년 1회
사용시설	정압기	처음	3년 1회
		향후(두번째부터)	4년 1회
	필터	공급 개시 직후	1월 이내
		1월 이내 점검 후	3년 1회
		3년 1회 점검한 그 이후	4년 1회

예비정압기 종류와 그 밖에 정압기실 점검사항	
예비정압기 종류	정압기실 점검사항
① 주정입기의 기능상실에만 사용하는 것 ② 월 1회 작동점검을 실시하는 것	① 정압기실 전체는 1주 1회 작동상황 점검 ② 정압기실 가스누출 경보기는 1주 1회 이상 점검

(3) 지하의 정압기실 가스공급시설 설치규정

관련사진

[공기보다 무거운 경우]　　　[공기보다 가벼운 경우]

항 목 \ 구 분	공기보다 비중이 가벼운 경우	공기보다 비중이 무거운 경우
흡입구, 배기구 관경	100mm 이상	100mm 이상
흡입구	지면에서 30cm 이상	지면에서 30cm 이상
배기구	천장면에서 30cm 이상	지면에서 30cm 이상
배기가스 방출구	지면에서 3m 이상	지면에서 5m 이상 (전기시설물 접촉 우려가 있는 경우 3m 이상)

(4) 도시가스 정압기실 안전밸브 분출부의 크기

입구측 압력		안전밸브 분출부 구경
0.5MPa 이상	유량과 무관	50A 이상
0.5MPa 미만	유량 1000Nm^3/h 이상	50A 이상
	유량 1000Nm^3/h 미만	25A 이상

04-8 도시가스 공동주택에 압력조정기 설치 기준(KGS Fs 551) (2.4.4.1.1)

관련사진

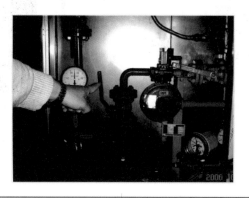

공동주택 공급압력	전체 세대 수
중압 이상	150세대 미만인 경우
저압	250세대 미만인 경우

(1) 정압기실에 설치되는 설비의 설정압력

구 분		상용압력 2.5kPa	기 타
주정압기의 긴급차단장치		3.6kPa	상용압력 1.2배 이하
예비정압기에 설치하는 긴급차단장치		4.4kPa	상용압력 1.5배 이하
안전밸브		4.0kPa	상용압력 1.4배 이하
이상압력 통보설비	상한값	3.2kPa	상용압력 1.1배 이하
	하한값	1.2kPa	상용압력 0.7배 이하

04-9 가스보일러 설치(KGS Fu 551)

관련사진

구 분	간추린 핵심내용
공동 설치기준	① 가스보일러는 전용보일러실에 설치 ② 전용보일러실에 설치하지 않아도 되는 종류 　㉠ 밀폐식 보일러 　㉡ 보일러를 옥외 설치 시 　㉢ 전용급기통을 부착시키는 구조로 검사에 합격한 강제식 보일러 ③ 전용보일러실에는 환기팬을 설치하지 않는다. ④ 보일러는 지하실, 반지하실에 설치하지 않는다.

동영상
중요문제

자주 출제되는 동영상 장면만
간추려 수록하였습니다.
충분히 숙지하신 뒤
시험에 응시하시기 바랍니다.

가스기능사 실기

PART 5. 동영상 중요문제

Craftsman Gas

자주 출제되는 동영상 중요문제

도시가스 정압기실

출제 지시부분 명칭 쓰기

해답

① 필터(여과기)　　② SSV(긴급차단밸브)
③ 자기압력기록계　④ 정압기(조정기)
⑤ 가스누설검지기　⑥ 이상압력통보설비
⑦ 안전밸브　　　　⑧ 가스방출관
⑨ 출입문 개폐 통보설비(리밋스위치)

RTU(원격단말감시장치)

출제 (1) 지시부분 명칭 쓰기
(2) RTU BOX 장치 용도 3가지 쓰기

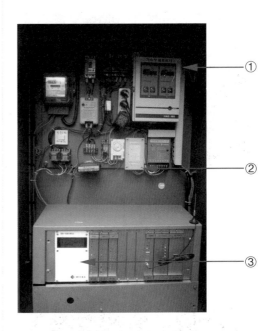

해답

(1) ① 가스누설경보기
② 모뎀
③ UPS(정전 시 공급설비 등이 정상 작동
할 수 있도록 전원을 공급하는 장치)
(2) ① 가스누설경보기능
② 출입문 개폐감시기능
③ 정전 시 전원공급기능

액면계

출제 액면계의 종류 쓰기

(1)

(2)

(3)

해답

(1) 차압식 액면계
(2) 슬립튜브식 액면계
(3) 클린카식 액면계

도시가스(사용시설) 배관

출제 내용적에 따른 기밀시험 유지시간 쓰기

[자기압력기록계]

[도시가스 배관]

해답

내용적(L)	기밀시험 유지시간
10L 이하	5분
10L 초과 50L 이하	10분
50L 초과	24분

전기방식법

출제 (1) 방식법 종류 4가지 쓰기
(2) 전위측정용 터미널(T/B) 설치간격 쓰기

[방식 정류기(외부전원법)]

[양극금속설치(희생양극법)]

[배류기(배류법)]

해답

(1) ① 외부전원법　② 희생양극법
　　③ 강제배류법　④ 선택배류법
(2) ① 희생양극법·배류법 : 300m마다
　　② 외부전원법 : 500m마다

LP가스 용기저장소

출제 (1) 검지기 설치위치 쓰기
(2) LPG지하저장탱크 가스방출관 설치
위치 쓰기

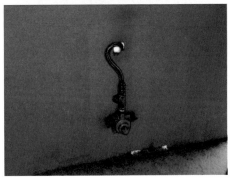

해답

(1) 지면에서 검지기 상부까지 30cm 이내
(2) 지면에서 5m 이상

LP가스 이송 압축기와 펌프

(1) 압축기로 이송 시 장·단점 쓰기
(2) 펌프로 이송 시 장·단점 쓰기

[압축기]

[펌프]

해답

구 분	장 점	단 점
(1) 압축기	① 충전시간이 짧다. ② 잔가스 회수가 용이하다. ③ 베이퍼록의 우려가 없다.	① 재액화 우려가 있다. ② 드레인 우려가 있다.
(2) 펌프	① 재액화 우려가 없다. ② 드레인 우려가 없다.	① 충전시간이 길다. ② 잔가스 회수가 불가능하다. ③ 베이퍼록의 우려가 있다.

용기밸브 충전구나사 형식

(1) 왼나사, 오른나사
(2) 암나사, 숫나사, 충전구에 나사가 없음

[왼나사]

[왼나사]

[오른나사]

[오른나사]

[오른나사]

배관

출제 다음 지시부분의 명칭 쓰기

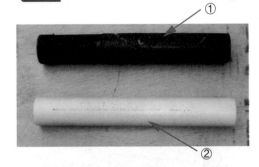

해답

구 분	해당 가스
왼나사	가연성 가스(단, NH_3, CH_3Br 제외)
오른나사	NH_3, CH_3Br 포함, 가연성 이외의 모든 가스
A형 B형 C형	① 충전구나사 숫나사 ② 충전구나사 암나사 ③ 충전구에 나사가 없음

해답

① 폴리에틸렌피복강관(PLP 강관)
② 가스용 폴리에틸렌관

고압가스 용기

출제 운반 시 주의사항 4가지 이상 쓰기

액화산소

출제 (1) 비등점 쓰기
(2) 임계압력 쓰기

해답

① 독성 가스 중 가연성과 조연성은 동일차량 적재함에 운반하지 아니 한다.
② 염소와 아세틸렌, 암모니아, 수소는 동일차량에 적재하여 운반하지 아니 한다.
③ 가연성과 산소를 동일차량에 적재하여 운반 시 충전용기 밸브를 마주보지 않게 한다.
④ 충전용기와 위험물안전관리법에 따른 위험물과 동일차량에 적재하여 운반하지 아니한다.
⑤ 충전용기를 차에 실을 때 충격방지를 위해 완충판을 차량에 갖추고 사용한다.

해답

(1) 비등점 : −183℃
(2) 임계압력 : 50.1atm

긴급차단밸브(장치)

출제
(1) LPG 시설 긴급차단밸브의 조작위치 쓰기
(2) 가스도매사업 500t 이상 긴급차단밸브(장치) 조작위치 쓰기
(3) 동력원 쓰기

해답
(1) 탱크 외면 5m 이상 떨어진 장소
(2) 탱크 외면 10m 이상 떨어진 장소
(3) 공기압, 유압, 스프링압, 전기압

안전밸브

출제
(1) 액화산소 용기의 작동압력 쓰기
(2) 액화산소 탱크의 작동압력 쓰기

(1) Fp(최고충전압력) $\times \dfrac{5}{3} \times \dfrac{8}{10}$ 또는

　　Tp(내압시험압력) $\times \dfrac{8}{10}$

(2) 상용압력×1.5

◈ LPG 기화기 설치 스프링식 안전밸브

출제 　(1) 명칭 쓰기

　　　(2) 스프링식 안전밸브 설치 부적당 시 설치 가능 안전장치 종류 쓰기

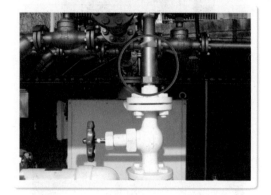

◈ LPG 소형 저장탱크

출제 　(1) 정의 쓰기

　　　(2) 선임 안전관리자 자격요건 쓰기

해답

(1) 저장능력 3t 미만의 탱크

(2) 가스기능사 이상 또는 일반시설 안전관리자 양성교육 이수자

해답

(1) 스프링식 안전밸브

(2) ① 설치 가능 안전장치 : 파열판, 자동압력제어장치

　　② 안전장치 종류

구 분	안전장치
기체압력 상승방지를 위한 경우	스프링식 안전밸브, 자동압력제어장치
펌프배관 등에 액체압력 상승방지를 위한 경우	릴리프밸브, 언로드밸브, 스프링식 안전밸브, 자동압력제어장치

산소 충전용기

출제 산소를 용기에 충전 시 주의사항 쓰기

압력계 기능검사

출제 (1) 충전용 주관 압력계의 기능검사 주기 쓰기
(2) 그 밖의 압력계의 기능검사 주기 쓰기

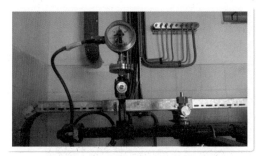

해답

① 밸브와 용기 내부에 석유류·유지류를 제거할 것
② 용기와 밸브 사이에 가연성 패킹을 사용하지 말 것
③ 충전은 서서히 할 것
④ 압축기와 도관 사이에 수분 제거를 위한 수취기를 설치할 것

해답

(1) 1월 1회
(2) 3월 1회

도시가스용 압력조정기

출제 (1) 중압인 경우의 공동주택 압력에 따른 설치 세대수 쓰기
(2) 저압인 경우의 공동주택 압력에 따른 설치 세대수 쓰기

해답

(1) 150세대 미만
(2) 250세대 미만

정압기 종류

출제 정압기 명칭 쓰기

해답

AFV 정압기

밸브의 종류

출제 밸브 명칭 쓰기

해답

① 슬루스(게이트)밸브 ② 글로브밸브
③ 볼밸브   ④ 체크(역지)밸브

가스계량기

출제 (1) 계량기 명칭 쓰기
(2) 전기계량기와 이격거리 쓰기
(3) 가스계량기 설치 높이 쓰기

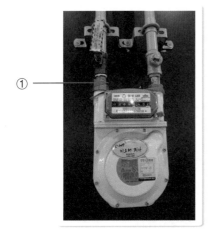

[막식]

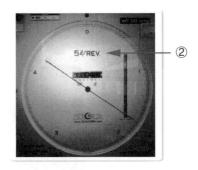

[습식 가스계량기]

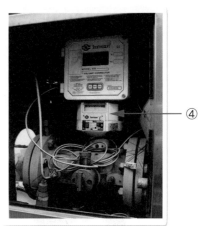

해답

(1) ① 막식 가스계량기 ② 습식 가스계량기
    ③ 루트미터   ④ 터빈계량기
(2) 60cm 이상
(3) 지면에서 1.6m 이상 2m 이내

비파괴 검사법

출제 비파괴 검사법 명칭 쓰기

(1)

(2)

(3)

(4)

해답

(1) 침투탐상시험(PT)

(2) 자분탐상시험(MT)

(3) 방사선투과시험(RT)

(4) 초음파탐상시험(UT)

용기밸브 재료

출제 (1) NH_3, C_2H_2 용기밸브 재료 쓰기
(2) 그 밖의 용기밸브 재료 쓰기

— 충전구나사
   숫나사

— 충전구나사
   암나사

해답

① 동 함유량 62% 미만 단조황동, 단조강
② 단조황동

방폭구조

출제 방폭구조 종류 쓰기

①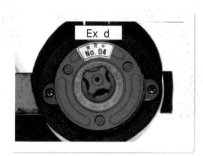

②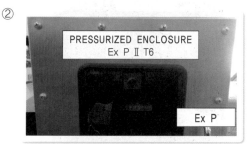

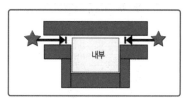

압력(壓力)방폭구조란 용기 내부에서 신선한 공기 또는 불활성 가스를 압입하여 내부의 압력을 유지하여 폭발성 가스가 침입하는 것을 방지한 구조

③

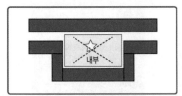

안전증방폭구조란 전기·기구의 권선, 에어 캡, 점검부, 단자부와 같이 정상적인 운전중에 전기불꽃 또는 과열이 생겨서는 안 될 부분에 발전되는 것을 방지하기 위한 구조로서 특히 온도상승에 대하여 안전도를 증가시킨 구조

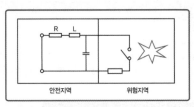

본질안전방폭구조란 정상 및 사고 시(단선, 단락, 지락 등)에 발생하는 전기불꽃 또는 고온부에 의하여 폭발성 가스나 증기에 점화되지 않는다는 사실이 공공기관에서 시험이나 기타의 방법으로 확인된 구조

④

Ex 0

해답

① d : 내압방폭구조　　② p : 압력방폭구조
③ e : 안전증방폭구조　④ o : 유입방폭구조
⑤ ia, ib : 본질안전방폭구조

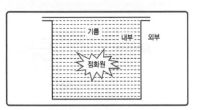

유입방폭구조란 전기기기의 불꽃, 아크 또는 고온이 발생하는 부분을 기름 속에 넣고 기름면 위에 존재하는 폭발성 가스 또는 증기에 인화될 우려가 없도록 한 구조

도시가스 정압기실 경보기의 검지부

출제 정압기실 가스누설경보기의 검지부 설치 수 쓰기

⑤

Ex(ia, ib)　　ia

[정압기실 경보기]

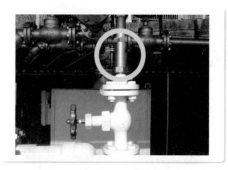

바닥면 둘레 20m마다 1개의 비율로 설치

해답

(1) ① 한냉 시 가스공급이 가능하다.
    ② 공급가스 조성이 일정하다.
    ③ 기화량을 가감할 수 있다.
    ④ 설치면적이 적어진다.
    ⑤ 설비비, 인건비가 절감된다.
(2) 지시부분 명칭 : 스프링식 안전밸브

LP가스 기화기

출제 (1) 기화기 사용 시 장점(강제기화방식의
장점) 쓰기
(2) 기화 시 상부 지시부분 명칭 쓰기

LPG 47L 용기

출제 충전상수 2.35 충전량(kg) 구하기

해답

$$G = \frac{V}{C} = \frac{47}{2.35} = 20\text{kg}$$

정압기와 필터(여과기)

출제 분해점검 주기 쓰기

해답

도시가스 정압기와 필터 분해점검주기, 사용시설의 압력조정기 청소주기

분해점검주기 \ 구 분	정압기 필터		정압기	사용시설의 압력조정기 청소주기
공급시설	공급개시 후	1월 이내	2년 1회 (작동상황 점검 1주일에 1회)	–
	1월 이내 이후	1년 1회		
사용시설	정압기와 필터 모두 설치 후 3년 1회, 3년 1회 이후는 4년 1회			매년 1회 이상(필터·스트레나 청소는 3년 1회 이상 그 이후는 4년 1회 이상)

살수장치

출제 (1) 조작하는 장소 쓰기
(2) 방사수원의 살수 가능한 시간 쓰기

해답

(1) 탱크 외면 5m 이상 떨어진 장소
(2) 30분

고압가스 운반차량

출제
(1) 적색 삼각기 규격 쓰기
(2) 경계표시 문구 쓰기
(3) 경계표시 규격 쓰기

LP가스 지상, 지하 저장탱크

출제
(1) 지상 저장탱크 클린카식 액면계의 상·하부 밸브 기능 쓰기
(2) 지하 저장탱크 상부 명칭과 기능 쓰기

해답

(1) 가로 : 40cm, 세로 : 30cm
(2) ① 독성 가스 : 위험 고압가스, 독성 가스
　　② 독성 이외의 가스 : 위험 고압가스
(3) ① 직사각형
　　　• 가로 : 차폭의 30% 이상
　　　• 세로 : 가로의 20% 이상
　　② 정사각형 : 전체 경계면적 600cm^2 이상

해답

(1) 액면계 파손에 대비한 자동 또는 수동식 스톱밸브
(2) ① 명칭 : 맨홀
　　② 기능 : 정기검사 시 개방하여 탱크 내부 이상 유무 확인

초저온 용기

출제
(1) 지시부분의 명칭과 기능 쓰기
(2) 초저온 용기에 시행하는 열량침투 시험의 명칭 쓰기

[초저온 용기]

① 승압조정밸브
② 승압조정기
③ 1차 스프링식 안전밸브
④ 2차 파열판식 안전밸브
⑤ 액면계(용량게이지)

⑥ 압력계   ⑦ 진공구   ⑧ 외조 파열판

배관 이음

출제 이음의 종류와 정의 쓰기

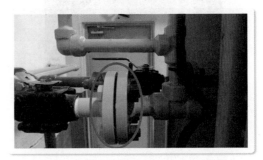

[플랜지 이음 사진]

① 유니언 이음 : 배관의 양단을 유니언으로 결합
② 플랜지 이음 : 배관의 양단에 플랜지를 붙이고 사이에 패킹을 넣어 볼트, 너트로 결합
③ 소켓 이음 : 배관의 양단을 소켓으로 결합

융착 이음

출제 융착 이음의 명칭 쓰기

①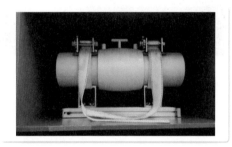

②

③

참고!

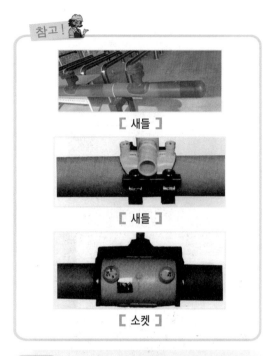

[새들]

[새들]

[소켓]

① 소켓 융착
② 맞대기 융착
③ 새들 융착

용기부속품 기호

출제 기호의 정의 쓰기

① PG　　　② LPG　③ AG

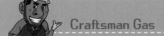

④ LG

⑤ LT

C₂H₂ 용기의 각인 기호

출제 각인 기호의 정의 및 단위 쓰기
① Tp
② Fp
③ W
④ Tw
⑤ V

해답

① PG : 압축가스를 충전하는 용기의 부속품
② LPG : 액화석유가스를 충전하는 용기의 부속품
③ AG : 아세틸렌가스를 충전하는 용기의 부속품
④ LG : LPG 이외의 액화가스를 충전하는 용기의 부속품
⑤ LT : 초저온 및 저온 용기의 부속품

해답

① Tp : 내압시험압력(MPa)
② Fp : 최고충전압력(MPa)
③ W : 밸브 및 부속품을 포함하지 아니한 용기질량
④ Tw : C₂H₂ 용기에 있어 용기질량에 다공물질 용제 및 밸브의 질량을 포함한 질량(kg)
⑤ V : 용기의 내용적(L)

막식 가스계량기

출제 지시부분의 정의 쓰기

① QMAX : 10.0m³/h

② V : 2.4dm³/REV

초저온 용기 내조·외조의 진공작업

출제 진공작업의 목적 쓰기

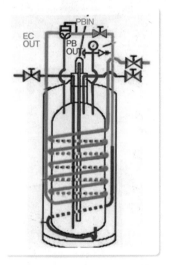

[초저온 용기 내부 구조]

해답

① 시간당 최대유량 : 10m³

② 계량실 1주기의 체적 : 2.4dm³

해답

내조·외조 사이에 단열작업으로 열을 차단

Craftsman Gas

LPG 자동차 충전기(디스펜스)

출제
(1) 지시부분의 명칭 쓰기
(2) 지시부분의 기능 쓰기
(3) 지시부분의 충전호스 끝에 설치되는 안전장치 쓰기
(4) 지시부분의 충전호스 길이 쓰기

해답

(1) 세이프 티 카플러
(2) 충전기에 과도한 인장력이 걸렸을 때 충전기와 주입기가 분리되는 기능
(3) 정전기 제거장치
(4) 5m 이내

보냉재(단열재)

출제
(1) 보냉제 종류 쓰기
(2) 구비조건 쓰기

해답

(1) ① 경질우레탄폼 ② 펄라이트
    ③ 글라스울
(2) ① 경제적일 것
    ② 화학적으로 안정할 것
    ③ 열전도율이 적을 것
    ④ 밀도가 적을 것

✦ LP가스 이송 압축기

출제 (1) 지시부분 명칭 쓰기
(2) ①의 역할 쓰기

✦ 가스 보일러

출제 (1) 안전장치 4가지 쓰기
(2) 반드시 갖추어야 하는 안전장치 쓰기

해답

(1) ① 사방밸브　② 전동기
③ 액트랩
(2) 탱크로리에서 저장탱크로 가스를 충전 후 탱크로리로 보내진 기체의 가스를 저장탱크로 다시 회수하는 역할

해답

(1) ① 소화안전장치　② 공기조절장치
③ 정전안전장치　④ 역풍방지장치
(2) ① 동결방지장치　② 난방수여과장치
③ 점화장치　④ 물빼기장치

LP가스 지상탱크

출제 클린카식 액면계의 측정원리 쓰기

C₂H₂ 용기

출제 (1) 다공물질의 종류 쓰기
(2) 가용전 안전밸브의 재료 쓰기
(3) 최고충전압력 쓰기

해답

(1) 석면, 규조토, 목탄, 석회, 다공성 플라스틱
(2) Pb(납), Sn(주석), Sb(안티몬), Bi(비스무트)
(3) 15℃에서 1.5MPa

해답

액체의 난반사 원리

용접·무이음 용기

출제 탄소 함유량(%) 쓰기

①

②

가스 라이터

출제 (1) 지시부분 명칭 쓰기
(2) 역할 쓰기

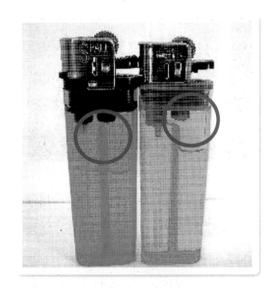

해답

① 용접 용기 : 0.33% 이하
② 무이음 용기 : 0.55% 이하

해답

(1) 안전공간
(2) 액팽창으로 인한 파열 방지

LPG 탱크 스프링식 안전밸브

출제 (1) 작동검사 주기 쓰기
(2) 가스방출관의 설치 위치 쓰기

해답

(1) 2년 1회
(2) 지면에서 5m 이상 탱크 정상부에서 2m 이상 중 높은 위치

참고!

1. 압축기 최종단 설치 안전밸브 작동검사 : 1년 1회 이상
2. 지하 LPG 탱크 안전밸브의 가스방출관 위치 : 지면에서 5m 이상
3. 소형 저장탱크 안전밸브 가스방출관 설치 위치 : 지면에서 2.5m 이상, 탱크 정상부에서 1m 이상 중 높은 위치

피그(Pig)

출제 용도 쓰기

해답

배관 공사 후 배관 내 존재하는 잔류 찌꺼기 제거

로케팅 와이어

출제 (1) 설치 목적 쓰기
(2) 규격 쓰기
(3) 재질 쓰기

해답

(1) 지하매설 배관의 위치를 탐지하여 배관의 유지관리를 위함
(2) 6mm^2 이상
(3) 동선

●● 벤트스택

출제 (1) 명칭 쓰기
(2) 사람이 통행하는 장소로부터 떨어져야 하는 방출관의 위치 쓰기

해답

(1) 벤트스택
(2) ① 긴급용 및 공급시설의 벤트스택 :
10m 이상
② 그 밖의 벤트스택 : 5m 이상

●● 방폭형 접속금구

출제 (1) 명칭 쓰기
(2) 역할 쓰기

해답

(1) 방폭형 접속금구
(2) LP가스 이송 시 정전기 제거

●● 배관의 고정장치(브래킷)

출제 (1) 관경 13mm 미만일 때 설치간격 쓰기
(2) 관경 13mm 이상 33mm 미만일 때 설치간격 쓰기
(3) 관경 33mm 이상일 때 설치간격 쓰기

해답

(1) 1m마다   (2) 2m마다   (3) 3m마다

참고!

관경 100mm 이상은 3m 이상으로 할 수 있다.

압력별 사용관

출제
(1) PLP 강관의 압력별 용도 쓰기
(2) 가스용 PE관의 압력별 용도 쓰기
(3) 도시가스사업 법령 기준 중압의 범위 쓰기
(4) 가스용 PE관의 SDR값에 따른 압력의 범위 쓰기

PLP 강관

가스용 폴리에틸렌관

해답

(1) 중압용
(2) 저압용
(3) 0.1MPa 이상 1MPa 미만
(4)

SDR	압력(MPa)
11 이하(1호관)	0.4MPa 이하
17 이하(2호관)	0.25MPa 이하
21 이하(3호관)	0.2MPa 이하

역화방지장치

출제
(1) 명칭 쓰기
(2) 기능 쓰기

해답

(1) 역화방지장치
(2) 불꽃의 역화방지

액화 O₂, Ar, N₂ 탱크

출제 탱크 하부 설치 밸브의 종류 쓰기

해답

① 안전밸브
② 드레인밸브
③ 긴급차단밸브
④ 릴리프밸브

입상관에 설치 밸브

출제 설치 높이 쓰기

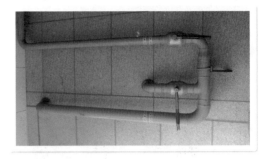

[입상밸브]

해답

지면에서 1.6m 이상 2m 이내

도시가스 사용시설 가스누설차단

출제 지시부분 명칭 쓰기

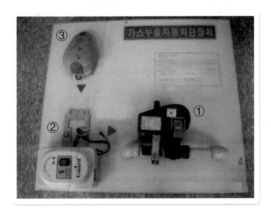

해답

① 차단부
② 제어부
③ 검지부

불활성 아크용접

(1) 용접 방법 쓰기
(2) 이러한 용접을 하는 이유 쓰기

가스 연소기

불완전 연소의 원인 쓰기

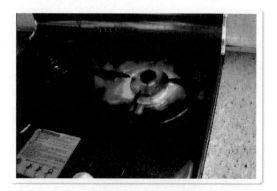

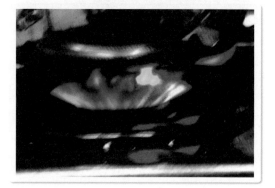

해답

(1) 불활성 아크용접
(2) 비파괴 검사를 위하여

해답

① 공기량 부족　② 가스기구 불량
③ 연소기구 불량　④ 환기 불량
⑤ 배기 불량

도시가스 지상배관

출제 황색으로 도색하지 않았을 때 설치 기준 쓰기

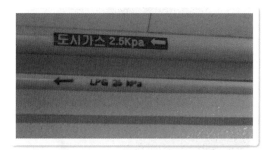

가스설비 명칭

출제 시설물 명칭 쓰기

해답

지면 1m 이상의 높이, 폭 3cm 황색 띠를 두 줄로 표시

해답

기화기

강판제 방호벽

출제 (1) 종류 쓰기
(2) 높이와 두께의 규격 쓰기

①

②

해답

(1) ① 박강판   ② 후강판
(2) ① 박강판 : 높이 2m 이상, 두께 3.2mm 이상
     ② 후강판 : 높이 2m 이상, 두께 6mm 이상

LP가스 조정기

출제 (1) 1단 감압식 조정기 장·단점 쓰기
(2) 2단 감압식 조정기 장·단점 쓰기

해답

종류	장점	단점
(1) 1단 감압식 조정기	① 장치가 간단하다. ② 조작이 간단하다.	① 최종압력이 부정확하다. ② 배관이 굵어진다.
(2) 2단 감압식 조정기	① 각 연소기구에 알맞는 압력으로 공급이 가능하다. ② 중간배관이 가늘어도 된다. ③ 관의 입상에 의한 압력손실이 보정된다.	① 검사방법이 복잡하다. ② 조정기가 많이 든다. ③ 재액화에 문제가 있다.

LP가스 용기 저장실

출제 지시부분 명칭 쓰기

신축 이음

출제 이음의 종류 명칭 쓰기

해답

액체 자동절체기

해답

루프 이음(신축곡관)

공기액화분리장치 복정류탑

출제 공기액화분리장치 내 운전을 중지하고 액화산소를 방출하여야 하는 경우 쓰기

【 액화분리장치의 복정류탑 】

고압가스 용기

출제 용기별 명칭 쓰기

①

②

③

해답

① 액화산소 5L 중 C_2H_2의 질량이 5mg 이상 시
② 액화산소 5L 중 탄화수소 중 C의 질량이 500mg 이상 시

④

⑤

⑥

왕복식 압축기

출제 특징 4가지 쓰기

해답

① C_2H_2(황색)　② O_2(녹색)　③ H_2(주황색)
④ CO_2(청색)　⑤ NH_3(백색)　⑥ Cl_2(갈색)

해답

① 용적형이다.
② 오일윤활식 또는 무급유식이다.
③ 설치면적이 크다.
④ 소음·진동이 있다.

공기액화분리장치 계통도

출제 공기액화분리장치 폭발원인 4가지 쓰기

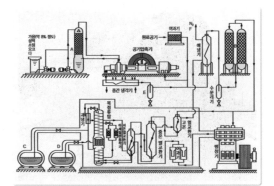

[고압식 액체산소분리장치 계통도]

방폭전등의 결합부 나사류

출제 방폭전기기기 결합부의 나사류를 외부에서 쉽게 조작함으로써 방폭성능을 손상시킬 우려가 있는 것은 드라이버, 스패너, 플라이어 등 일반 공구로 조작할 수 없도록 하여야 하는 구조의 명칭 쓰기

해답

① 공기취입구로부터 C_2H_2의 혼입
② 압축기용 윤활유 분해에 따른 탄화수소의 생성
③ 액체 공기 중 O_3의 혼입
④ 공기 중 질소화합물의 혼입

해답

자물쇠식 죄임구조

전기방식법

출제 직류전철 등에 누출전류 영향이 없는 경우 사용되는 전기방식법 종류 쓰기

[방식 정류기]

[정류기 내부 전경]

해답

① 외부전원법
② 희생양극법

도시가스 배관의 표지판

출제 (1) 표지판의 설치 수 쓰기

(2) 표지판의 규격(가로×세로) 쓰기

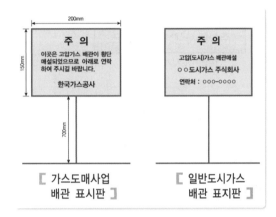

[가스도매사업 배관 표시판]　　[일반도시가스 배관 표지판]

해답

(1)

법규 구분	제조소·공급소 내의 배관시설	제조소·공급소 밖의 배관시설
가스도매 사업법	500m마다	500m마다
일반 도시가스 사업법	500m마다	200m마다

(2) 가로 200mm × 세로 150mm

참고!

표지판의 구분

○○가스공사

(가스도매사업법)

주식회사 ○○도시가스

(일반 도시가스사업법)

LP가스 소형 저장탱크

출제 (1) 동일장소에 설치하는 소형 저장탱크 수 쓰기
(2) 충전질량의 합계 쓰기
(3) 가스충전구와 건축물 개구부와 이격 거리 쓰기

해답

(1) 6기 이하
(2) 5000kg 미만
(3) 3m

초저온 용기

출제 내용적에 따른 단열성능시험 합격 기준 쓰기

해답

내용적(L)	침입열량(kcal/hr·℃·L)
1000L 이상	0.002kcal/hr℃·L 이하가 합격
1000L 미만	0.0005kcal/hr℃·L 이하가 합격

보호포

출제 (1) 저압관 설치 보호포 색상 쓰기
(2) 중압관 설치 보호포 색상 쓰기

[도시가스 보호포]

[중압 보호포]

다기능 가스안전계량기

출제 기능 4가지 쓰기

해답

① 미소유량 검지기능
② 연속사용 차단기능
③ 압력저하 차단기능
④ 합계유량 차단기능

해답

(1) 황색
(2) 적색

이형질(T/F) 이음관

출제 (1) 명칭 쓰기 (2) 역할 쓰기

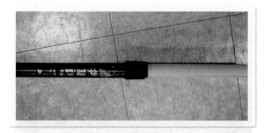

해답

(1) 이형질(T/F) 이음관
(2) PE관과 금속배관을 연결하는 부속품

LPG 역류방지밸브

출제 (1) 명칭 쓰기 (2) 역할 쓰기

해답

(1) 역류방지밸브(역지밸브)
(2) LP가스의 액이 역류되는 것을 방지

LP가스 가스누설 검지경보장치

출제 가스누설 검지경보장치의 검지부 설치
수 쓰기
① 실내에 설치된 경우
② 옥외에 설치된 경우

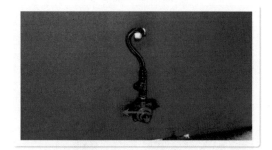

해답

① 바닥면 둘레 10m마다 1개
② 바닥면 둘레 20m마다 1개

250 가스기능사 실기

용기저장실

출제 (1) LPG 용기보관실의 면적 쓰기
(2) 고압가스 용기보관실 면적 쓰기

방호벽
(후강판)

LPG 시설의 배관의 호스

출제 (1) LPG 충전기의 호스 길이 쓰기
(2) 연소기의 배관 중 호스 길이 쓰기

해답

(1) 19m² 이상
(2) 10m² 이상

해답

(1) 5m 이내
(2) 3m 이내

가스배관

(1) 배관의 표시사항 3가지 쓰기
(2) 지상배관을 황색으로 도색하지 않을
경우 가스배관임을 식별할 수 있는
조치사항 쓰기

[도시가스 배관]

해답

(1) ① 사용 가스명(도시가스)
② 최고사용압력(2.5kPa)
③ 가스흐름 방향(→)
(2) 가스배관식별 방법 : 배관에 폭 3cm의
황색띠를 두 줄로 표시

PART

6

동영상
모의고사

기출문제 중심으로 구성된
모의고사 문제입니다.
그동안 공부한 학습내용을 중점으로
자가측정 해보시고
시험에 대비하시길 바랍니다.

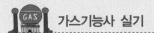

가스기능사 실기

PART 6. 동영상 모의고사

기출문제 중심 동영상 모의고사

제1회 모의고사

Question 01

동영상에서 보여주는 압력계의 상용압력이 5MPa 일 때 압력계의 최고눈금 범위는?

정답 7.5~10MPa

Question 02

다음 동영상에서 지시한 연소기에서의 호스의 길이는 몇 m 이내인가?

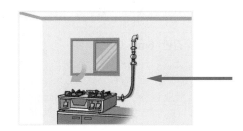

정답 3m 이내

Question 03

동영상에 있는 ①~④의 배관부속품 명칭을 각 각 쓰시오.

정답 ① 소켓 ② 유니언 ③ 크로스 ④ 티

Question 04

동영상이 보여주는 방호벽의 종류와 이때의 철판 두께는 몇 mm인가?

정답 후강판, 6mm 이상

Question 05

동영상의 LPG 소형 저장탱크에서 가스방출관의 설치높이는 지면에서 몇 m 이상인가?

정답 2.5m 이상

Question 06

동영상의 도시가스 사용시설에서 ①~③ 부분의 명칭은?

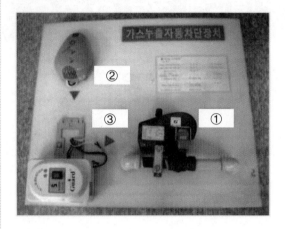

정답 ① 차단부
② 검지부
③ 제어부

Question 07

동영상에서 화살표가 지시하는 이격거리는 몇 m 이상인가?

정답 3m 이상

해설 저장탱크와 탱크로리 사이에 방책이 없는 경우 3m 이상 이격

Question 08

동영상의 도시가스 정압기실에서 지시하는 기기의 명칭과 역할을 쓰시오.

정답▶ ① 명칭 : SSV(긴급차단밸브)
② 역할 : 정압기실의 2차 압력상승 및 이상사태 발생 시 가스흐름을 차단하여 위해를 방지하는 역할

Question 09

동영상에서 보여주는 전기방식법의 종류와 이때 주로 사용하는 양극금속은?

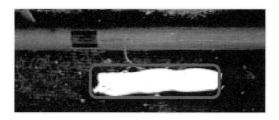

정답▶ 희생양극법, 마그네슘

Question 10

동영상에서 보여주는 LPG 저장탱크의 기기 명칭 및 역할을 쓰시오.

정답▶ ① 명칭 : 클링커식 액면계
② 역할 : 저장탱크의 액면높이를 지시하므로 충전 시 과잉충전을 방지하고 저장탱크의 가스충전 시기를 판단할 수 있음.

Question 11

동영상에서 보여주는 용기의 제조 형식은?

정답▶ 이음매 없는 용기

동영상의 도시가스 누출검지기의 명칭을 쓰시오.

정답 ▶ 수소염이온화검출기

제2회 모의고사

Question 01

동영상에 표시되어 있는 부분의 명칭은?

정답 긴급차단장치(밸브)

Question 02

동영상 (1), (2)의 안전밸브 작동압력을 쓰시오.
(단, (1)은 상용압력, (2)는 최고충전압력을 기준
으로 한다.)

(1)

(2)

정답

(1) 상용압력 $\times 1.5 \times \dfrac{8}{10}$

(2) 최고충전압력 $\times \dfrac{5}{3} \times \dfrac{8}{10}$

Question 03

동영상이 보여주는 방폭구조의 종류는?

정답 ▸ 본질안전방폭구조

Question 04

동영상이 보여주는 (1), (2) 용기의 탄소함유량 기준을 쓰시오.
(1)

(2)

정답 ▸ (1) 0.33% 이하
(2) 0.55% 이하

해설 ▸ (1) 용접용기 : 탄소함유량 0.33% 이하
(2) 무이음용기 : 탄소함유량 0.55% 이하

Question 05

동영상의 가스보일러에서 안전장치 4가지를 기술하시오.

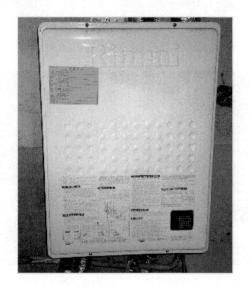

정답 ▸ ① 소화안전장치   ② 동결방지장치
③ 정전안전장치   ④ 역풍방지장치

Question 06

동영상의 C_2H_2 용기 내부의 충전된 다공물질의 종류를 쓰시오.

정답 석면, 규조토, 목탄, 석회, 다공성 플라스틱

Question 07

동영상에 표시되어 있는 액면계의 측정원리는?

정답 액체의 난반사 원리

Question 08

동영상은 LP가스를 이송하는 압축기이다. 지시된 부분의 명칭을 쓰시오.

정답
① 사방밸브
② 전동기
③ 액트랩

Question 09

동영상에 표시되어 있는 안전밸브의 재료를 3가지 이상 쓰시오.

정답 Pb(납), Sn(주석), Sb(안티몬), Bi(비스무트)

Question 10

동영상의 용기에서 표시된 부분의 의미는?

정답 아세틸렌가스를 충전하는 용기 및 부속품

Question 12

동영상에 표시되어 있는 액면계의 명칭은?

정답 슬립튜브식 액면계

Question 11

동영상의 초저온 액체산소에서 액체산소의 비등점과 임계압력은?

정답 ① 비등점 : −183℃
② 임계압력 : 50.1atm

제3회 모의고사

Question 01

다음 동영상에 있는 용기의 재료는 무엇인가?

정답 탄소강

Question 02

동영상의 고압가스 운반차량이 주·정차 시 1종 보호시설과의 이격거리는?

정답 15m 이상

Question 03

동영상에 표시되어 있는 가스 기구의 명칭은?

정답 세이프 티 커플러

Question 04

동영상에서 보여주는 도시가스 설비의 명칭을 영문 약어로 답하시오.

정답 RTU BOX

Question 05

다음 배관 도시기호의 명칭은?

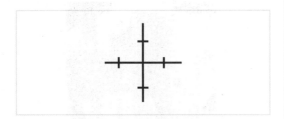

정답 크로스

Question 06

동영상에 표시된 부분은 보냉제의 종류이다. 보냉제의 재질 3가지를 기술하시오.

정답
① 경질 폴리우레탄폼
② 펄라이트
③ 글라스울

Question 07

동영상의 초저온용기 내조, 외조 사이에 진공을 시행하는 작업의 목적은?

정답 단열을 위함.

동영상에서 보여주는 가스 기구의 명칭은?

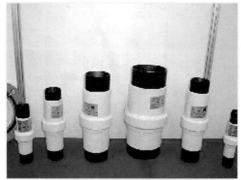

정답 절연 조인트

동영상 초저온용기의 내조, 외조 사이에 진공부분을 두는 이유를 쓰시오.

정답 열의 침투를 방지하여 단열효과를 높이기 위함.

동영상의 아세틸렌 용기에서 Tp, Tw, Ap의 의미를 쓰시오.

① Tp 4.5   ② Tw 53   ③ Ap 2.7

정답 ① Tp : 내압시험압력(MPa)
② Tw : 아세틸렌 용기에 있어 용기 질량에 다공물질 용제 및 밸브의 질량을 포함한 질량(kg)
③ Ap : 기밀시험압력(MPa)

Question **11**

동영상의 용기 명칭은?

 사이펀 용기

해설 사이펀 용기는 상부에 기체밸브, 액체밸브가
있으며, 액체밸브에는 액관이 용기 하부까지
연결되어 있다.

Question **12**

가스 탱크로리에서 저장탱크로 가스 이송 시 접지
하여야 하는 이유를 쓰시오.

정답 가스 이송 시 발생되는 정전기를 제거하기
위하여

제4회 모의고사

Question 01

동영상 LPG 저장실 옥외 부분에서 가스누설검지기의 설치기준을 쓰시오.

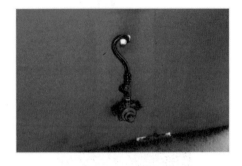

정답 바닥면 둘레 20m마다 1개씩 설치

해설 1. 실내 저장실의 경우
  : 바닥면 둘레 10m마다 1개씩 설치
2. 옥외 저장실의 경우
  : 바닥면 둘레 20m마다 1개씩 설치
3. 도시가스 정압기실의 경우
  : 바닥면 둘레 20m 마다 1개씩 설치

Question 02

동영상의 방폭구조를 쓰시오.

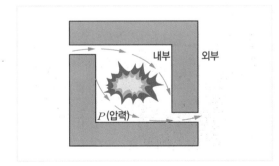

정답 압력방폭구조

Question 03

동영상은 LPG 충전시설의 지하탱크 상부이다. 표시된 부분의 명칭과 작동조정 주기를 쓰고, 또한 가스방출관의 위치는 지면에서 몇 m 이상인지도 쓰시오.

정답 ① 명칭 : 스프링식 안전밸브
② 작동조정 주기 : 2년 1회
③ 가스방출관 위치 : 5m 이상

해설 **안전밸브 작동검사 주기**
 압축기 최종단 1년 1회, 기타 2년 1회

Question 04

동영상의 전기방식법에서 주로 사용되는 양극금속의 종류 1가지를 쓰시오.

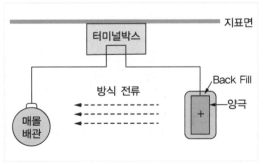

정답 Mg

Question 05

동영상은 도시가스 사용시설의 저압 압력조정기이다. 저압 압력조정기의 필터 점검주기를 쓰시오.

정답 3년 1회

해설 **압력조정기 점검기준**
1. 도시가스 공급시설 : 6월 1회(단, 필터와 스트레이너 청소점검은 2년 1회)
2. 도시가스 사용시설 : 1년 1회(단, 필터와 스트레이너 청소점검은 3년 1회)

Question 06

LP가스 저장실의 바닥면적이 100m²일 때 강제 통풍장치를 설치한다면 통풍능력(m³/min)은?

정답 $100m^2 \times 0.5m^3/min \cdot m^2 = 50m^3/min$

Question 07

동영상은 지하 정압기실의 배기관이다. 이 배기관의 크기는 얼마 이상이어야 하는가?

정답 100A 이상

Question 08

동영상의 용기 검사 시 반드시 검사하여야 하는 용기 검사의 종류를 쓰시오.

정답 단열성능시험

동영상이 지시하는 초저온용기의 파열판식 안전밸브의 역할을 쓰시오.

정답 내통과 외통 사이에서 내부 압력이 급상승 시 내부 가스를 일부 분출하여 용기 자체 파열을 방지

동영상 LP가스 저장실 외기와 면하여 설치된 ① 자연통풍구의 면적은 $1m^2$당 몇 cm^2이며, ② 환기구 1개의 면적은 몇 cm^2 이하인지 쓰시오.

정답 ① 바닥면적 $1m^2$당 $300cm^2$ 이상
② $2400cm^2$ 이하

해설 **환기구 1개 면적**
(가로×세로)=60cm×40cm=$2400cm^2$
이하(가로, 세로가 바뀌어도 관계 없음)

다음 동영상에서 LPG 저장실의 면적이 $8m^2$일 때 외기와 면하여 설치된 자연통풍구의 크기는 몇 cm^2 이상이어야 하는가?

정답 $8m^2$=$80000cm^2$
∴ 80000×0.03=$2400cm^2$

해설 **자연통풍구의 크기**
저장실 바닥면적의 3% 이상

다음 동영상에서 지시하는 부분의 명칭과 역할을 기술하시오.

정답 ① 명칭 : 사방절환밸브(사방밸브)
② 역할 : 탱크로리에서 저장탱크로 가스를 충전 후 탱크로리로 보내진 잔가스를 저장탱크로 회수하기 위함.

제5회 모의고사

Question 01

동영상의 방폭구조를 사용할 수 있는 위험장소를 쓰시오.

정답 ▶ 0종, 1종, 2종

해설 ▶ **위험장소에 따른 방폭기기**

위험장소	방폭전기기기
0종	본질안전방폭구조
1종	내압, 압력, 유입, 본질안전 방폭구조
2종	내압, 압력, 유입, 안전증, 본질안전 방폭구조

Question 02

동영상의 LP가스 이송펌프에서 발생될 수 있는 캐비테이션(공동현상) 발생원인을 쓰시오.

정답 ▶ ① 관 내 유속이 빠를 때
② 흡입양정이 지나치게 길 때

해설 ▶ **캐비테이션 방지법**
1. 관 내 유속을 낮춘다.
2. 두 대 이상의 펌프를 설치한다.
3. 양흡입펌프를 사용한다.

Question 03

동영상이 보여주는 밸브의 명칭을 쓰시오.

정답 ▶ 스프링식 안전밸브

동영상에서 LP가스 자동차 용기충전시설에서 유의사항 3가지를 쓰시오.

정답 ① 충전호스 길이는 5m 이내로 하고, 정전기 제거장치를 설치할 것
② 충전호스에 부착되는 가스주입기는 원터치형으로 할 것
③ 충전호스에 과도한 인장력이 가해졌을 때 충전기와 가스주입기가 분리되는 안전장치를 설치할 것

동영상의 ①, ②, ③, ④의 명칭을 쓰시오.

정답 ① 터빈계량기
② 이상압력 통보설비
③ SSV(긴급차단밸브)
④ 정압기

Question 06

동영상의 가스기구 ① 명칭과 ② 역할을 쓰시오.

정답
① 절연조인트
② 매몰배관에 전기식 부식을 방지하기 위하여 전류가 흐를 때 관 외부로 흐르지 않게 양쪽을 용접보강하는 연결부품

Question 07

동영상의 원심식 압축기의 구성요소 3가지를 쓰시오.

정답
① 디퓨저
② 가이드베인
③ 임펠러

Question 08

동영상 도시가스 정압시설에서 지시부분의 명칭을 쓰시오.

정답
센싱라인

해설
센싱라인의 역할
2차 압력을 감지, 현재 운전상태를 배관을 통하여 전송시켜 SSV조정기 등이 정상운전되게 하는 소구경 배관라인

Question 09

동영상에서 보여주는 도시가스 배관의 매설위치가 적합한지 ① 판정하고, ② 그 이유를 설명하시오.

도로폭 15m

매설깊이 1.2m

정답
① 적합
② 도로폭 8m 이상 시 1.2m 이상 깊이에 매설

Question 10

동영상의 LPG 용기 충전시설기준 중 저장설비의 저장능력이 29ton일 때 사업소 경계와의 거리는 몇 m인가?

정답 30m

해설
1. LPG 용기 충전시설기준 시행규칙 별표 2 액화석유가스 충전시설 중 저장설비는 사업소 경계까지 다음 표에 따른 거리 이상을 유지

저장능력	사업소 경계와의 거리
10t 이하	24m
10t 초과 20t 이하	27m
20t 초과 30t 이하	30m
30t 초과 40t 이하	33m
40t 초과 200t 이하	36m
200t 초과	39m

2. LPG 자동차 용기 충전시설기준
저장설비와 충전설비는 그 외면으로부터 보호시설까지 다음의 기준에 따른 안전거리 유지(단, 저장설비를 지하에 설치 시 다음 표에 정한 1/2 이상 유지)

저장능력	1종 보호시설	2종 보호시설
10t 이하	17m	12m
10t 초과 20t 이하	21m	14m
20t 초과 30t 이하	24m	16m
30t 초과 40t 이하	27m	18m
40t 초과 200t 이하	30m	20m

3. 액화석유가스 충전시설 중 충전설비는 그 외면으로부터 사업소 경계까지 24m 이상 유지
4. 자동차에 고정된 탱크 이입·충전장소에는 정차 위치를 지면에 표시하되 그 중심에서 사업소 경계까지 24m 이상 유지

Question 11

동영상에 있는 ①~⑤의 용기 각각의 명칭을 쓰고, 공업용, 의료용으로 구분하시오.

정답
① 아세틸렌(공업용)
② 아산화질소(의료용)
③ 산소(공업용)
④ 수소(공업용)
⑤ 질소(의료용)

Question **12**

동영상에 있는 ①~④까지의 밸브 명칭과 ⑤의
명칭을 쓰시오.

정답 ① 글로브밸브
② 슬루스(게이트)밸브
③ 볼밸브
④ 역지밸브
⑤ 퓨즈콕

PART

7

동영상
기출문제

다년간의 기출문제 및 해설을 수록
하였으며 실제 시험을 치르는 듯한
컬러사진으로 실전시험에 충분한 대비가
가능하도록 하였습니다. 반복적으로 문제를
풀다보면 꼭 필요한 핵심내용을
습득하게 될 것입니다.

가스기능사

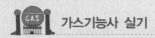

가스기능사 실기

PART 7. 동영상 기출문제

동영상 기출문제

2012년 1·2회

 Question 01

LPG 액화가스 이입 이충전 시 정전기 제거용 접지접속선의 단면적(mm²)은?

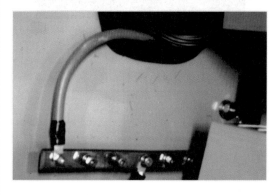

정답 5.5mm²

 Question 02

용접 용기 제조 후 경과년수가 10년 경과 15년 미만 시 재검사 주기는 몇 년인가? (단, 내용적 $V = 80L$이다.)

 정답· 3년

해설· **용기 재검사 기간**

용기 종류		신규검사 후 경과년수		
		15년 미만	15년 이상 20년 미만	20년 이상
		재검사 주기		
LPG 제외 용접 용기	500L 이상	5년마다	2년마다	1년마다
	500L 미만	3년마다	2년마다	1년마다
LPG 용기	500L 이상	5년마다		2년마다
	500L 미만	5년마다		

Question 03

고압가스 용기 운반 시 주의사항 4가지는 무엇인가?

정답·
① 염소와 아세틸렌, 암모니아, 수소는 동일 차량에 적재 금지
② 가연성 산소를 동일차량에 운반 시 충전용기 밸브가 마주보지 않게 할 것
③ 충전용기와 위험물안전관리법이 정하는 위험물과 혼합 적재하지 말 것
④ 독성 가스 중 가연성, 조연성을 동일차량에 적재 운반하지 말 것

Question 04

충전용기 AG의 의미는?

충전구나사 암나사

정답· 아세틸렌가스를 충전하는 용기의 부속품

Question 05

초저온 용기 액화산소의 ① 비등점(℃) ② 임계압력(atm)은?

정답·
① 비등점 : −183℃
② 임계압력 : 50.1atm

Question 06

LP가스 용기보관실 자연통풍구의 면적은 1m²당 몇 cm²이며, 통풍구 1개의 면적은 몇 cm²인가?

정답 ① 바닥 면적 1m²당 통풍구 크기 300cm² 이상
② 통풍구 1개의 크기(면적) 2400cm² 이하
(가로, 세로 관계 없이 60cm×40cm)

Question 07

동영상에서 보여주는 배관 이음의 방법은?

정답 플랜지 이음

Question 08

저장능력 1000kg 이상 소형 LPG 저장 탱크 경계책 높이에 설치하는 강관제 보호대의 높이(cm)와 두께(A)는?

정답 ① 높이 : 80cm 이상
② 두께 : 100A 이상

Question 09

LPG 용기의 1단 감압식 저압조정기의 조정압력, 폐쇄압력은?

정답 ① 조정압력 : 2.3~3.3kPa
② 폐쇄압력 : 3.5kPa 이하

Question 10

C_2H_2 용기 내부에 있는 용제의 종류는 무엇인가?

정답▶ 아세톤, DMF

Question 11

다음 동영상을 보고 물음에 답하시오.

① ② ③

(1) 배관 이음의 종류를 쓰시오.
(2) 구성 요소는 무엇인가?

정답▶ (1) 이음 종류
① 유니언 이음
② 플랜지 이음
③ 소켓 이음
(2) 구성 요소
① 유니언(나사, 시트, 너트)
② 플랜지(볼트, 너트, 패킹)
③ 소켓(나사)

Question 12

동영상의 압축기 형식을 쓰시오.

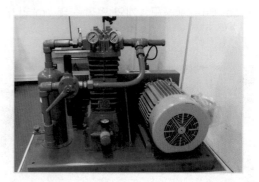

정답▶ 왕복동식 압축기

Question 13

반밀폐식 자연배기방식의 단독배기방식의 배기통의 가로 길이는 몇 m인가?

정답▶ 5m 이하

Question 14

도시가스 정압기실의 지시부분 명칭을 쓰시오.

정답 긴급차단장치(밸브)

Question 15

다음 동영상의 ①~④ 밸브의 명칭은?

정답 ① 글로브밸브
② 슬루스밸브
③ 체크밸브
④ 볼밸브

Question 16

유량계의 명칭을 쓰시오.

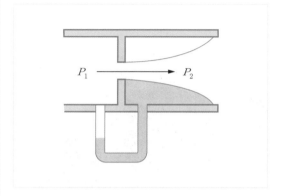

$$P_1 \longrightarrow P_2$$

정답 오리피스미터

Question 17

G/C(가스크로마토그래피) 분석장치에서 캐리어 가스의 종류 4가지를 쓰시오.

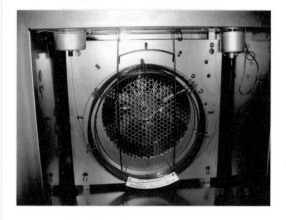

정답 ① 수소
② 헬륨
③ 질소
④ 아르곤

Question 18

LPG 이송의 압축기에서 동그라미 친 부분의 명칭은?

정답▶ 사방밸브

Question 19

가스보일러의 안전장치 종류를 쓰시오.

정답▶ 소화안전장치, 동결방지장치, 정전안전장치, 역풍방지장치

Question 20

부취제 주입 시 미터링 펌프를 사용하는 이유를 쓰시오.

정답▶ 일정량의 부취제를 직접 가스에 주입하기 위함.

Question 21

정압기실에서 불순물을 제거하는 필터의 최초 점검 주기는?

정답▶ 가스공급 개시 후 1개월 이내

Question 22

다음 동영상에 있는 방폭구조의 종류는?

정답 ▶ 안전증방폭구조

Question 23

동영상 초저온 용기의 지시부분의 명칭은?

정답 ▶ ① 액면계
② 스프링식 안전밸브
③ 파열판식 안전밸브
④ 진공배기구
⑤ 케이싱(외조) 파열판

Question 24

아세틸렌 용기에서 지시부분의 의미를 쓰시오.

정답 ▶ 가연성 가스임을 표시하는 기호

Question 25

C_2H_2 용기의 각인사항은 각각 무엇인가?

(1) Tw (2) V
(3) W (4) Tp

정답 ▶ (1) 용기의 질량에 다공물질 및 용제, 밸브의
질량을 합한 질량(kg)
(2) 용기의 내용적(L)
(3) 용기의 질량(W)
(4) 내압시험압력(MPa)

Question 26

C₂H₂ 용기에서 지시부분의 명칭은?

정답▶ 가용전식 안전밸브

Question 27

진흙, 슬러지 등을 이송하는 데 사용되는 펌프의 명칭은 무엇인가?

정답▶ 다이어프램 펌프

Question 28

동영상의 아크용접에서 용접방법을 쓰시오.

정답▶ 티그(tig) 용접(불활성 아크용접)

Question 29

동영상 지시부분의 ① 가로, ② 세로의 길이는?

정답▶ ① 가로 : 40cm ② 세로 : 30cm

Question 30

LPG 지하 탱크 상부이다. 동그라미 친 부분의 ① 명칭, ② 용도를 쓰시오.

정답▶ ① 저장 탱크 맨홀
② 정기검사 시 개방 탱크 내부 상태를 육안
으로 직접 점검

Question 31

도시가스 정압기실의 ① 기기 명칭, ② 역할을 쓰시오.

정답▶ ① RTU(Remote Terminal Unit)
② ㉠ 가스누설 경보기능(가스누설경보기)
㉡ 정전 시 전원공급기능(UPS)
㉢ 정압기실 현재 운전상태(압력, 온도,
유량) 감시기능

2012년 4회

Question 01

LPG 이송압축기에서 ① 동그라미 친 부분의 명칭, ② 역할은?

정답 ① 액트랩
② 압축기로 액화가스 유입을 방지하기 위해 액화가스를 회수하는 장치

Question 02

가연성 가스 배관 이음부에 휴대용 가스검지기로 누출검사 시 검지기의 경보농도는?

정답 폭발하한의 1/4 이하

Question 03

도시가스 매설배관의 명칭을 쓰시오.

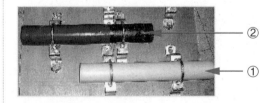

정답 ① 가스용 폴리에틸렌관
② 폴리에틸렌 피복강관

Question 04

방폭구조에서 표시된 T₄의 의미는?

정답> 방폭전기기기의 온도 등급으로서 가연성 가스의 발화도 범위 135℃ 초과 200℃ 이하를 말함.

Question 05

동영상 지시부분의 배관 이음방법을 쓰시오.

정답> 신축곡관(루프이음)

Question 06

다음 동영상의 융착 이음방법을 열융착, 전기융착으로 구분하시오.

①

②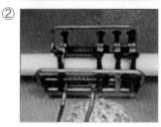

정답> ① 전기융착
② 열융착

Question 07

동영상의 20A 배관의 고정장치 간격(m)을 어느 정도로 설치해야 하는가?

정답> 2m마다

Question 08

LPG 이송 펌프의 축봉장치 중 메커니컬 시일에서 밸런스 시일을 사용하는 경우 2가지는?

정답 ① 내압이 4~5kg/cm^2 이상일 때
② LPG와 같이 저비점 액체일 때
③ 하이드로 카본일 때 (택2 기술)

해설 시일의 형식 중 더블실을 사용하여야 하는 경우
1. 유독액, 인화성이 강한 액일 때
2. 보냉・보온이 필요할 때
3. 누설되면 응고되는 액일 때
4. 내부가 고진공일 때

Question 09

동영상의 가스계량기 설치높이(용량 30m^3/h 미만 시)는?

정답 바닥에서 2m 이내

Question 10

동영상 안전증방폭구조가 가연성 제조시설에 사용 시 몇 종 위험장소에 사용할 수 있겠는가?

정답 2종 위험장소

Question 11

동영상 충전용기의 다공물질의 종류 5가지를 쓰시오.

정답 ① 석면
② 규조토
③ 목탄
④ 석회
⑤ 다공성 플라스틱

Question **12**

다음 동영상에 있는 배관부속품의 명칭을 쓰시오.

정답
① 소켓
② 유니언
③ 크로스
④ 티

Question **13**

초저온 탱크에 충전기능 액화가스 종류 3가지 비등점을 쓰시오.

정답
① 액화산소(−183℃)
② 액화아르곤(−186℃)
③ 액화질소(−196℃)

Question **14**

가스공급시설에 설치된 압력계의 최고눈금 범위는?

정답 상용압력의 1.5배 이상 2배 이하

Question **15**

LPG 저장 탱크에 설치되는 (1) 밸브 종류 3가지와 (2) 계측기의 종류 3가지를 쓰시오.

정답
(1) ① 긴급차단장치
② 안전밸브
③ 드레인밸브
(2) ① 압력계
② 온도계
③ 액면계

Question 16

LPG 저장 탱크 주위 경계책의 높이는?

정답 1.5m 이상

Question 17

도시가스 공급시설에 설치되는 정압기 기능을 설명하시오.

정답
① 도시가스 압력을 사용처에 맞게 낮추는 감압기능
② 2차측 압력을 허용 범위 내 압력으로 유지하는 정압기능
③ 가스흐름이 없을 때 밸브를 완전히 폐쇄하여 압력상승을 방지하는 폐쇄기능을 가진 기기로서 정압기용 압력조정기와 그 부속설비를 말함

Question 18

도시가스 사용시설에 설치하는 가스계량기 높이는?

정답 바닥에서 1.6m 이상 2m 이하

Question 19

가스 도매사업에 설치된 저장 탱크의 저장능력이 몇 t 이상 시 방류둑을 설치하여야 하는가?

정답 500t 이상

Question 20

LPG 저장 탱크 침하상태 측정 주기는?

정답 1년 1회

Question 21

LPG 이송압축기 지시부분의 ① 명칭, ② 역할은 무엇인가?

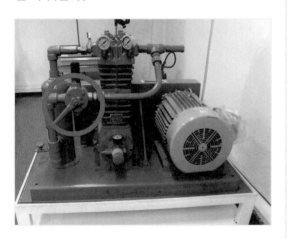

정답 ① 사방밸브
② 저장 탱크로 액이송 시 흡입 토출방향을 전환, 잔가스를 저장 탱크로 회수하는 기능

Question 22

고압가스 장치의 ① 명칭과 ② 기능(역할)을 쓰시오.

정답 ① 긴급차단장치
② 고압가스 제조 충전시설에서 이상상태(누설·화재) 발생 시 차단 가스유동을 방지함에 의해 피해 확대를 방지하는 장치

Question 23

입상배관에 설치되는 밸브의 높이는?

정답 지면에서 1.6m 이상 2m 이내

Question 24

유량계의 ① 명칭, ② 측정원리, ③ 주로 사용되는 장소는?

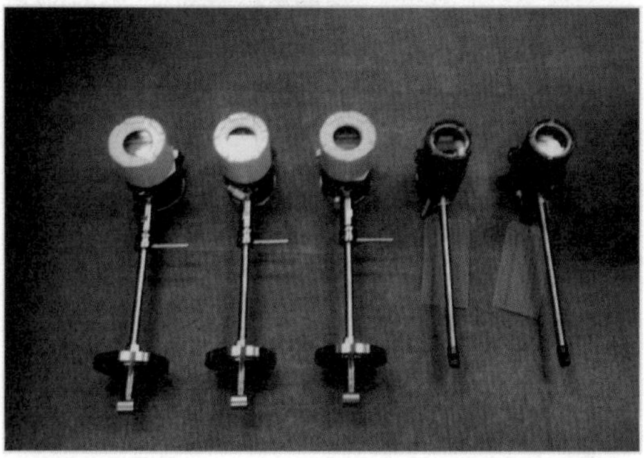

정답 ① 와류 유량계
② 소용돌이 발생으로 유량을 측정
③ 아르곤, 질소 등의 배관유량 측정에 사용

Question 25

LPG 충전소에 설치된 동영상의 ① 명칭, ② 역할을 쓰시오.

정답 ① 방폭형 접속금구
② LPG 충전 이입 시 발생되는 정전기를 제거하여 폭발을 방지하기 위하여

2012년 5회

다음 동영상의 가스계량기 명칭을 쓰시오.

①

②

③

정답
① 루터 계량기
② 막식 계량기
③ 터빈 계량기

초저온 용기 ①, ②의 명칭과 용기밸브에 각인되어 있는 부속품 ③의 기호는?

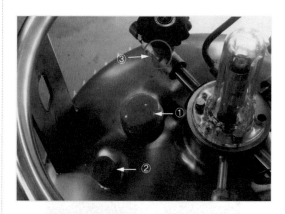

정답
① 케이싱 파열판
② 진공구(진공 배기구)
③ LT

해설
1. 케이싱(외조) 파열판 : 내조의 누설로 진공이 파열되어 내·외조 사이의 공간에 압력이 형성되면 감압하여 외조를 보호하는 안전장치
2. 진공구(진공 배기구) : 내조·외조 공간을 진공 시 사용되는 진공구를 내조의 이상으로 누설 및 진공 파괴 시 외조를 보호하는 장치

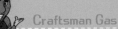

동영상에서 보여주는 가스시설물의 ① 명칭과 ② 역할, ③ 기능을 쓰시오.

정답● ① RTU(Remote Temindu Unit)
② 현장의 계측기와 시스템 접속을 위한 터미널
③ • 가스누설 경보기능(가스누설경보기)
　• 출입문 개폐기능(리밋 SW)
　• 정전 시 전원공급기능(UPS)

동영상 (1)은 가연성, (2)는 독성·가연성 용기이다. 용기 명칭 (1), (2)를 쓰고 (3)에서 (1), (2)에 알맞는 기호를 ①～⑤에서 고르시오.

(1)

(2)

(3)
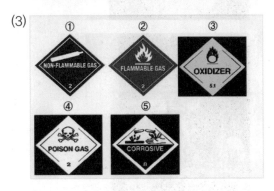

정답● (1) 아세틸렌 용기
(2) 암모니아 용기
(3) 아세틸렌 용기 : ②
　　암모니아 용기 : ②, ④

Question 05

동영상에서 보여주는 방폭구조는 무엇인가?

정답 안전증방폭구조

Question 06

동영상 강판제 방호벽에서 ① 방호벽 높이(m),
② 두께(mm), ③ 3.2mm 강판제 방호벽으로 할
때 방호벽과 지주 사이에 용접보강하여야 할 앵
글강의 규격은?

정답 ① 2m
② 6mm
③ 30mm×30mm 이상

Question 07

표시부분의 용기에 충전되는 가스를 연소성 별
로 구분하면 어떤 가스에 해당되는가?

정답 조연성 가스

Question 08

동영상 용기에 충전가능한 독성 가스의 종류는?

정답 염소

Question 09

다음 동영상에서 보여주는 LPG 이송설비의 장점을 2가지 이상 쓰시오.

정답 ① 충전시간이 짧다.
② 잔가스 회수가 용이하다.
③ 베이퍼록의 우려가 없다.

Question 10

동영상 PE관 상부에 설치된 ① 전선의 명칭, ② 면적(mm²)을 쓰시오.

정답 ① 로케팅와이어
② 6mm² 이상

Question 11

도시가스 사용시설이 설치된 압력조정기가 저압인 경우 설치 세대 수는?

정답 250세대 미만

Question 12

LPG 저장 탱크 하부에 설치되는 밸브의 명칭은?

정답 ① 긴급차단밸브
② 드레인밸브
③ 릴리프밸브

Question 13

막식 가스미터 설치높이는?

정답▶ 바닥에서 1.6m 이상 2m 이내

Question 14

NH_3가스 저장실의 지시부분의 명칭 ①, ②, ③을 쓰시오.

정답▶ ① 가스검지기
② 살수장치
③ 방호벽

Question 15

자동차용 LPG 용기에서 ①~④의 명칭은?

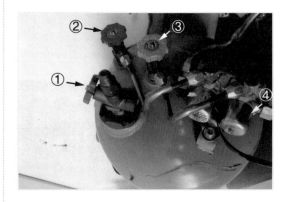

정답▶ ① 충전밸브
② 액체출구밸브
③ 기체출구밸브
④ 긴급차단 솔레노이드밸브

Question 16

다음 동영상에서 보여주는 LPG 판매시설의 저장실 용기보관실 면적(m^2)은?

정답▶ $19m^2$ 이상

Question 17

동영상은 갈색 독성 가스용기를 운반하는 차량이다. 이 용기와 함께 운반이 불가능한 가스 3가지를 쓰시오.

정답:
① 아세틸렌
② 암모니아
③ 수소

해설: 염소와 아세틸렌, 암모니아, 수소는 동일차량에 적재하여 운반하지 않는다.

Question 18

동영상 PE관의 SDR 11, SDR 17의 최고사용압력(MPa)은?

정답:
① SDR 11 : 0.4MPa 이하
② SDR 17 : 0.25MPa 이하

Question 19

동영상 CO_2 용기에서 다음 물음에 답하시오.

① 밸브 각인사항 LG의 의미는?
② 안전밸브 형식은?

정답:
① LPG 이외의 액화가스를 충전하는 용기 및 그 부속품
② 파열판식

Question 20

동영상의 가스계량기와 전기계량기의 이격거리는?

정답: 60cm 이상

Question **21**

동영상의 ① 시설물 명칭과 ② 보호판에서 이격거리(cm)를 쓰시오.

정답• ① 보호포
② 30cm 이상

Question **22**

동영상의 가스시설물의 ① 전기방식법과 ② 이 전기방식법의 전위측정용 터미널(T/B)의 간격은 몇 m마다 설치하여야 하는가?

방식 정류기

정답• ① 외부전원법
② 500m

다음 동영상에서 보여주는 지하매설 도시가스 배관의 명칭을 쓰시오.

정답▶ ① 가스용 폴리에틸렌관
② 폴리에틸렌 피복강관(PLP 강관)

동영상의 탱크 A와 B의 직경이 각각 3m, 2m일 때 A, B 탱크 간 이격거리(m)는? (단, 물분무 장치가 없으며, 탱크의 크기는 10t이다.)

정답▶ 1.25m

 1. 지상 설치 탱크
  • (A+B) × $\frac{1}{4}$ > 1m일 때는 그 길이를 이격
  • (A+B) × $\frac{1}{4}$ < 1m일 때 1m 이격
2. 지하 설치 탱크 1m 이격

동영상에서 지시하는 호스의 길이는?

정답▶ 3m 이내

동영상에서 보여주는 LPG 저장 탱크에 설치된 ① 시설물의 명칭과 ② 용도를 쓰시오.

정답▶ ① 방폭형 접속금구
② LPG의 이충전 시 발생되는 정전기를 제거하여 폭발을 방지하기 위함

Question 27

다음 밸브의 명칭을 쓰시오.

정답 역지밸브(체크밸브)

Question 28

지하 LPG 저장 탱크에서 동그라미로 지시부분의 명칭을 쓰시오.

집수관

정답 검지관

etc.

2013년 1회
[중복 출제문제 생략]

Question 01

동영상의 염소 용기(독성) 충전 시 어떠한 장치를 갖추어야 하는가?

정답▶ 경보장치와 연동된 충전량 검지장치

해설▶ 용기 과충전 방지설비 비가연성, 비독성 액화가스 충전에 대하여 충전량을 확인할 수 있는 계측기를 갖추었는지 확인하고 가연성, 독성의 액화가스 충전기에 대하여 경보장치와 연동된 충전량 검지장치를 갖추었는지 확인한다.

Question 02

동영상은 지하에 설치되어 있는 저장능력 30t의 LPG 탱크이다. 이 탱크의 점검구는 몇 개 있어야 하는가? 또한 표시된 ①, ②, ③의 명칭은?

검지관

집수관

정답▶ (1) 2개
(2) ① 긴급차단장치
② 역지밸브
③ 글로브밸브

해설▶ 20t 이하 1개, 20t 초과 2개

Question 03

동영상의 LPG 탱크 내부를 점검 시 내부가스를 작업 절차서에 따라 치환하여야 하는데, 가스 치환작업을 하지 않아도 되는 경우 2가지 이상을 쓰시오.

정답 ① 설비의 간단한 청소 등 경미한 작업일 때
② 화기를 사용하지 아니 하는 작업일 때

Question 04

동영상 고압가스 배관의 기밀시험 압력은?

정답 상용압력 이상

해설 기밀시험 압력은 상용압력 이상으로 한다.

Question 05

동영상 압력계를 설치할 때 배관에 부착하는 부분의 접합방법은?

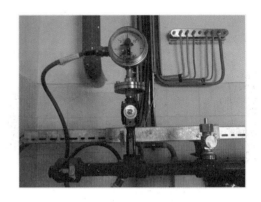

정답 용접접합

해설 단, 25mm 이하일 때는 용접접합을 하지 않아도 된다.

Question 06

동영상이 보여주는 가스장치의 명칭은?

정답 긴급차단장치

Question 07

동영상에서 압축기의 ① 명칭과 ② 구성 요소 3가지를 쓰시오.

 ① 원심식 압축기
② ㉠ 디퓨저
　 ㉡ 가이드베인
　 ㉢ 임펠러

Question 08

동영상의 배관설비 신축흡수 조치에서 신축 이음 중 곡관(bent pipe)에 해당한다. 만약 압력이 2MPa 이하인 배관의 신축 이음 시 곡관 사용이 곤란한 경우 사용할 수 있는 신축 이음의 종류는?

 ① 벨로즈형
② 슬라이드형

Question 09

동영상의 가스시설물의 명칭은?

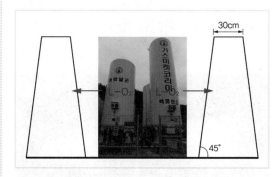

정답 방류둑

해설 방류둑의 수용용량은 최대저장용량의 110% 이상

Question 10

동영상에서 산소 용기를 충전하고 있다. 산소 충전 시 주의사항을 2가지 이상 쓰시오.

정답 ① 밸브와 용기 사이의 석유류, 유지류를 제거할 것
② 용기와 밸브 사이에 가연성 패킹을 사용하지 말 것
③ 충전은 서서히 할 것
④ 압축기와 도관 사이에 수취기를 사용할 것

Question 11

동영상은 가스제조설비에서 가연성 가스를 연소시켜 폐기하는 탑이다. 물음에 답하시오.

(1) 이 장치의 명칭은?
(2) 이때의 복사열(kcal/m²h)은?

정답 (1) 플레어스택
　　　 (2) 4000

Question 12

동영상 LPG 탱크를 지하에 설치하는 경우 저장탱크실의 물음에 답하시오.

(1) 설계강도(MPa)는?
(2) 물과 시멘트 비(%)는?

정답 (1) 21MPa 이상
　　　 (2) 50% 이하

Question 13

동영상의 LPG 탱크를 내진 설계로 시공하여야 할 저장능력은 몇 톤 이상인가?

정답 3톤 이상

Question 14

동영상은 사용자 시설의 도시가스 정압기이다. 이 정압기의 물음에 답하시오.

(1) 설치 후 분해점검 주기는?
(2) 첫 번째 분해점검 후 그 다음의 분해점검 주기는?

정답 ▶ (1) 3년 1회
　　　　(2) 4년 1회

해설 ▶ 공급자 시설 : 2년 1회 분해점검

Question 15

동영상에서 독성 가스 취급 시 보호구를 착용하고 있다. 보호구의 착용훈련 주기는 몇 개월에 1회인가?

정답 ▶ 3개월

Question 16

동영상은 아세틸렌 용기를 충전하는 장소이다. 이 장소에 용기 파열을 방지하기 위하여 설치하는 장치는?

정답 ▶ 살수장치

해설 ▶ 아세틸렌가스를 용기에 충전하는 장소 및 충전용기 보관장소에는 화재 등의 원인으로 용기가 파열되는 것을 방지하는 살수장치를 설치한다.

Question 17

동영상은 차량에 고정된 탱크이다. 이 탱크에 가스를 충전하거나 이입 시 정전기 제거를 위한 설비를 하여야 한다. 이때의 기준에 대하여 다음 물음에 답하시오.

(1) 접지접속선 단면적(mm^2)은?
(2) 접지저항치의 총합(Ω)은? (단, 피뢰설비를 설치하지 않은 경우이다.)

정답▶ (1) 5.5
(2) 100

해설▶ 피뢰설비를 설치할 경우 10Ω

Question 18

동영상의 C_2H_2 용기에 대하여 (   ) 안에 적당한 단어는?

상하의 통으로 구성된 (①)로 아세틸렌을 제조하는 때에는 사용 후 그 통을 분리하거나 (②)가스가 없도록 조치한다.

정답▶ ① 아세틸렌 발생장치
② 잔류

2013년 2회
[중복 출제문제 생략]

Question 01

동영상의 비파괴 검사의 명칭은?

①

②

③

④

 정답
　① 방사선투과검사(RT)
　② 자분탐상검사(MT)
　③ 침투탐상검사(PT)
　④ 초음파탐상검사(UT)

Question 02

동영상의 방폭전기기기 설치에 사용되는 정션박스, 풀박스 접속함은 어떠한 구조로 하여야 하는가?

정답
　① 내압방폭구조
　② 안전증방폭구조

Question 03

동영상의 도시가스 감지장치의 ①, ②, ③, ④ 명칭을 쓰시오.

 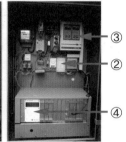

정답 ① RTU
② 모뎀
③ 가스누설경보기
④ UPS

Question 04

동영상에서 도시가스 배관을 설치할 때 도로가 평탄한 경우 기울기는 어느 정도인가?

정답 1/500~1/1000

Question 05

도시가스 배관을 지하 매설 시 다른 시설물과 이격거리(m)는?

정답 0.3m

Question 06

동영상은 LP가스 지하에 설치한 배관이다. 맞대기 용접으로 시공하는 호칭경(A)의 기준은?

정답 50A 초과

Question 07

동영상은 LP가스의 살수장치이다. 살수관 구멍의 직경은 몇 mm 정도인가?

정답 ▸ 4mm

Question 08

동영상의 가스 배관에 표시된 것을 보고 물음에 답하시오.

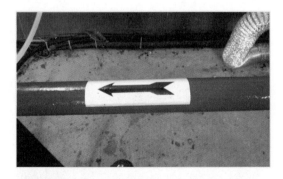

(1) 화살표시의 의미는?
(2) 가스 배관에 현재 표시되어 있는 것 이외에 2가지 사항을 추가해 기술하시오.

정답 ▸ (1) 가스의 흐름방향
　　　 (2) 사용 가스명, 최고사용압력

Question 09

동영상에 표시되어 있는 입상관 밸브의 설치높이는?

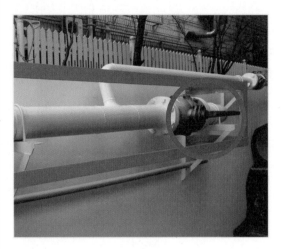

정답 ▸ 바닥에서 1.6m 이상 2m 이내

Question 10

동영상은 가스 제조시설에 설치된 방폭구조이다. 위험장소 0종 장소에 원칙적으로 설치되어야 하는 방폭구조의 종류는?

정답 ▸ 본질안전방폭구조

동영상에 표시되어 있는 부분의 의미를 쓰시오.

정답 LG : 액화가스를 충전하는 용기부속품

동영상의 가스보일러는 전용 보일러실에 설치하여야 한다. 전용 보일러실에 설치하지 않아도 되는 경우 2가지를 쓰시오.

정답
① 밀폐식 보일러
② 가스보일러를 옥외에 설치하는 경우
③ 전용 급기통을 부착시키는 구조로 검사에 합격한 강제식 보일러 (택2 기술)

동영상의 반밀폐식 보일러의 배기통 톱으로 새, 쥐 등이 들어가지 않도록 설치하는 방조망 직경(mm)은?

정답 16mm

동영상 LPG 용기 내용적이 47L일 때 충전량 (kg)은? (단, 충전상수는 2.34이다.)

정답 $G = \dfrac{V}{C} = \dfrac{47}{2.35} = 20 \text{kg}$

2013년 4회
[중복 출제문제 생략]

동영상은 독성 가스 용기결합 후 누설검사를 하였더니 흰 연기, 염화암모늄(NH₄Cl)이 발생하였다. 다음 물음에 답하시오.

(1) 이 용기에 충전되어 있는 가스의 명칭은?
(2) 이때 사용된 누설검지액은?

정답) (1) Cl_2
(2) NH_3

해설) **염화가스 누설검지액 NH₃**
$3Cl_2 + 8NH_3 \rightarrow 6NH_4Cl + H_2$

동영상과 같이 자동차에 고정된 LPG 탱크에 설치해야 하는 자동차 정지목은 탱크 용량이 몇 L 이상인 경우 설치하는가?

정답) 5000L 이상

동영상은 고압가스 배관이다. 배관을 지상에 설치할 때 신축량을 계산하는 공식을 쓰시오.

정답) 신축량 = 선팽창계수 × 온도차 × 배관길이

Question 04

동영상은 독성 가스인 염소가스 배관이다. 이 배관을 설치할 수 없는 장소 1가지를 쓰시오.

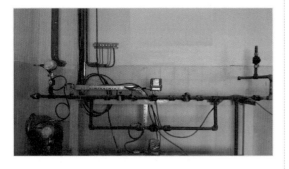

정답 ▶ 건축물의 기초 및 환기가 잘 되지 않는 장소

해설 ▶ 가연성 또는 독성 가스 배관은 건축물의 기초 및 환기가 잘 되지 않는 장소에 설치하지 않으며, 건축물 안에 배관은 단독 피트 내 설치하거나 노출하여 설치한다. 단, 동관, 스테인리스강관 등 내식성 재료를 배관 이음(용접 이음매 제외) 없이 설치하는 경우 매몰 설치 가능

Question 05

동영상에서 표시된 황색 두 줄 띠의 의미는 무엇인가?

정답 ▶ 가스 배관임을 표시

Question 06

동영상은 펌프 또는 압축기가 부착된 액화석유가스 전용 운반자동차이다. 이러한 자동차의 명칭은?

정답 ▶ 벌크로리

Question 07

동영상의 공기보다 무거운 가스누출검지 경보장치에서 설치높이(cm)는?

정답 ▶ 지면에서 30cm 이하

동영상의 도시가스 정압기실의 조명등의 조도는 몇 lux인가?

정답 150lux

동영상의 용기는 용접용기이다. 화살표가 지시한 용접용기의 동판 최대·최소 두께의 차이는 평균두께의 몇 % 이하여야 하는가?

정답 10% 이하

1. 용접용기 동판부분의 최대·최소 두께의 차이는 평균두께의 10% 이하로 한다.
2. 이음매 없는 용기 동체의 최대·최소 두께의 차이는 평균두께의 20% 이하로 한다.

동영상은 가스용 염화비닐 호스이다. 빈칸에 알맞은 숫자를 기입하시오.

구 분	안지름(mm)
1종	①
2종	②
3종	③

정답 ① 6.3 ② 9.5 ③ 12.7

동영상은 차량에 고정된 LPG 탱크이다. 지시한 부분의 글자 크기는?

정답 탱크 직경의 1/10 이상

Question 12

동영상은 도시가스 사용시설의 가스계량기이다. 다음 물음에 답하시오.

(1) 전기계량기, 전기개폐기와 이격거리(cm)는?
(2) 단열조치하지 않은 굴뚝과 이격거리(cm)는?
(3) 절연조치하지 않은 전선과 이격거리(cm)는?

 (1) 60cm
　　　 (2) 30cm
　　　 (3) 15cm

Question 13

동영상은 LPG 저장 탱크이다. 법에 정한 저장 탱크란 저장능력이 몇 톤 이상이어야 하는가?

정답▶ 3톤 이상

Question 14

동영상의 수소를 사용하는 가스검지기의 눈금이 1.148%이다. 현재 경보장치가 작동하여야 하는가를 계산으로 답하시오.

정답▶ 폭발하한의 1/4 이하에서 작동
4×1/4＝1% 이상에서 작동하여야 하므로 현재 1.148%로 경보 가동하여야 하는 농도임.

Question 15

동영상의 저장 탱크에 폭발방지장치가 있다. 폭발방지장치의 글자 크기는 어느 정도인가?

정답▶ 가스명(LPG)의 1/2 이상

2014년 1,2,4회
[중복 출제문제 생략]

 Question 01

동영상의 ① 장치 명칭을 쓰고 ② 작동조작 동력원 4가지를 쓰시오.

정답 ① 긴급차단장치
② 공기압, 유압, 전기압, 스프링압

 Question 02

동영상의 산소 용기의 재검사 기간의 주기에 대하여 다음 빈칸을 채우시오.

내용적	재검사 주기	
500L 이상	(①)년	
500L 미만	신규검사 후 경과년수 10년 이하	(②)년
	신규검사 후 경과년수 10년 이상	(③)년

정답 ① 5
② 5
③ 3

Question 03

동영상은 라인마크이다. 다음 물음에 답하시오.

①  ②

③  ④

(1) 라인마크 종류 ①, ②, ③, ④를 쓰시오.
(2) 라인마크가 설치된 것으로 간주할 수 있는 경우를 쓰시오.

정답
(1) ① 일방향
② 직선방향
③ 양방향
④ 삼방향
(2) 밸브박스 배관의 직상부에 설치된 전위 측정용 터미널이 라인마크 설치 기준에 적합한 경우

해설 그 이외에 135° 방향, 관말지점이 있음

〈135°〉   〈관말지점〉

참고
1. 라인마크 규격

기호	종류	직경×두께	핀의 길이×직경
LM-1	직선방향	60mm×7mm	140mm×20mm
LM-2	양방향	60mm×7mm	140mm×20mm
LM-3	삼방향	60mm×7mm	140mm×20mm
LM-4	일방향	60mm×7mm	140mm×20mm
LM-5	135°방향	60mm×7mm	140mm×20mm
LM-6	관말지점	60mm×7mm	140mm×20mm

2. 라인마크 설치 기준 : 도로법에 따른 도로 및 공동주택부지 안의 도로에 도시가스 배관 매설 시 라인마크 설치(단, 도로법에 따른 비포장도로, 포장도로의 법면 및 측구는 표지판 설치, 비포장도로가 포장 시는 라인마크로 교체 설치)
3. 라인마크는 배관길이 50m마다 1개 이상씩 설치하되, 주요 분기점, 구부러진 지점 및 그 주위 50m 이내에 설치한다. 다만, 단독주택 분기점은 제외한다. 밸브박스 또는 배관직상부에 설치된 전위 측정용 터미널이 라인마크 설치기준에 적합한 기능을 갖도록 설치된 경우에는 라인마크로 간주한다.

Question 04

동영상처럼 CO_2를 압축하여 드라이아이스를 제조할 때, 그때의 압력(atm)은 얼마인가?

정답 100atm

해설 드라이아이스 제조법
기체 CO_2를 −25℃ 이하로 냉각 100atm으로 압축 후 단열팽창

Question 05

동영상에서 작동되는 유량계의 명칭은?

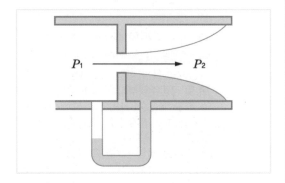

정답▶ 오리피스미터

Question 06

동영상에서 표시된 부분을 보고 물음에 답하시오.

(1) 액면계 명칭은?
(2) 인화 중독의 우려가 없는 곳에 사용되는 액면계의 명칭 3가지를 쓰시오.

정답▶ (1) 슬립튜브식 액면계
(2) 고정튜브식 액면계, 슬립튜브식 액면계, 회전튜브식 액면계

Question 07

동영상은 정압기실의 자기압력기록계이다. 자기압력기록계의 용도를 2가지 이상 기술하시오.

정답▶ ① 정압기의 1주일간 운전상태를 기록
② 이상 압력상태 확인
③ 배관 내에서는 기밀시험 측정

Question 08

동영상의 ①, ②, ③, ④의 명칭을 쓰시오.

정답▶ ① 글로브밸브
② 슬루스밸브
③ 볼밸브
④ 소켓

Question 09

동영상에서 보여주는 가스장치를 보고 물음에 답하시오.

(1) 명칭을 쓰시오.
(2) 기능 3가지를 쓰시오.

 (1) RTU(원격단말감시장치)
(2) ① 출입문 개폐감시기능
② 정압기실 이상상태 감시기능
③ 가스누출검지 경보기능

Question 10

동영상의 압축기를 구성하는 3대 요소를 쓰시오.

정답 ① 임펠러
② 디퓨저
③ 가이드베인

Question 11

동영상의 배관 융착에서 ① 열융착법의 종류 3가지와 ② 융착상태의 적합 판정 여부를 무엇으로 결정하는지 쓰시오.

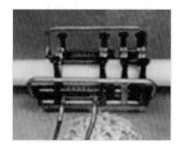

정답 ① 소켓 융착, 맞대기 융착, 새들 융착
② 비드폭

Question 12

동영상에서 보여주는 경계책의 높이(m)는?

정답 1.5m 이상

Question 13

동영상의 배관부속품의 명칭은?

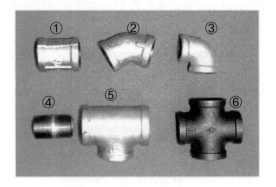

정답 ① 소켓
② 45° 엘보
③ 90° 엘보
④ 니플
⑤ 이경티
⑥ 크로스

Question 15

동영상의 C_2H_2 용기 안전밸브에서 가용전 재료를 쓰시오.

정답 ① Pb(납)
② Sn(주석)
③ Sb(안티몬)
④ Bi(비스무트)

Question 14

동영상의 살수장치의 수원에 접속 시 몇 분간 연속 분무가 가능한 수원에 접속되어야 하는가?

정답 30분

Question 16

동영상의 초저온 용기에서 내조·외조 사이에 진공으로 두는 이유는?

정답 단열(열을 차단)을 하여 외부의 온도 영향을 받지 않도록 하기 위함.

Question 17

동영상은 모든 압력계의 기준형으로 2차 압력계의 교정장치로 사용되는 압력계이다. 이 압력계의 명칭은?

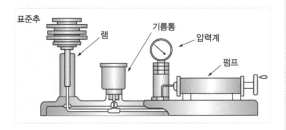

정답 ▶ 자유 피스톤식 압력계

Question 18

동영상에서 표시된 부분의 의미를 설명하시오.

정답 ▶ 아세틸렌가스를 충전하는 용기 및 그 부속품

Question 19

동영상의 가스난방기 안전장치 중 FE식 난방기에 설치할 수 있는 안전장치 2가지는?

정답 ▶ ① 과대풍압안전장치
② 과열방지안전장치

Question 20

동영상에서 표시된 정압기실의 ① 기구 명칭, ② 역할을 쓰시오.

정답 ▶ ① 긴급차단장치
② 정압기실의 2차 압력상승 및 이상 사태 발생 시 가스흐름을 차단, 위해를 방지하기 위함.

Question 21

동영상에서 지시하는 ① 가스 기구의 명칭과 ②의 부분은 무엇이며, 그 역할을 기술하시오.

①

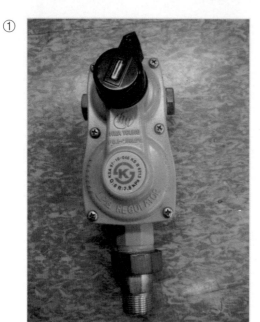

②

정답 ① 자동교체조정기
② 차단부로서 사용 중인 가스가 누설 시 감지하여 가스의 공급을 차단하는 차단부

Question 22

동영상에 표시된 클링커식 액면계의 상부·하부 밸브의 기능을 쓰시오.

정답 액면계의 파손에 대비한 자동 또는 수동식 스톱밸브

Question 23

동영상이 보여주는 ① 관의 명칭과 ② 사용 용도를 쓰시오.

정답 ① TF관(이형질 이음관)
② 강관과 PE관을 연결하는 이형질 이음관

Question 24

동영상의 방폭구조의 종류는?

정답▶ 유입방폭구조(o)

Question 25

동영상에서 보여주는 가스 배관 이음의 명칭은?

정답▶ 루프 이음(신축곡관)

Question 26

동영상에서 보여주는 ①, ②의 설치높이(용량 $30m^3$/h 미만 시)를 쓰시오.

①

②

정답▶ ① 바닥에서 2m 이내
② 바닥에서 1.6m~2m 이내

해설▶ 보호상자 내 가스계량기는 바닥에서 2m 이내

Question 27

동영상에서 표시된 압력계는 공업용으로 널리 사용되는 2차 압력계의 대표적 압력계이다. 이 압력계의 명칭은?

정답▶ 부르동관 압력계

Question **28**

동영상에서 보여주는 보냉제의 종류 3가지를 쓰시오.

정답 경질우레탄폼, 폴리염화비닐폼, 펄라이트,
글라스울 (택2 기술)

Question **29**

동영상의 가스계량기 설치장소 2가지를 쓰시오.

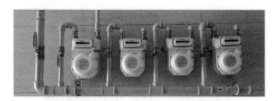

정답 ① 검침 교체 유지관리 계량이 용이한 장소
② 직사광선 빗물을 받을 우려가 있는 장소
에는 보호상자 내에 설치

해설 **가스계량기 설치장소(KGS Fu 551)**
1. 가스계량기는 점검 교체 유지관리 및 계량이 용이하고 환기가 양호한 장소에 설치하고 직사광선 빗물을 받을 우려가 있는 곳에 설치 시 보호상자 안에 설치한다.
2. 주택에 설치 시 가스 사용자가 구분하여 소유하거나 점유하는 건축물의 외벽에 설치(단, 실외에서 검침할 수 있는 경우에는 제외)한다.
3. 용량 $30m^3/h$ 미만에 한하는 가스계량기 설치높이는 바닥으로부터 1.6m 이상 2m 이내 수직, 수평으로 설치하고 밴드 보호가대 등 고정장치로 고정한다. 단, 보호장치 내 설치, 기계실에 설치, 가정용을 제외한 보일러실에 설치 또는 문이 달린 파이프 덕트 내 설치 시 바닥으로부터 2.0m 이내에 설치한다.

Question **30**

가스보일러에 반드시 설치하여야 할 안전장치를 2가지 이상 쓰시오.

정답 ① 점화장치
② 물빼기장치
③ 동결방지장치
④ 난방수여과장치 등 (택2 기술)

Question 31

동영상에서 고압가스 용기를 운반할 때 주의사항을 4가지 쓰시오.

정답 ① 염소와 아세틸렌, 암모니아, 수소는 동일차량에 적재하여 운반하지 말 것
② 가연성 산소를 동일차량에 운반 시 충전용기밸브가 마주보지 않게 할 것
③ 충전용기와 위험물안전관리법이 정하는 위험물과 혼합 적재하지 말 것
④ 독성 가스 중 가연성, 조연성을 동일차량에 적재 운반하지 말 것
⑤ 용기의 상하차 시 충격을 완화하기 위하여 완충판을 사용할 것 (택4 기술)

Question 32

동영상의 원심 펌프에서 일어날 수 있는 캐비테이션의 발생원인 3가지를 쓰시오.

정답 ① 회전수가 빠를 때
② 펌프의 설치위치가 지나치게 높을 때
③ 흡입 관경이 좁을 때

해설 **캐비테이션**

정의	유수 중 그 수온의 증기압보다 늦은 부분이 생기면 물이 증발을 일으키고 기포를 발생하는 현상
방지법	• 회전수를 낮춘다. • 펌프의 설치위치를 낮춘다. • 두 대 이상의 펌프를 사용한다. • 양흡입 펌프를 사용한다.

Question 33

동영상의 가스보일러(FF) 방식에 대하여 다음 물음에 답하시오.

(1) 동영상과 같이 밀폐식 보일러를 설치할 수 없는 장소 4가지를 쓰시오.
(2) 보일러를 전용 보일러실에 설치 시 설치하지 않는 ① 기구와 그 ② 이유를 쓰시오.

정답 (1) 환기 불량으로 사람이 질식할 우려가 있는 장소(방, 거실, 목욕탕, 샤워장 등)
(2) ① 환기팬
② 대기압보다 낮은 부압 형성의 원인이 됨

Question 34

동영상의 전기방식법에 대하여 물음에 답하시오.
(단, 지하 매설기관의 부식방지를 위하여 전위측
정용 터미널(T/B)의 설치간격에 대한 물음이다.)

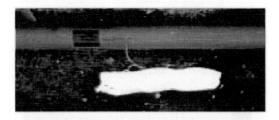

(1) 희생양극법인 경우 몇 m마다 설치하여야
    하는가?
(2) 배류법인 경우 몇 m마다 설치하여야 하는가?
(3) 외부전원법인 경우 몇 m마다 설치하여야
    하는가?

 (1) 300m
       (2) 300m
       (3) 500m

Question 35

동영상의 용기에 대하여 다음 물음에 답하시오.

①

②

(1) 영상 ①, ②에 표시된 부분의 명칭은?
(2) 표시된 부분이 온도에 의해 작동 시 그때의
    용융온도는?

 (1) 가용전식 안전밸브
       (2) ① 105±5℃
          ② 65~68℃

동영상에서 보여주는 ① 가스 기구의 명칭과
② 역할을 기술하시오.

정답 ① 액체 자동절체기
② 사용 중 액체라인가스가 전량 소비되었을
때 예비라인으로 절체되어 예비측 가스가
공급되게 하는 절체기

2014년 5회
[중복 출제문제 생략]

Question 01

동영상의 원심 펌프에서 일어나는 캐비테이션
방지방법을 2가지 이상 쓰시오.

①

②

정답 ① 회전수를 낮춘다.
② 흡입관경을 넓힌다.
③ 펌프의 설치위치를 낮춘다.
④ 양흡입 펌프를 사용한다.

해설 **캐비테이션 발생원인**
1. 회전수가 빠를 때
2. 펌프의 설치위치가 높을 때
3. 흡입관경이 좁을 때

Question 02

동영상에서 계량기의 명칭은?

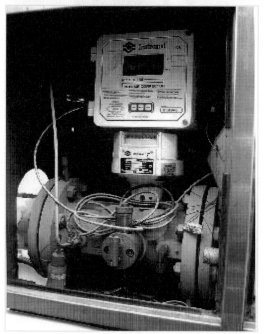

정답 터빈계량기

동영상의 ① 밸브 명칭과 ② 역할을 쓰시오.

정답 ① 릴리프밸브
② 액관 중에 설치되어 액관에 고압력이 형성
시 밸브가 개방, 액화가스가 흡입측으로
되돌아감으로써 액관의 파손을 방지하며
액가스가 대기 중으로 분출되지 않는다.

동영상의 용기나 충전나사 형식을 A, B, C로 표
시하시오.

①

②

정답 ① A   ② B

⑤

동영상이 보여주는 ①, ② 콕의 종류를 쓰고, ③
그 외의 콕은 어떤 가스용 콕이 있는지 쓰시오.

①

②

정답 ① 퓨즈 콕
② 상자 콕
③ 주물연소기용 노즐 콕, 호스 콕

참고 1. 상자 콕, 퓨즈 콕의 열림방향 : 시계바늘
반대방향
2. 주물연소기용 노즐콕 : 시계바늘 방향

동영상이 지시하는 부분의 (1) 종류 3가지와 (2) 구비조건 2가지 이상을 쓰시오.

①

②

정답 (1) 보냉재(단열재) 종류
　　① 펄라이트
　　② 폴리염화비닐폼
　　③ 경질 폴리우레탄폼
　　④ 글라스울 (택3 기술)
(2) ① 화학적으로 안정할 것
　　② 경제적일 것
　　③ 열전도율이 적을 것
　　④ 시공이 쉬울 것

동영상은 비파괴검사의 종류이다. 비파괴검사의 종류 4가지를 영어 약자로 쓰시오.

①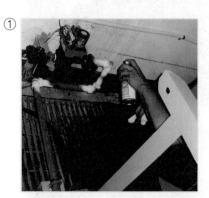

②

③

④

정답 ① PT　　② MT
　　　③ RT　　④ UT

Question 08

동영상의 LPG 충전시설의 저장 탱크가 3.5ton 일 때 사업소 경계와의 거리는?

정답▶ 24m

해설▶
1. LPG 용기 충전시설 기준 시행규칙 별표 2 액화석유가스 충전시설 중 저장설비는 사업소 경계까지 다음 표에 따른 거리 이상을 유지

저장능력	사업소 경계와의 거리
10t 이하	24m
10t 초과 20t 이하	27m
20t 초과 30t 이하	30m
30t 초과 40t 이하	33m
40t 초과 200t 이하	36m
200t 초과	39m

2. LPG 자동차 용기 충전시설 기준 저장설비와 충전설비는 그 외면으로부터 보호시설까지 다음의 기준에 따른 안전거리 유지(단, 저장설비를 지하에 설치 시 다음 표에 정한 1/2 이상 유지)

저장능력	1종 보호시설	2종 보호시설
10t 이하	17m	12m
10t 초과 20t 이하	21m	14m
20t 초과 30t 이하	24m	16m
30t 초과 40t 이하	27m	18m
40t 초과 200t 이하	30m	20m

3. 액화석유가스 충전시설 중 충전설비는 그 외면으로부터 사업소 경계까지 24m 이상 유지
4. 자동차에 고정된 탱크 이입·충전장소에는 정차 위치를 지면에 표시하되 그 중심에서 사업소 경계까지 24m 이상 유지

Question 09

동영상이 지시하는 부분의 ① 기기 명칭과 ② 설치되어 있는 상하 밸브의 기능을 쓰시오.

정답▶
① 클링커식 액면계
② 액면계 파손 시 차단하여 LP가스의 누설을 방지함.

동영상의 PE관의 맞대기 융착의 ①, ② 과정을
순서대로 기술하시오.

①

②

정답▶ ① 가열용융공정
② 압축냉각공정

동영상의 유량계의 명칭은?

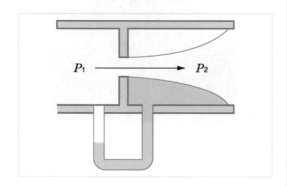

정답▶ 오리피스 유량계

동영상은 왕복압축기이다. 이 압축기에서 발생
될 수 있는 실린더의 이상음 발생원인을 3가지
쓰시오.

정답▶ ① 실린더와 피스톤의 접촉
② 실린더 내 이물질 혼입
③ 가스의 분출

동영상의 조정기를 보고, 사용측과 예비측을 구
분하시오.

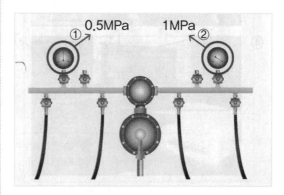

정답▶ ① 사용측
② 예비측

Question 14

동영상의 맞대기 융착 이음의 합격 기준을 쓰시오.

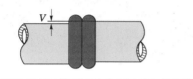

정답
① 비드는 좌우 대칭형으로 둥글게 하고 균일하게 형성되도록 한다.
② 비드의 표면은 매끄럽고 청결하도록 한다.
③ 접합면의 비드와 비드 사이 경계부위는 PE 배관의 외면보다 높게 형성되도록 한다.
④ 이음부 연결오차는 PE 배관두께의 10% 이하로 한다.

Question 15

동영상의 도시가스 정압기지 및 밸브기지 내 경계책 설치기준을 3가지 쓰시오.

정답
① 정압기지, 밸브기지 주위에는 높이 1.5m 이상의 경계책 등을 설치 외부인의 출입을 방지하는 조치를 한다.
② 경계책 주위에는 경계표지를 보기 쉬운 곳에 부착한다.
③ 경계책 안에는 발화·인화 물질을 휴대하고 들어가지 아니 한다.

참고
정압기지, 밸브기지의 안전을 확보하기 위하여 외부인의 출입을 감시하는 CCTV를 출입문, 정압기지, 밸브기지 등 전체 시설을 감시할 수 있도록 설치한다(단, 군부대 등 국가보안 유지를 위해 법령에 따라 출입을 제한하고 정압기지, 밸브기지에 근무자가 상주하고 적외선 감지기 등이 설치 시 CCTV를 설치하지 아니할 수 있다).

Question 16

동영상의 기구 명칭 ①, ②, ③, ④를 쓰시오.

정답
① 볼밸브   ② 체크밸브
③ 슬루스밸브 ④ 역지밸브

Question 17

동영상 가스계량기의 경우 ①, ②를 비교하여
설치높이(용량 30m³/h 미만 시)를 쓰시오.

①

②

정답 ① 바닥에서 2m 이내
② 바닥에서 1.6m 이상 2m 이내

Question 18

동영상에서 보여주는 ① Ex, ② d, ③ IIB, ④ T₄의
의미를 쓰시오.

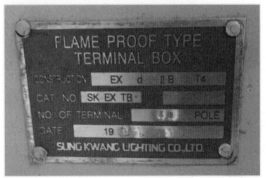

정답 ① Ex : 방폭구조
② d : 내압방폭구조
③ IIB : 방폭전기기기의 폭발 등급
④ T₄ : 방폭구조의 온도 등급(발화도 범위
135℃ 초과 200℃ 이하)

2015년 1,2,4,5회
[중복 출제문제 생략]

Question 01

동영상의 용기는 무이음 용기이다. 재검사 주기에 대하여 다음 빈칸을 채우시오.

내용적	재검사 주기	
500L 이상	(①)년	
500L 미만	신규검사 후 경과년수 10년 미만	(②)년
	신규검사 후 경과년수 10년 이상	(③)년

 ① 5
② 5
③ 3

Question 02

동영상의 비파괴 검사방법은? (단, 영문약자로 답하시오.)

정답 RT(방사선투과검사)

Question 03

동영상 LP가스 충전시설에서 저장능력이 10톤 이하일 때 저장설비 외면에서 사업소경계까지 유지거리(m)는?

정답 24m

해설 (KGS Fp 331) 액화석유가스 충전시설 중 저장설비 외면에서 사업소경계와의 거리

저장능력	사업소경계와의 거리
10t 이하	24m 이상
10t 초과 20t 이하	27m 이상
20t 초과 30t 이하	30m 이상
30t 초과 40t 이하	33m 이상
40t 초과 200t 이하	36m 이상
200t 초과	39m 이상

1. 같은 사업소에 두 개 이상의 저장설비가 있는 경우에는 그 설비별로 각각 안전거리를 유지한다.
2. 저장설비 지하설치하거나 지하설치 저장설비 안에 액중 펌프를 설치 시 상기 사업소경계 거리에 0.7을 곱한 거리 이상으로 할 수 있다.

참고 1. 액화석유가스 충전시설 중 충전설비 외면으로부터 사업소경계까지 유지거리 : 24m 이상
2. 자동차에 고정된 탱크 이입 충전장소 이상의 중심으로부터 사업소경계까지 : 24m 이상

> 자동차에 고정된 탱크 이입 충전장소의 지면에 표시하는 정차 위치의 크기
> • 길이 : 13m 이상
> • 폭 : 3m 이상

3. 충전설비 중 충전기는 사업소경계가 도로에 접한 경우 그 외면으로부터 가장 가까운 도로경계선까지 : 4m 이상
4. 자동차에 고정된 탱크 이입 이충전장소의 지면에 표시된 정차위치 중심은 사업소경계가 도로에 접한 경우 그 중심에서 가장 가까운 도로경계선까지 : 4m 이상

Question 04

동영상의 탱크로리 차량과 보여주는 건물과는 얼마 이상 거리를 두고 주정차를 하여야 하는가?

정답 15m 이상

해설 **차량 고정탱크 운반기준(KGS GC 206)**
운행도중 노상에 주차할 필요가 있는 경우에는 다음 기준에 따라 주차한다.
1. 제1종 보호시설로부터 15m 이상 떨어지도록 하고 제2종 보호시설이 밀집되어 있는 지역과 육교 및 고가차도 등의 아래 또는 부근은 피하며, 교통량이 적고, 부근에 화기가 없는 안전하고 지반이 좋은 장소를 선택하여 주차한다. 〈개정 14.10.6〉
2. 부득이하게 비탈길에 주차하는 경우에는 주차 브레이크를 확실히 걸고 차바퀴에 고정목으로 고정한다.
3. 차량운전자나 운반책임자가 차량으로부터 이탈한 경우에는 항상 눈에 띄는 곳에 있도록 한다.

Question 05

동영상의 용기 ①, ②, ③의 명칭을 쓰고, 용기 밸브 충전구나사 형식을 왼나사/오른나사로 답하시오.

①

②

③

정답 ① 수소(왼나사)
② 산소(오른나사)
③ 아산화질소(오른나사)

동영상의 도시가스 배관 표지판이 제조공급 속 밖에 설치되어 있는 경우이다. 각각의 설치간격을 기술하시오.

①

[가스도매사업 표지판]

②
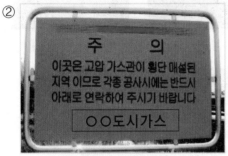
[일반 도시가스사업 표지판]

 ① 500m
　　　② 200m

 도시가스 배관의 표지판

법류 ＼ 구분	제조소 및 공급소의 배관시설	제조소·공급소 밖의 배관시설
가스도매사업	500m마다	500m마다
일반도시가스사업	500m마다	200m마다
고압가스안전관리법	지상 배관 : 1000m마다 지하 배관 : 500m마다	

동영상 LPG 지하 탱크 상부에서 표시부분의 ①, ②, ③, ④의 명칭은?

검지관

정답 ① 긴급차단밸브
　　 ② 역지밸브
　　 ③ 릴리프밸브
　　 ④ 집수관

동영상의 가스보일러 설치 시 안전성·편리성을 위하여 설치하는 장치 5가지를 쓰시오.

 ① 소화안전장치
② 동결방지장치
③ 정전안전장치
④ 역풍방지장치
⑤ 저가스압 차단장치

동영상의 비파괴검사를 보고 물음에 답하시오.

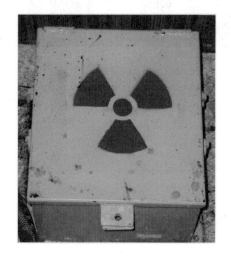

(1) 명칭을 쓰시오.
(2) 장점 3가지를 쓰시오.

정답 (1) RT(방사선투과검사)
(2) ① 신뢰성이 높다.
② 내부 결함 검출이 가능하다.
③ 영구 보존이 가능하다.

참고 RT의 단점
1. 고가이다.
2. 건강상의 문제가 있다.
3. 표면결함 검출능력이 저하된다.

Craftsman Gas

Question 10

동영상 도시가스 정압기실에서 지시하는 부분의 ① 명칭과 ② 역할을 기술하시오.

정답 ① SSV(긴급차단장치)
② 정압기실 2차 압력상승 및 이상 사태 발생 시 가스유동을 차단하여 피해확대를 막는 장치

Question 11

동영상의 신축 이음 배관의 명칭은?

정답 신축곡관(루프이음)

Question 12

동영상의 ①, ②, ③, ④의 부속품 및 밸브의 명칭은?

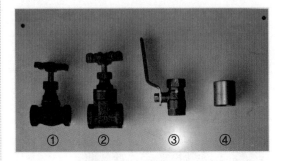

정답 ① 글로브밸브
② 슬루스밸브
③ 볼밸브
④ 소켓

Question 13

용기에 표시된 ①, ②, ③의 의미 및 단위를 기술하시오.

정답 ① Tp : 내압시험압력(MPa)
② Tw : C_2H_2의 용기에 용기질량에 다공물질 및 용제밸브의 질량을 합한 질량(kg)
③ V : 내용적(L)

Question 14

동영상에서 부착되어 있는 보냉제 종류 4가지를 쓰시오.

정답▶ ① 경질 폴리우레탄폼
② 펄라이트
③ 글라스울
④ 폴리염화비닐폼

Question 15

동영상의 AG의 의미를 쓰시오.

정답▶ C₂H₂가스를 충전하는 용기부속품

Question 16

동영상은 배관을 용접 후 비파괴검사를 하고 있다. 비파괴검사의 장점 4가지를 쓰시오.

정답▶ ① 검사물의 손상 없이 내부의 성질 결함을 검출할 수 있다.
② 외관검사의 경우 간단한 공구로 검사가 가능하다.
③ 침투검사의 경우 표면에 생긴 미소결함을 검출할 수 있다.
④ 내압시험을 실시하기가 곤란한 경우 비파괴시험을 실시할 수 있다.
⑤ 방사선검사의 경우 사진촬영으로 신뢰성이 높다. (택4 기술)

Question 17

동영상에서 보여주는 방호벽의 철판두께(mm)는?

정답▶ 6mm 이상

Question 18

PE관의 SDR값의 ① 11 이하, ② 17 이하일 때의 압력값(MPa)을 기술하시오.

정답 ① 11 이하 : 0.4MPa 이하
② 17 이하 : 0.25MPa 이하

Question 19

동영상 LPG 저장 탱크의 경계책의 높이(m)는?

정답 1.5m 이상

Question 20

동영상에서 보여주는 가스계량기의 명칭을 쓰시오

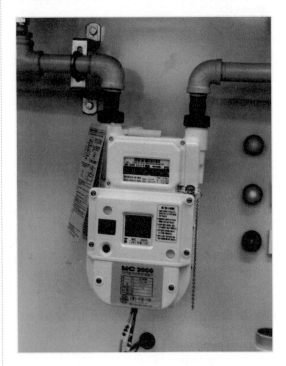

정답 다기능 가스안전계량기

Question 21

동영상의 LPG 연소기의 호스의 길이(m)는?

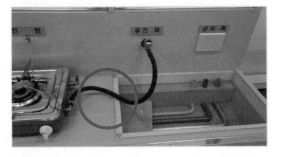

정답 3m 이내

Question 22

동영상에서 설비의 ① 명칭, ② 용도를 쓰시오.

정답▸ ① 벤트스택
② 가연성·독성 가스의 고압설비 중 특수반응 설비와 긴급차단장치를 설치한 고압가스 설비에는 그 설비가 작동하는 가스의 종류, 양, 온도, 압력에 따라 이상사태 발생 시 그 설비 안의 내용물을 설비 밖으로 긴급 안전하게 독성·가연성 가스를 이송시키는 설비

Question 23

동영상에서 배관의 관경이 20A일 때 고정장치(브라켓트)의 설치간격(m)은?

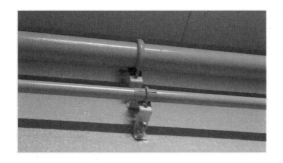

정답▸ 2m마다

Question 24

동영상에서 ①, ②의 PE관 접합방법을 전기융착, 열융착으로 구분하시오.

①

②

정답▸ ① 열융착
② 전기융착

Question 25

동영상의 펌프 명칭은?

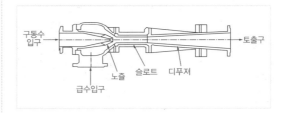

정답▸ 제트 펌프

동영상은 터보형 펌프이다. 이 펌프의 정지 순서를 순서대로 쓰시오.

정답 ① 토출밸브를 닫는다.
② 모터를 정지한다.
③ 흡입밸브를 닫는다.
④ 펌프 내의 액을 방출한다.

동영상의 용기 충전구나사 형식은?

정답 B형(암나사)

동영상의 LP가스 용기저장실에서 용기보관 시 주의점 4가지를 쓰시오.

정답 ① 충전용기 보관 시 40℃ 이하를 유지할 것
② 용기보관실에 사용하는 휴대용 손전등은 방폭형일 것
③ 충전용기와 잔가스 용기는 구분 보관할 것
④ 용기보관장소 2m 이내 화기 인화성·발화성 물질을 두지 말 것

동영상의 가스 배관 용접 후 다음과 같은 결함이 발생하였다. 용접결합의 종류 ①, ②를 쓰시오.

① 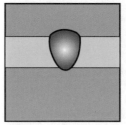   ②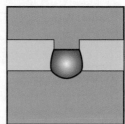

정답 ① 언더컷
② 용입 불량

Question 30

동영상의 용기에서 다음 물음에 답하시오.

(1) 용기의 명칭은?
(2) 이 용기의 정의를 기술하시오.

정답 (1) 초저온 용기
(2) 섭씨 영하 50도 이하의 액화가스를 충전하기 위한 용기로서 단열재로 피복하거나 냉동설비로 냉각하는 방법으로 용기 안의 가스온도가 상용의 온도를 초과하지 아니하도록 할 것

Question 31

동영상의 LP가스 사용시설의 저압배관의 ① Tp, ② Ap값을 기술하시오.

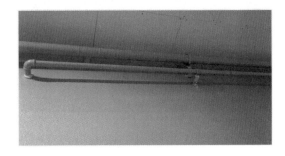

정답 ① Tp : 0.8MPa 이상
② Ap : 8.4kPa 이상

Question 32

동영상은 LP가스 이송 시 사용되는 압축기이다. 지시부분의 ① 명칭과 ② 기능을 쓰시오.

정답 ① 사방밸브
② 저장 탱크의 기체가스를 탱크로리로 이송하여 탱크로리의 액을 저장 탱크로 이송 후 탱크로리의 잔가스를 다시 저장 탱크로 회수하는 기능

Question 33

공기액화분리장치에서 표시된 중간 냉각기의 역할을 기술하시오.

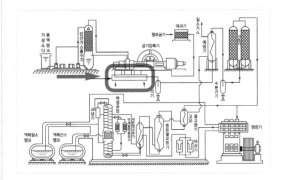

정답 압축기에서 토출된 압축열을 제거함

Question 34

동영상 PE 배관 맞대기 융착이다. 융착의 3단계 공정을 쓰시오.

 ① 가열용융공정
② 압착공정
③ 냉각공정

Question 35

동영상의 자동차용 LP가스 용기에서 물음에 답하시오.

(1) 충전은 몇 % 이하로 충전하는가?
(2) 이 용기의 안전장치 종류 3가지는?

 (1) 85% 이하
(2) ① 액면제어장치
② 과충전방지장치
③ 과류방지밸브

Question 36

동영상은 차압식 유량계의 한 종류이다. 다음 물음에 답하시오.

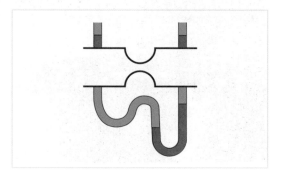

(1) 이 유량계의 명칭은?
(2) 특징을 2가지 쓰시오.

(1) 벤투리관
(2) ① 다른 차압식 유량계에 비하여 압력손실이 적다.
② 제작비가 많이 든다.

Question 37

동영상의 ① 밸브 명칭과 ② 기능을 쓰시오.

① 스프링식 안전밸브
② 저장 탱크 내부 압력이 급상승 시 작동 : 가스를 일부 방출시키므로 탱크 내부의 파열 폭발을 방지하기 위함.

동영상을 보고 물음에 답하시오.

(1) ①의 명칭을 쓰시오.
(2) 표시된 ②의 감압방식은 2단 감압식의 일체형, 분리형 중 어느 형식에 속하는가?

 (1) 자동교체조정기
(2) 2단 감압식 일체형

동영상 ①, ②, ③에 표시된 PG, LPG, AG의 의미를 쓰시오.

정답▶ ① PG : 압축가스를 충전하는 용기의 부속품
② LPG : 액화석유가스를 충전하는 용기의 부속품
③ AG : 아세틸렌가스를 충전하는 용기의 부속품

동영상 ①, ②, ③의 명칭을 쓰시오.

정답▶ ① 파열판식 안전밸브
② 스프링식 안전밸브
③ 케이싱 파열판

동영상에서 표시부분의 ① 명칭과 ② 역할을 기술하시오. 또 ③ 작동검사 주기를 쓰시오.

정답▶ ① 스프링식 안전밸브
② LPG 배관 중 이상고압 발생 시 스프링이 작동 일부 가스를 분출시키므로 배관 자체의 파열을 방지하기 위함.
③ 2년 1회 이상

2016년 1회

Question 01

다음은 LPG 탱크의 긴급차단장치이다. 탱크로부터 장치 조작위치는 몇 m 떨어진 장소에 있어야 하는가?

[긴급차단장치의 조작밸브]

[긴급차단장치]

정답 5m 이상

해설 긴급차단장치의 조작위치(탱크로부터)
1. 일반제조 고압가스 : 5m
2. 특정제조 고압가스 : 10m
3. LPG 탱크 : 5m
4. 일반도시가스 : 5m
5. 가스도매사업 : 10m

Question 02

다음 동영상은 LNG를 연료로 하는 도시가스 사용시설에서 가스누출경보장치의 3대 요소를 보여주고 있다. 물음에 답하시오.

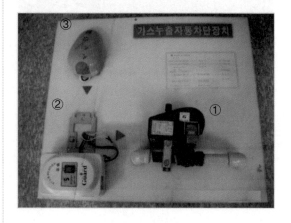

(1) ①, ②, ③의 명칭을 쓰시오.
(2) ③의 설치위치는 천장을 기준으로 몇 cm 이내에 설치되어야 하는지 쓰시오.

정답
(1) ① 차단부
② 제어부
③ 검지부
(2) 검지부 하단까지 30cm 이내

해설 **공기보다 무거운 경우 제어부의 설치위치**
가스 사용실 연소기 주위로서 조작하기 쉬운 위치, 검지부의 설치위치는 지면에서 검지부 상단까지 30cm 이내

Question 03

다음은 LNG의 기화장치이다. 이 장치는 바닷가에 인접 설치되어 있다. 이 기화기의 매체는 어떠한 형식이며 기화기 내부에 사용하는 열교환 매체는?

정답▶ 중간매체식, 해수

 해설▶

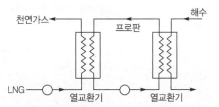

1. 중간매체식 : 해수와 LNG 사이를 중간 열매체 C_3H_8을 개입시켜 기화
2. 베이스 로드용(오픈라크 베이퍼라이저) : 여러 개의 핀튜브로 된 패널과 패널 사이를 해수로 가열하여 기화시킴

3. 피크 세이빔용(서브머지드 베이퍼라이저)
   : 에어리프트 효과에 의해 열교환기층을 상승하는 운동으로 기화

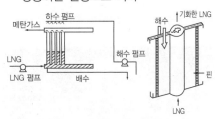

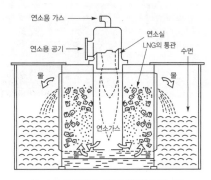

[서브머지드 베이퍼라이저]

Question 04

다음 동영상에서 지시하는 액면계의 명칭은?

정답▶ 슬립튜브식 액면계

다음 동영상에서 부착된 안전밸브의 형식은?

정답 파열판식 안전밸브

다음 동영상에서 보여주는 방폭등의 방폭구조는 어떠한 방폭구조인가?

정답 안전증방폭구조(e)

다음 동영상에서 보여주는 가스계량기의 설치 높이는 몇 m인가?

정답 바닥에서 1.6~2m 이내

다음 동영상에서 살수장치의 조작위치는 탱크 외면으로부터 몇 m 이상 이격되어야 하는가?

정답 5m 이상

중복 출제문제

Question 01

다음 동영상은 가연성 시설 내의 방폭등이다. 전기방폭구조의 종류를 5가지 기술하시오.

 정답
① 내압방폭구조
② 압력방폭구조
③ 유입방폭구조
④ 안전증방폭구조
⑤ 본질안전방폭구조

Question 02

다음 동영상 ①, ②의 가스보일러 형식을 기술하시오.

①

②

정답
① FE(강제배기식 반밀폐형)
② FF(강제급배기식 밀폐형)

해설
1. FF(강제급배기식 밀폐형) : 연소용 공기를 옥외에서 흡입하고 폐가스를 옥외로 배출
2. FE(강제배기식 반밀폐형) : 연소용 공기를 실내에서 폐가스를 옥외로 배출
3. 자연배기식(CE) : 하부에 급기구, 상부에 배기통이 있는 방식

Question 03

다음 동영상은 Ar 저장 탱크이다. 이 탱크에 설치되어 있는 밸브의 종류 3가지는?

 정답
① 안전밸브
② 긴급차단밸브
③ 릴리프밸브
④ 드레인밸브 (택3 기술)

Question 04

다음 동영상은 에어졸 용기이다. 물음에 답하시오.

(1) 에어졸 제조 시 온수 누출시험 온도는?
(2) 내용적이 얼마일 때 에어졸 제조에 재사용 할 수 없는가?

 정답
(1) 46~50℃
(2) 30cm^3

Question 05

다음 동영상에서 보여주는 가스미터의 종류는?

정답   막식 가스미터

Question 06

다음 동영상이 가리키는 밸브의 명칭은?

정답▶ 글로브밸브

Question 07

다음 동영상의 전기방식법은?

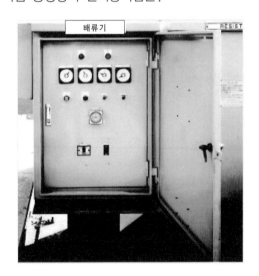

정답▶ 배류법

Question 08

다음 동영상은 공기액화분리장치에서 불순물을 제거하는 장치이다. 불순물 중 CO_2의 영향을 기술하시오.

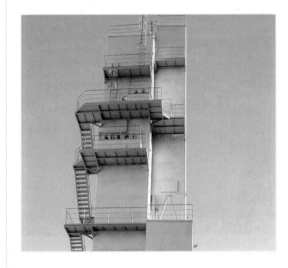

정답▶ 고형의 드라이아이스가 되어 장치 안을 폐쇄시킨다.

Question 09

다음 동영상은 가스계량기이다. 전기개폐기와의 이격거리는 몇 cm인가?

정답▶ 60cm 이상

Question **10**

다음 동영상은 부취제 주입설비이다. 천연가스에 부취제를 첨가 시 정량 펌프를 사용하는 이유는?

정답▶ 적정량의 부취제를 공급하기 위함

Question **11**

다음 동영상은 C_2H_2용기이다. 15℃에서의 C_2H_2 최고충전압력은?

정답▶ 1.5MPa 이상

Question **12**

다음 동영상은 공기압축기이다. 이 압축기에 사용하는 윤활유의 명칭은?

정답▶ 양질의 광유

2016년 2회

Question 01

자동차에 가스를 충전하는 충전기에 대하여 물음에 답하시오.

(1) 충전기의 호스 길이는 몇 m인가?
(2) 호스에 설치된 장치의 명칭 ①, ② 및 역할은?
(3) 자동차 충전기에 대하여 기술하시오.

정답
- (1) 5m 이내
- (2) ① 세이프 티 카플러 : 충전호스에 과도한 인장력이 가해졌을 때 충전기와 호스가 분리되는 장치
  ② 퀵 카플러 : 압력 3.3kPa 이하 LPG 자동차 주입구에 원터치로 접속 충전이 끝난 후 분리하는 안전장치
- (3) ① 원터치형일 것
  ② 정전기 제거장치가 있을 것
  ③ 충전호스에 과도한 인장력이 가해졌을 때 충전기와 호스가 분리되는 안전정치를 설치할 것
  ④ 충전기 상부에 캐노피를 설치하고, 그 면적은 공지면적의 1/2로 한다.

Question 02

다음 동영상은 Ar 저장 탱크이다. 이 탱크에 부착되는 밸브의 종류 3가지는?

정답
- ① 안전밸브
- ② 릴리프밸브
- ③ 긴급차단밸브
- ④ 드레인밸브 (택3 기술)

Question 03

다음 동영상은 LNG 공급시설의 배관이다. 다음 물음에 답하시오.

(1) 보냉제로 주로 쓰이는 것 3가지는?
(2) 보냉제의 열전도율에 영향을 미치는 요소 3가지를 기술하시오.

정답 (1) 펠라이트, 폴리염화비닐폼, 경질우레탄폼
(2) 온도 전열효과, 흡착성, 발포성

해설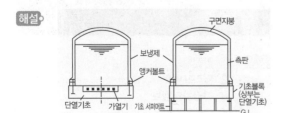

Question 04

전도의 3대 요소를 기술하시오.

정답 전열면적, 두께, 온도차

해설
$$Q = \lambda \times \frac{A}{l} \times \Delta t$$

여기서, Q : 전도열량(kcal/hr)
λ : 열전도율(kcal/hr)
A : 전열면적(m^2)
l : 두께(m)
Δt : 온도차(℃)

Question 05

다음 동영상은 LP가스 저장 탱크에 설치된 클린카식 액면계이다. 이 액면계의 파손방지 대책을 1가지만 기술하시오.

정답 금속 프로덱터를 설치하고, 액면계의 상하 배관에 자동 및 수동식의 스톱밸브를 설치한다.

Question 06

다음 동영상은 가스분석장치이다. 가스분석장치 중 흡수분석법 3가지는?

정답▶ ① 오르자트법
② 헴펠법
③ 게겔법

Question 07

다음 동영상은 자동차용 LP가스 용기이다. ①, ②, ③, ④의 명칭을 쓰시오.

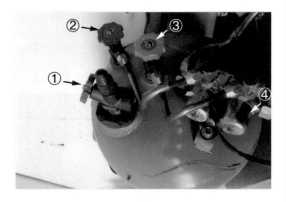

정답▶ ① 충전밸브
② 액체 출구밸브
③ 기체 출구밸브
④ 긴급차단 솔레노이드밸브

Question 08

다음 동영상은 LPG 저장시설의 통풍구이다. 통풍구는 바닥면에서 몇 cm 이내의 높이에 설치하여야 하는가?

정답▶ 30cm 이내

Question 09

다음 동영상은 매몰용접용 볼밸브의 기밀성능시험을 하고 있다. 기밀성능시험 방법을 순서대로 기술하시오.

정답▶ 밸브를 연다. → 공기를 주입한다. → 밸브를 닫는다. → 밸브스템 등에 누설 유무를 확인한다.

Question 10

다음은 가스 크로마토그래피의 칼럼이다. ① 칼럼의 역할, ② 칼럼의 설치된 곳, ③ 가스 크로마토그래피의 3대 요소를 기술하시오.

정답 ▶ ① 분석하고자 하는 복합시료를 단일성분으로 분리
② 오븐
③ 분리관, 검출기, 기록계

Question 11

다음 동영상은 방폭구조로 시설된 LP가스 저장실 내부이다. 이 저장실의 조명은 몇 lux인가?

정답 ▶ 150lux

Question 12

다음 동영상은 공기액화분리장치의 복정류탑이다. 공기액화분리장치에서 폭발원인 4가지를 쓰시오.

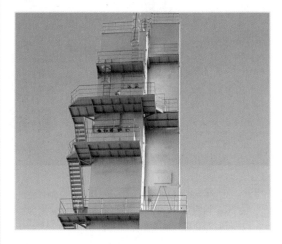

정답 ▶ ① 공기취입구로부터 C_2H_2 혼입
② 압축기용 윤활유 분해에 따른 탄화수소 생성
③ 액체 공기 중 O_3의 혼입
④ 공기 중 질소화합물의 혼입

Question 13

다음 동영상에서 가스용 폴리에틸렌관을 연결하는 이음 방식을 쓰시오.

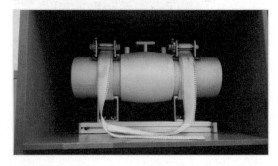

정답 ▶ 소켓 융착

Question 14

다음 동영상은 CO_2 용기이다. 이 용기는 분류상 어떤 형태의 용기인가?

정답▶ 무이음 용기

Question 15

다음 동영상에서 보여주는 것은 가스라이터이며, 상부 부분은 안전공간이다. 이렇게 안전공간을 설치한 이유를 쓰시오.

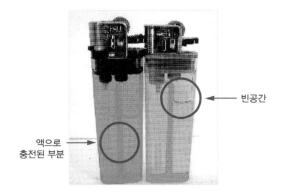

빈공간

액으로
충전된 부분

정답▶ 온도 상승 시 액팽창에 의한 파손을 방지하기 위하여

Question 16

다음 동영상은 화살표가 지시하는 관의 명칭은 무엇인가?

정답▶ PLP 강관(폴리에틸렌 피복강관)

해설▶

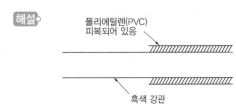

폴리에틸렌(PVC)
피복되어 있음

흑색 강관

Question 17

다음 동영상은 LP가스 연소기구이다. 연소기구가 갖추어야 할 3가지 조건은 무엇인가?

정답▶
① 가스를 완전연소시킬 수 있을 것
② 열을 유효하게 이용할 수 있을 것
③ 취급이 간단하고, 안정성이 높을 것

다음 동영상은 LP가스 이송방법 중 압축기에 의한 이송방식이다. 압축기방식 이외에 2가지를 쓰시오.

정답 ① 펌프에 의한 방식
② 차압에 의한 방식

다음 동영상은 LP가스의 검지기이다. 이 검지기의 설치 높이는 지면에서 검지기 상단부까지 몇 cm인가?

정답 30cm 이내

다음 동영상은 지상배관으로 방청 도장 후 건축물 외벽과 같은 색으로 도색하였다. 이 때 가스배관에는 어떠한 표시를 해야 하는가?

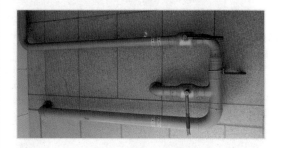

정답 지면 1m 높이에 폭 3cm의 황색 띠를 2줄로 표시

2016년 3회

Question 01

다음 동영상은 압축기이다. 물음에 답하시오.

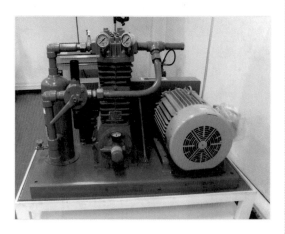

(1) 이 압축기의 명칭은 무엇인가?
(2) 행정거리를 1/2로 줄이면 피스톤 압출량은 어떻게 변하는가?
(3) 이 압축기의 특징은 무엇인가?

정답
(1) 왕복동 압축기
(2) 1/2로 줄어든다.
(3) ① 압축이 단속적이다.
② 오일윤활식 또는 무급유식이다.
③ 설치면적이 크다.

해설
$Q = \dfrac{\lambda}{4} D^2 \times L \times N \times \eta \times \eta_v$ 에서

여기서, Q : 피스톤 압출량(m^3/min)
D : 실린더 직경(m)
L : 행정(m)
N : 회전수(rpm)
η : 기통 수
η_v : 체적효율

Question 02

다음 동영상은 초저온 저장 탱크이다. 화살표가 지시하는 초저온 저장 탱크에 설치된 액면계의 명칭은?

정답 차압식 액면계(햄프슨식 액면계)

해설
차압식 액면계(햄프슨식 액면계)
1. 자동제어장치에 적용이 쉽다.
2. 액면을 유지하고 있는 압력과 탱크 내 유체의 압력차를 이용하여 액면을 측정 고압밀폐 탱크의 압력차를 측정하는 데 널리 사용된다.

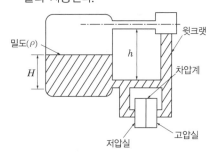

Question 03

동영상에서 보여주는 녹색용기가 500L 미만일 때 재검사 주기는 몇 년인가? (단, 제조 후 경과는 10년 이하이다.)

정답» 5년

해설» 용기의 재검사 주기

제조 후 경과년수	용기 종류	15년 미만	15~20년 미만	20년 이상
용접	500L 이상	5년	2년	1년
	500L 미만	3년		
무이음 및 복합재료 용기	500L 이상	5년		
	500L 미만	제조 후 경과년수가 10년 이하인 것은 5년 10년 초과한 것은 3년		
LPG	500L 이상	5년	2년	1년
	500L 미만	5년		2년

Question 04

다음 동영상에서 표시된 부분은 정압기실의 SSV이다. 상용압력이 1MPa일 때 주정압기의 긴급차단밸브(SSV)의 작동압력을 쓰시오.

정답» 1×1.2=1.2MPa

해설» 정압기실에 설치되는 설비의 설정압력 기준값

구 분		상용압력 2.5kPa	기 타
주정압기에 설치하는 긴급차단장치		3.6kPa 이하	상용압력의 1.2배 이하
예비정압기에 설치하는 긴급차단장치		4.4kPa 이하	상용압력의 1.5배 이하
이상 압력 통보 설비	상한값	3.2kPa 이하	상용압력의 1.1배 이하
	하한값	1.2kPa 이상	상용압력의 0.7배 이하
안전밸브		4.0kPa 이하	상용압력의 1.4배 이하

Question 05

다음 동영상은 도시가스에 사용되는 감시장치이다. 화살표에서 지시하는 기기의 명칭을 쓰시오.

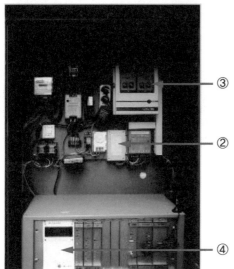

정답 ① RTU(원격단말감시장치)
② 모뎀
③ 가스누설경보기
④ UPS

Question 06

다음 동영상은 LPG를 탱크로리에서 저장 탱크로 이송하는 로딩암이다. ①, ②로 흐르는 유체의 종류를 액체관, 기체관으로 구별하여 쓰시오.

정답 ① 굵은 관 : 액체 라인
② 얇은 관 : 기체 라인

Question 07

다음 동영상에서 보여주는 밸브의 명칭은?

정답 릴리프밸브

Question 08

다음 동영상에서 정확한 아크용접의 용접방법 명칭은 무엇인가?

정답▶ TIG 용접(불활성 가스 아크용접)

Question 09

다음 동영상을 보고, 물음에 답하시오.

(1) 가연성 가스설비에서 이상사태가 발생한 경우 당해 설비 내의 내용물을 설비 밖으로 안전하게 이송하는 설비이다. 명칭을 쓰시오.

(2) 지시하는 방출관의 높이 기준을 기술하시오.

정답▶ (1) 벤트스택
(2) • 독성 가스 : 방출된 가스의 착지농도가 TLV-TWA 허용농도 미만이 되는 높이
• 가연성 가스 : 방출된 가스의 착지농도가 폭발하한계 미만이 되는 높이

Question 10

다음 동영상은 도시가스 사용시설의 가스계량기이다. 물음에 답하시오.

(1) 이 계량기의 설치 높이는 몇 m인가?

(2) 이 계량기와 다음의 이격거리는 각각 몇 cm인가?
① 전선(절연조치를 하지 않음)
② 굴뚝(단열조치를 하지 않음), 콘센트
③ 전기계량기, 전기개폐기

정답▶ (1) 바닥에서 1.6m 이상 2m 이내
(2) ① 15cm 이상
② 30cm 이상
③ 60cm 이상

Question 11

다음 동영상에서 보여주는 습식 가스미터의 용도 3가지를 기술하시오.

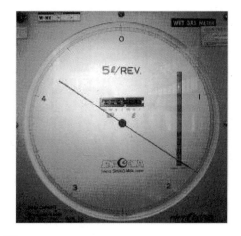

정답
① 실험실용
② 연구실용
③ 기준 가스미터용

해설
습식 가스미터 용량범위
$0.2 \sim 3000 \text{m}^3/\text{h}$

Question 12

다음 동영상은 자동차용 LPG 충전호스이다. 충전호스의 길이는 몇 m인가?

정답 5m 이내

Question 13

다음 동영상은 초저온 액화산소용기이다. 이 용기에 설치된 안전밸브의 형식이 무엇인지 쓰시오.

정답 파열판식 및 스프링식

Question 14

다음 동영상은 가스용 폴리에틸렌관이다. 이 관의 SDR값에 대한 빈칸을 채우시오.

SDR	압력(MPa)
11 이하	①
17 이하	②
21 이하	③

정답 ① 0.4 ② 0.25 ③ 0.2

다음 동영상은 펌프를 구동하는 전동기이다. 전동기의 과부하 원인 4가지를 쓰시오.

정답 ① 임펠러 이물질 혼입 시
② 양정 유량 증가 시
③ 액점도 증가 시
④ 모터 소손 시

다음 동영상은 공업용 용기밸브이다. ①, ②, ③, ④, ⑤에 해당되는 가스 명칭을 쓰시오. (단, ⑥은 염소용기밸브이다.)

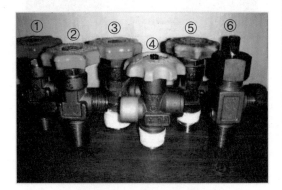

정답 ① 주황색(H_2)　② 녹색(O_2)
③ 황색(C_2H_2)　④ 회색(LPG)
⑤ 청색(CO_2)

다음 동영상은 LPG 용기를 저장하는 저장소이다. 용기 저장 시 안전관리상 유의할 점을 4가지만 기술하시오.

정답 ① 충전용기 보관 시 40℃ 이하를 유지할 것
② 용기보관실에 사용하는 휴대용 손전등은 방폭형일 것
③ 충전용기와 잔가스 용기를 구분하여 보관할 것
④ 용기보관장소 2m 이내 화기 인화성, 발화성 물질을 두지 않을 것

다음 동영상은 가스분석장치이다. 가스분석장치 중 흡수분석법 3가지는?

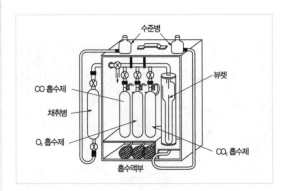

정답 ① 오르자트법　② 헴펠법　③ 게겔법

Question 19

다음 동영상은 도시가스 내관에 기밀시험을 할 수 있는 자기압력기록계이다. 내관의 내용적에 따른 기밀시험 유지시간에 대하여 빈칸을 채우시오.

내용적	기밀시험 유지시간(분)
10L	①
10~50L 이하	②
50L 초과	③

 ① 5
② 10
③ 24

 1. 기밀시험가스 : 공기 또는 불활성 가스
2. 내관의 기밀시험압력 : 최고사용압력의 1.1배 또는 8.4kPa 중 높은 압력

Question 20

다음 동영상이 보여주는 ① 저압조정기의 조정압력과 ② 최대폐쇄압력 범위를 쓰시오.

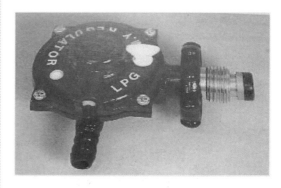

 ① 2.3~3.3kPa
② 3.5kPa

해설 1. 1단 감압식 저압조정기
2. 2단 감압식 2차용 조정기
3. 자동절체식 일체용 저압조정기의 최대 폐쇄압력 : 3.5kPa 이하로 한다.

2016년 4회

Question 01

다음 동영상에서는 고압가스 운반차량에 용기를 적재하고 있다. 독성 가스 이외에 용기 운반 시 주의사항 3가지를 쓰시오.

정답
① 염소와 아세틸렌, 암모니아, 수소는 동일 차량에 적재하여 운반하지 말 것
② 가연성 산소를 동일차량에 운반 시 충전 용기 밸브가 마주보지 않도록 할 것
③ 충전용기와 위험물안전관리법이 정하는 위험물과 동일차량에 적재하여 운반하지 말 것
④ 충전용기를 차에 실을 때 충격방지를 위해 완충판을 갖추고 사용할 것 (택3 기술)

참고 **독성 가스 충전용기 운반 기준**
1. 충전용기를 차량에 적재하여 운반 시 적 재함에 세워서 운반할 것
2. 차량의 최대적재량을 초과하여 적재하 지 않을 것
3. 독성 중 가연성, 조연성 가스는 같이 적 재하여 운반하지 않을 것
4. 운반 중 충전용기는 40℃ 이하를 유지 할 것
5. 충전용기를 싣거나 내릴 때 충격방지를 위하여 완충판을 갖출 것
6. 밸브가 돌출한 충전용기는 프로텍터 캡 으로 밸브 손상 방지조치를 할 것

Question 02

다음 동영상은 LP가스를 이송하는 펌프이다. 축 봉부 기밀유지를 위하여 메커니컬 시일방법 중 밸런스 시일을 채택하였다. 밸런스 시일의 특징 2가지는?

정답
① 하이드로 카본일 때
② LPG와 같은 저비점 액체일 때
③ 내압이 0.4~0.5MPa 이상일 때 (택2 기술)

Question 03

다음 동영상은 밀폐용기 또는 설비 내에 밀봉된 가연성 가스가 용기 또는 설비의 사고로 인해 파손되거나 오조작의 경우에만 누출 위험이 있는 장소이다. 이 장소는 위험장소 등급 분류상 몇 종에 해당하는가?

정답 2종

해설 **위험장소의 분류**
1. 1종 장소 : 상용상태에서 가연성 가스가 체류하여 위험하게 될 우려가 있는 장소, 정비 보수 또는 누출 등으로 인하여 위험하게 될 우려가 있는 장소를 말한다.
2. 2종 장소
   - 밀폐된 용기 또는 설비 내에서 밀봉된 가연성 가스가 그 용기 설비 등의 사고로 인해 파손되거나 오조작의 경우에만 누출할 위험이 있는 장소
   - 확실한 기계적 환기조치에 의하여 가연성 가스가 체류하지 않도록 되어 있으나 환기장치에 이상이나 사고가 발생한 경우에는 가연성 가스가 체류하여 위험하게 될 우려가 있는 장소
   - 1종 장소의 주변 또는 인접한 실내에서 위험한 농도의 가연성 가스가 종종 침입할 우려가 있는 장소
3. 0종 장소 : 상용의 상태에서 가연성 가스의 농도가 연속해서 폭발한계 이상으로 되는 장소(폭발상한계를 넘는 경우에는 폭발한계 내로 들어갈 우려가 있는 경우를 제외한다.)

위험장소에 따른 방폭기기 선정
1. 0종 : 본질안전방폭구조
2. 1종 : 내압, 압력, 유입, 본질안전 방폭구조
3. 2종 : 내압, 압력, 유입, 본질안전, 안전증 방폭구조

Question 04

다음 동영상은 액화가스를 기화하는 장치이다. 물음에 답하시오.

(1) 온수가열방식인 경우 온수 온도는 몇 ℃ 이하인가?
(2) 이 기화장치의 작동원리 2가지는 무엇인가?

정답 (1) 80℃ 이하
(2) 가온감압방식, 감압가온방식

해설 **증기가열방식인 경우 120℃ 이하**
1. 가온감압방식 : 액체상태의 LP가스를 흘려보내 여기서 기화된 가스를 조정기로 감압하여 공급하는 방식
2. 감압가온방식 : 액체상태의 LP가스를 조정기로 감압하고 열교환기를 통하여 가온 기화시키는 방식

Question 05

다음 동영상은 정압기의 안전밸브이다. 정압기 입구측 압력이 0.5MPa 미만일 경우 물음에 답하시오.

(1) 정압기 설계유량이 1000Nm³/h 미만일 경우 방출관의 크기는 얼마인가?
(2) 정압기 설계유량이 1000Nm³/h 이상일 경우 방출관의 크기는 얼마인가?

 정답
(1) 25A 이상
(2) 50A 이상

Question 06

다음 동영상은 LPG를 이송하는 압축기이다. 이 압축기의 실린더에 이상음이 발생했을 시 그 원인 3가지는 무엇인가?

정답
① 실린더와 피스톤의 접촉, 실린더에 이물질 혼입
② 실린더에 기름 혼입으로 액해머 발생
③ 피스톤링 마모, 가스의 분출

해설
실린더 내 이상음 발생 시 조치사항
클리어런스(간극)의 조정, 실린더 내 청소, 부품 교환

Question 07

동영상은 도시가스의 정압기실이다. 도시가스 공급시설에 설치된 정압기의 분해점검 주기는?

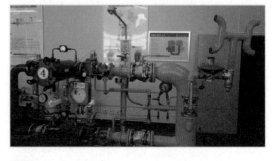

정답 2년에 1회

Question 08

다음 동영상은 가연성 가스설비에서 이상상태가 발생한 경우 당해 설비 내의 내용물을 설비 밖으로 안전하게 이송하는 공급시설의 긴급이송설비이다. 이 설비의 방출구의 위치를 쓰시오.

정답 › 작업원이 항상 통행하는 장소로부터 10m 떨어진 장소

해설 › **벤트스택의 방출구 위치**(작업원이 통행하는 장소로부터)
1. 긴급용(공급시설) 벤트스택 : 10m
2. 그 밖의 벤트스택 : 5m

Question 09

다음 동영상에서 보여주는 공업용 용기는 무슨 가스인가?

정답 › 아세틸렌

Question 10

다음 동영상에서 지시하는 부분에 대하여 물음에 답하시오.

(1) 명칭은 무엇인가?
(2) 상용압력이 2MPa일 때 이 기구가 작동되는 압력은 몇 MPa인가?

정답 › (1) 스프링식 안전밸브
(2) 작동압력＝상용압력×1.5×$\dfrac{8}{10}$

$=2×1.5×\dfrac{8}{10}=2.4MPa$

Question 11

다음 동영상의 LPG 탱크는 저장량이 15ton이다. 1종 보호시설과 안전거리는 몇 m인가?

정답 › 21m

Question 12

다음 동영상과 같이 가스계량기가 보호상자 내에 설치되어 있을 때 설치 높이는? (단, 용량은 30m³/hr 미만)

정답 ▶ 바닥에서 2m 이내

Question 13

다음 동영상은 LPG 10ton 탱크이다. 이 탱크와 1종 보호시설과의 안전거리는 몇 m 이상인가?

정답 ▶ 17m 이상

Question 14

다음은 정압기지에 설치된 감시장치(RTU BOX)이다. 이 장치의 용도를 쓰시오.

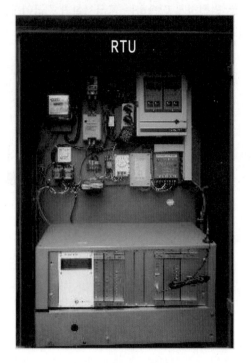

정답 ▶ 현장의 계측기와 시스템 접촉을 위한 터미널로서 정압기 이상상태를 감시하는 기능으로서
① 가스누설 경보기능(가스누설경보기)
② 출입문 감시 개폐기능(리밋 SW)
③ 정전 시 전원공급기능(UPS) 등이 있다.

Question 15

동영상은 공기액화분리장치의 액체질소 탱크이다. 다음 물음에 답하시오.

(1) 이 장치에서 액화 시 제조 순서를 쓰시오.
(2) 공기액화분리장치에서 불순물의 종류 2가지를 쓰시오.
(3) 공기액화분리장치에서 불순물의 영향을 기술하시오.

정답 ▶ (1) O_2 → Ar → N_2
　　　(2) CO_2, H_2O
　　　(3) CO_2는 드라이아이스, H_2O은 얼음이 되어 장치 내를 폐쇄시킨다.

Question 16

다음 동영상의 각 밸브 및 부속품의 명칭을 쓰시오.

정답 ▶ ① 글로브밸브
　　　② 슬루스밸브
　　　③ 볼밸브
　　　④ 역지밸브

Question 17

다음 동영상은 LPG에서 사용하는 압력조정기이다. 물음에 답하시오.

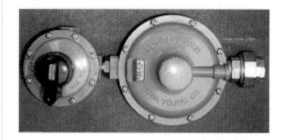

(1) 이 압력조정기의 감압방식은 몇 단 감압인가?
(2) 감압방식의 장점은 무엇인가?

정답 ▶ (1) 2단 감압방식
　　　(2) ① 최종압력이 정확하다.
　　　　　② 중간배관이 가늘어도 된다.
　　　　　③ 관의 입상에 의한 압력손실이 보정된다.
　　　　　④ 각 연소기구에 알맞은 압력으로 공급이 가능하다.

Question 18

다음 동영상에서 보여주는 청색 용기는 어떠한 가스를 충전하는 용기인가?

정답 ▸ CO_2

Question 19

다음 동영상에서는 배관이 일정 간격으로 고정되어 있다. 관경에 따른 배관의 고정장치 규격에 대하여 3가지를 기술하시오.

정답 ▸
① 관경 13mm 미만 : 1m마다
② 관경 13~33mm 미만 : 2m마다
③ 관경 33mm 이상 : 3m마다

Question 20

다음 동영상에서 보여주는 가스 보일러의 설치 방법은?

정답 ▸ FF(강제급배기방식)

해설 ▸ 연소기구의 분류
1. 개방형 (자연환기 / 기계환기)
2. 반밀폐형 (자연배기(CF) / 강제배기(FE) / 체임버)
3. 밀폐형 (자연급배기(BF) / 강제급배기(FF))

2017년 1회

동영상이 보여주는 전기방식법의 명칭은?

정답》 외부전원법

동영상이 보여주는 적색삼각기의 대한 다음 물음에 답하시오.

(1) 규격(가로(cm)×세로(cm))
(2) 독성 가스 운반 시 삼각기 내부에 게시되어야 하는 글자의 종류 두 가지를 쓰시오.

정답》 (1) 40×30
     (2) 위험고압가스, 독성가스

참고》 1. 삼각기의 바탕색 : 적색
     2. 글자색 : 황색

동영상 PLP(폴리에틸렌 피복 강관)이 지하에 매설되어 있는 현장이다. 지시되는 ①과 ②의 이격 간격을 쓰시오.

정답》 ① 30cm
     ② 30cm

해설》 **지하매설 PLP강관으로부터**
     1. 보호판까지 : 30cm 이상
     2. 보호포까지 : 60cm 이상
     3. 보호판에서 보호포까지 : 30cm 이상

Question 04

동영상 LPG 충전시설에서 충전설비와 사업소 경계와의 거리(m)는?

정답▶ 24m 이상

해설▶

호칭지름에 따른 배관의 지지간격

시설별		사업소 경계거리
충전설비		24m 이상
저장설비	저장능력	사업소 경계거리
	10톤 이하	24m 이상
	10톤 초과 20톤 이하	27m 이상
	20톤 초과 30톤 이하	30m 이상
	30톤 초과 40톤 이하	33m 이상
	40톤 초과 200톤 이하	36m 이상
	200톤 초과	39m 이상

Question 05

동영상이 보여주는 정압기의 명칭은?

정답▶ AFV정압기

Question 06

동영상에서 보이는 계량기의 명칭과 설치 위치를 쓰시오.

(1) 명칭을 쓰시오.
(2) 설치 위치를 쓰시오.

정답▶ (1) 막식 계량기
　　　 (2) 지면(바닥)에서 1.6m 이상 2m 이내

Question 07

동영상에서 보이는 부속품의 명칭을 쓰시오.

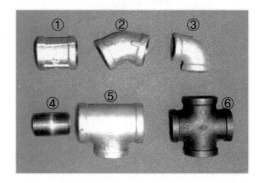

정답▶ ① 소켓
　　　 ② 45° 엘보
　　　 ③ 90° 엘보
　　　 ④ 니플
　　　 ⑤ 이경티
　　　 ⑥ 크로스

동영상에서 보여주는 가스연소기에서 불완전 연소의 원인을 2가지 이상 쓰시오.

정답 ① 공기량 부족
② 가스기구 불량
③ 연소기구 불량
④ 환기 불량

LPG를 보관 시 주의할 점 5가지를 쓰시오.

정답 ① 충전용기는 40℃ 이하를 유지하도록 한다.
② 직사광선을 받지 않도록 한다.
③ 산소 용기와 함께 보관하지 않도록 한다.
④ 보관장소는 양호한 통풍구조로 한다.
⑤ 방폭형 휴대용 손전등 이외의 등화를 휴대하지 않도록 한다.

다음은 동영상에서 보이는 펌프에서 일어날 수 있는 이상현상의 설명이다. 이상현상의 정의는 무엇인가?

> 저비점의 펌프를 이송 시 펌프입구에서 발생하는 현상으로 액의 끓음에 의한 동요를 말함.

[LP가스 이송 시 사용되는 베인 펌프]

정답 베어퍼록 현상

동영상에서 (1) 용접접합으로 시공하여야 할 부분과 (2) 나사접합으로 시공 가능한 부분을 번호로 답하시오.

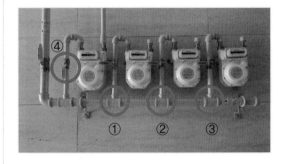

정답 (1) 용접접합 : ①, ②, ③
(2) 나사접합 : ④

Question 12

동영상에서 보여주는 용기에서 AG의 의미를 쓰시오.

충전구나사
암나사

정답▶ AG : 아세틸렌 가스를 충전하는 용기의 부속품

Question 13

동영상에서 표시되어 있는 부분의 명칭은?

정답▶ SSV(긴급차단밸브)

Question 14

동영상에서 보여주는 펌프 중 진흙 슬러지 등을 이송하는 데 사용되는 펌프는 무엇인가?

①

②

③

정답▶ ③ 다이어프램 펌프

2017년 2회

Question 01

동영상의 용기에 각인되어 있는 용기부속품의 기호 ① Tp, ② Fp, ③ Tw의 의미와 단위를 쓰시오.

정답
① Tp : 내압시험압력(MPa)
② Fp : 최고충전압력(MPa)
③ Tw : 아세틸렌 용기에 있어 용기질량에 다공물질, 용제밸브의 질량을 합한 질량(kg)

Question 02

동영상에서 보여주는 LP가스 용기저장소에 대한 다음 물음에 답하시오.

(1) 용기보관실의 면적(m^2)을 쓰시오.
(2) 사무실의 면적(m^2)을 쓰시오.
(3) 용기의 원활한 하역작업을 위하여 보관실 주위 확보하여야 할 부지 면적(m^2)은?

정답
(1) $19m^2$
(2) $9m^2$
(3) $11.5m^2$

Question 03

동영상에서 지시하는 부분의 ① 명칭과 ② 역할을 쓰시오.

정답
① 방폭형 접속금구
② LP가스 이송 시 정전기를 제거하여 폭발을 방지한다.

Question 04

LP가스 이송 시 보여주는 장치로 이송 시 장점을 3가지 쓰시오.

정답
① 충전시간이 짧다.
② 잔가스 회수가 용이하다.
③ 베이퍼록의 우려가 없다.

Question 05

동영상에서 보여주는 반밀폐식 보일러에 대한 다음 물음에 답하시오.

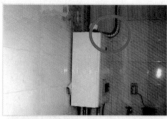

(1) 배기통의 입상높이(m)는?
(2) 규정된 입상높이를 초과 시 하여야 할 조치 사항은?

정답▶ (1) 10m 이하
　　　(2) 10m 초과 시 보온조치를 하여야 한다.

Question 06

동영상에서 보여주는 (1) ①, ② 밸브의 명칭과 이것을 조작하는 장소는 (2) 탱크외면에서 ①, ②의 사이 이격거리(m)를 쓰시오.

①

②

정답▶ (1) ① 긴급차단밸브의 작동조작밸브
　　　　　② 긴급차단밸브
　　　(2) 5m 이상

Question 07

동영상에서 보여주는 보호포에 대한 다음 물음에 답하시오.

(1) 가스도매, 일반도시가스의 제조소 공급소에 설치되어 있을 때 보호포의 폭은?
(2) 가스도매, 일반도시가스의 제조소 공급소 밖에 설치되어 있는 보호포의 폭은?
(3) 도시가스 사용시설에 설치되어 있는 보호포의 폭은?

정답▶ (1) 15cm 이상
　　　(2) 15~35cm 이상
　　　(3) 15cm 이상

Question 08

동영상의 LP가스 저장설비의 저장탱크의 능력이 10,000kg일 때 사업소 경계와의 거리는 몇 m 이상 이격되어야 하는가?

정답 24m 이상

Question 09

동영상에서 보여지는 방류둑에 대하여 물음에 대하여 답하시오.

(1) 독성가스 저장탱크에 대한 방류둑의 높이 규정에 대하여 기술하시오.
(2) 그 이외 액화가스 방류둑의 높이 규정에 대하여 기술하시오.

정답 (1) 방류둑 안 저장탱크 등의 안전관리 및 방재활동에 지장이 없는 범위에서 방류둑 안에 체류한 액의 표면적이 될 수 있는 한 적게 하여야 한다.
(2) 그 높이에 상당하는 액화가스의 액두압에 견딜 수 있는 것으로 한다.

Question 10

LPG 이송 시 접지하여야 하는 이유를 쓰시오.

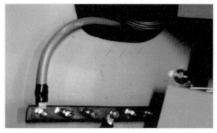

정답 이송 시 정전기 발생에 따른 폭발을 방지하기 위하여

Question 11

동영상의 연소기에서 지시된 부분의 길이(m)는?

정답 3m 이내

동영상에서 보여주는 각 이음의 명칭을 쓰시오.

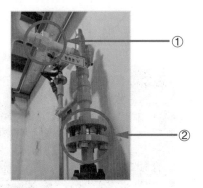

정답 ① 유니언이음
② 플랜지이음

동영상의 용기 명칭 ①, ②, ③, ④를 쓰시오.

①

②

③

④

정답 ① 수소
② 산소
③ 이산화탄소
④ 아세틸렌

동영상에서 보여주는 배관이음 명칭은?

정답 신축곡관(루프이음)

동영상의 PE관에서 SDR 11 이하일 때 압력값 (MPa)는?

정답 0.4MPa 이하

동영상에서 ① 볼밸브와 ② 강관에서 부식이 일어날 수 있는 부분은 어느 부분인가?

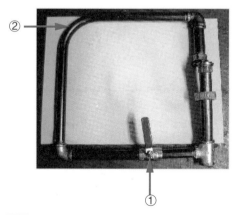

정답 ② 강관

동영상이 보여주는 (1) 액면계의 명칭을 쓰고 (2) 상하부에 표시된 ① 부분의 명칭과 ② 역할을 쓰시오.

정답 (1) 클링커식 액면계
(2) ① 자동 및 수동식 스톱밸브
② 액면계 파손에 대비하여 설치된 밸브

동영상에서 보여주는 용기에 꼭 필요한 검사는 무엇인가?

정답 단열성능시험

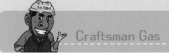

Question **19**

동영상에서 지시하는 부분의 높이(m)는?

정답 2m 이상

Question **20**

동영상에서 보여주는 배관 부속품(①~④)의 명칭을 쓰시오.

정답
① 소켓
② 유니언
③ 크로스
④ 티

Question **21**

동영상에서 보여주는 배관이음의 방법은 무엇인가?

정답 플랜지 이음

2017년 3회

Question 01

동영상에서 보여주는 ①, ②, ③, ④의 용기 명칭을 쓰시오.

①

②

③

④

정답 ① 아세틸렌 ② 이산화탄소
③ 산소 ④ 수소

Question 02

동영상에서 보여주는 용기 ①, ②, ③, ④ 중 ①, ④의 용기 명칭과 용도를 쓰시오.

정답 ① 아산화질소(의료용)
④ 질소(의료용)

Question 03

동영상의 용기에 대하여 물음에 답하시오.

(1) 다공물질의 종류 5가지는 무엇인가?
(2) 용제의 종류 2가지는 무엇인가?

정답 (1) 석면, 규조토, 목탄, 석회, 다공성 플라스틱
(2) 아세톤, DMF

Craftsman Gas

Question 04

동영상에서 보이는 것은 정압기실의 외부 모양이다. ① 지시부분의 명칭과 ② 설치높이(m)의 규정을 쓰시오.

 정답

① 가스방출관
② 지면에서 5m 이상

해설 **정압기 안전밸브의 방출관의 설치위치**

구 분	방출관의 높이
전기시설물 접촉 우려가 없는 경우	지면에서 5m 이상
5m 이상 설치 시 전기시설물 접촉 우려가 있는 경우	지면에서 3m 이상

Question 05

동영상에서 보여주는 배관 상부의 전선 ① 설치목적과 ② 규격, ③ 재질을 쓰시오.

정답
① 지하매설 배관의 위치를 탐지하여 배관의 손상방지 및 유지관리를 하기 위함이다.
② 6mm^2 이상
③ 동

Question 06

동영상과 같이 가스계량기 용량 30m^3/h 미만의 경우 설치 높이는?

 정답 바닥으로부터 2.0m 이내에 설치

해설 **법규 변경**
1. 보호상자 내에 설치 시 설치 높이의 제한이 없었으나 바닥으로부터 2.0m 이내 설치로 변경
2. 가스계량기(30m^3/h 미만에 한하다)의 설치높이는 바닥으로부터 1.6m 이상 2.0m 이내에 수직·수평으로 설치하고 밴드·보호가대 등 고정장치로 고정한다. 다만, 보호상자 내에 설치, 기계실에 설치, 보일러실(가정에 설치된 보일러 실은 제외한다)에 설치 또는 문이 달린 파이프 덕트(Pipe Shaft, Pipe Duct) 내에 설치하는 경우 바닥으로부터 2.0m 이내 설치한다.

Question 07

동영상에서 보여주는 LP가스 탱크에서 C_3H_8 $1m^3$ 연소 시 필요한 이론공기량은 몇 kg인가?

정답▶ 30.79kg

해설▶ $C_3H_8 + 5O_2 \rightarrow 3CO_2 + 4H_2O$
$22.4m^3 : 5 \times 30kg$
$1m^3 \quad : x(kg)$
$\therefore x = \dfrac{1 \times 5 \times 32}{22.4} = 7.142kg$
따라서 공기량은
$7.142 \times \dfrac{100}{23.2} = 30.788 = 30.79kg$

Question 08

동영상에서 보여주는 가스시설물의 명칭을 쓰시오.

정답▶ 라인마크

Question 09

동영상에서 보여주는 배관의 명칭을 쓰시오.

정답▶ ① 가스용 폴리에틸렌관
② 폴리에틸렌 피복강관

Question 10

동영상에서 보여주는 배관에서 화살표가 가지는 의미는 무엇인가?

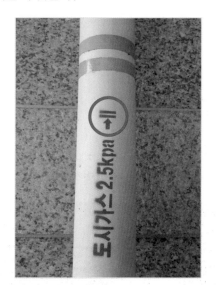

정답▶ 가스의 흐름방향

해설▶ 1. 도시가스 : 가스의 명칭
2. 2.5kPa : 최고사용압력
3. ➡‖ : 가스의 흐름방향

Question 11

동영상에서 보여주는 방폭구조의 종류를 쓰시오.

정답▶ 특수방폭구조

해설▶ **특수방폭구조**
기타 방폭구조로서 가연성 가스에 점화를 방지할 수 있다는 것이 시험 그 밖의 방법으로 확인된 구조

Question 12

동영상에서 보여주는 조정장치에서 2차 압력을 메인 밸브에 전달하는 것의 명칭은?

정답▶ 다이어프램

Question 13

동영상에서 보여주는 자동차용 LP가스 용기에 ①, ②, ③, ④의 명칭을 쓰시오.

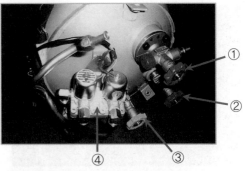

정답▶ ① 충전밸브
② 액상송출밸브
③ 기상송출밸브
④ 긴급차단 솔레노이드밸브

Question 14

동영상에서 표시된 부분은 무엇을 의미하는가?

정답▶ 가연성 가스임을 나타낸다.

Question 15

동영상에서 보여주는 왕복압축기의 유압상승의 원인 4가지를 쓰시오.

정답
① 관로의 오손
② 유여과기의 오손
③ 유온이 낮음
④ 릴리프 밸브 작동불량

참고
유압저하의 원인
1. 관로의 오손
2. 유온이 높음
3. 기어펌프 작동불량
4. 릴리프 밸브 작동불량

Question 16

동영상의 액화산소용기에서 액화산소 중 ① C_2H_2이 혼입되어 있을 경우의 검출시약은 무엇이며, ② 탄소가 혼입되어 있을 경우 검출시약은 무엇인가?

정답
① 이로스베이시약
② 수산화바륨

Question 17

동영상에서 표시된 ① 밸브의 명칭과 ② 작동검사주기를 쓰시오.

정답
① 스프링식 안전밸브
② 2년 1회 이상

해설
안전밸브 작동검사주기
1. 압축기 최종단에 설치된 것 : 1년 1회 이상
2. 그 밖의 안전밸브 : 2년 1회 이상

Question 18

동영상을 보고 물음에 답하시오.

(1) 이 압축기의 형식은 무엇인가?
(2) 이 압축기의 행정거리를 1/2로 감소 시 피스톤 압출량은 어떻게 변하는가?
(3) 이 압축기 특징 2가지는?

정답
(1) 왕복압축기
(2) 1/2로 감소
(3) 용적형이고 압축이 단속적이다.

Question 19

공기액화분리장치의 복정류탑이다. 액화산소 5L 중 ① C_2H_2의 질량과 ② C의 질량이 몇 mg 이상 시 즉시 운전을 중지하고 액화산소를 방출하여야 하는가?

정답 ① C_2H_2 : 5mg 이상
② C : 500mg 이상

Question 20

동영상과 같은 2단 감압식 조정기에 갖추어야 할 성능 3가지를 쓰시오.

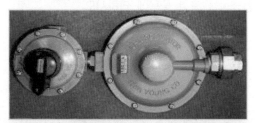

정답 ① 제품성능
② 내압성능
③ 기밀성능

Question 21

동영상의 용기에서 표시된 부분의 ① 명칭과 ② 역할을 쓰시오.

정답 ① 캡
② 밸브의 손상을 방지하기 위함

Question 22

동영상은 도로에 매설된 배관의 CH_4 가스누출을 검지하는 차량이다. 이 차량의 검지기 OMD란 무엇인가?

① 누설검지 차량의 외부

② 누설검지 차량의 내부

정답 광학식 메탄가스 검지기

2017년 4회

동영상에서 보여주는 비파괴검사방법은?

정답 PT(침투탐상검사)

동영상에서 보이는 용기에서 C의 함유량(%)은?

정답 0.33% 이하

해설 용접용기의 C 함유량 0.33% 이하, 무이음 용기의 C 함유량 0.55% 이하

동영상에서 보여주는 방폭구조는?

정답 p(압력방폭구조)

동영상에서 보여주는 배관의 재질은?

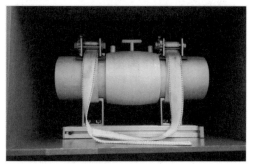

정답 폴리에틸렌(PE)관

동영상의 용기에서 각 기호의 의미와 단위를 기술
하시오.

정답 ① Tp : 내압시험압력(MPa)
② Fp : 최고충전압력(MPa)
③ V : 내용적(L)
④ W : 밸브 및 부속품을 포함하지 아니한 용
기의 질량

동영상에서 보여주는 접지접속선의 단면적
(mm²)은?

정답 5.5mm² 이상

동영상에서 보여주는 배관이음 방법은?

정답 유니언이음

동영상에서 보여주는 가스계량기 (1) 명칭과 (2)
특징을 2가지 쓰시오.

정답 (1) 습식가스미터
(2) ① 계량이 정확하다.
② 사용 중 기차변동이 없다.

Question 09

동영상이 지시하는 부분의 명칭은?

정답▶ ① SSV(긴급차단장치)
② 정압기(조정기)

Question 10

동영상의 지시된 부분의 ① 명칭과 ② 역할을 쓰시오.

정답▶ ① 클링커식 액면계
② 저장탱크의 액면을 측정, 충전 시 과충전 방지 및 사용 시 운전조건을 안정시킴.

Question 11

동영상의 도시가스 배관을 지하에 매설 시 매설위치의 적정 여부를 판단하시오.

정답▶ ① 적합
② 이유 : 폭 8m 이상 도로에 매설 시 매설깊이는 1.2m 이상

해설▶ 배관의 매설 깊이

0.6m 이상		• 공동주택 부지 • 폭 4m 미만 도로 • 암반 지하매설물 등에 의한 구간으로 시장·군수·구청장이 인정하는 구간
1.2m 이상		도로 폭 8m 이상
1m 이상		• 도로 폭 8m 이상의 저압배관으로 횡으로 분기 수요가에게 직접 연결되는 배관 • 도로 폭 4m 이상 8m 미만
0.6m 이상		도로 폭 4m 이상 8m 미만 중 호칭경 300mm 이하 저압배관에서 횡으로 분기하여 수요가에게 직접 연결되는 배관
배관의 기울기	도로가 평탄 시	1/500~1/1,000
	도로가 기울어졌을 때	도로의 기울기에 따름

참고▶ 지하매설 배관 설치 시 확인사항
1. 매설깊이
2. 타시설물과의 이격거리

동영상에서의 용기 검사 명칭을 각각 쓰시오.

①

②

③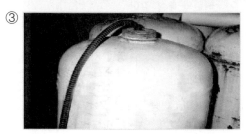

정답 ① 음향검사
② 파열시험
③ 내부 조명검사

동영상에서 보여주는 ① 관의 명칭과 ② 사용 용도를 쓰시오.

정답 ① TF(이형질 이음)관
② 강관과 PE관을 연결하는 이형질 이음관

동영상에서 보이는 배관의 관경이 20A일 때 고정설치 간격은(m)?

정답 2m마다

동영상에서 보여주는 금속재료의 시험의 종류는 무엇인가?

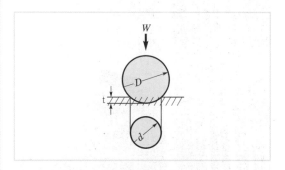

정답 경도시험

해설

사진은 브리넬 경도시험 방법(경도시험)	
구 분	세부내용
목적	• 재료의 단단한 정도를 시험 • 재료표면에 볼, 원뿔, 다이아몬드 등을 이용 • 압입자국의 크기로 경도를 표시
종류	브리넬 경도, 로크웰 경도, 비커 경도, 쇼어 정도

Question 16

동영상에서의 용기 제조 형식은 어떠한 용기인가?

정답▶ 무이음(이음매 없는) 용기

Question 17

동영상에서 표시부분의 LG의미를 쓰시오.

정답▶ LPG 이외의 액화가스를 충전하는 용기의 부
속품

Question 18

동영상에서 보여주는 배관 도시 기호의 명칭은?

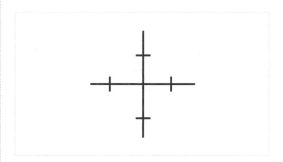

정답▶ 크로스

Question 19

동영상에서 보여주는 ① 정압기의 명칭과 ② 정압
기 내부 2차 압력을 감지하여 그 힘을 스프링에
전달하는 매개체는 무엇인가?

정답▶ ① 피셔식 정압기
② 다이어프램

Question 20

동영상의 고압가스 ① 장치명과 ② 그 용도를 기술하시오.

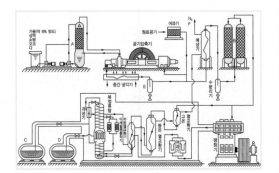

정답 ① 공기액화분리장치
② 기체공기를 고압저온으로 하여 비등점 차이로 액화산소, 액화질소를 제조하는 장치

Question 21

동영상에서 보여주는 LP가스 저장실 자연환기구 1개의 면적은(cm^2) 얼마 이하인가?

정답 2400cm^2 이하

2017년 1~4회 [중복 출제문제]

2017년 1~4회
[중복 출제문제]

Question 01

동영상에서 표시된 C_2H_2 용기의 AG 의미를 설명하시오.

정답 AG : 아세틸렌가스를 충전하는 용기의 부속품

Question 02

가스계량의 MAX 10.0m³/hr의 의미와 2.4dm³/Rev의 의미는?

정답
① MAX 10.0m³/hr : 사용최대유량이 시간당 10.0m³
② 2.4dm³/Rev : 계량실 1주기 체적이 2.4dm³/Rev

Question 03

다음 동영상은 LPG 송입·송출 배관을 보여주고 있다. ①, ②의 명칭을 쓰시오.

정답
① 역지밸브
② 긴급차단장치

Question 04

동영상에서 보여주는 ① 방폭구조의 종류와 ② 이 방폭구조는 위험장소로 구별 시 몇 종 장소에 해당하는가를 쓰시오.

정답
① 안전증 방폭구조
② 2종 장소

해설 **위험장소에 따른 방폭전기기기의 선정**

위험장소	방폭전기기기의 종류
0종	본질안전방폭구조
1종	내압, 압력, 유입, 본질안전 방폭구조
2종	내압, 압력, 유입, 본질안전, 안전증 방폭구조

Question 05

동영상은 LP가스를 이송하는 기기이다. 이 기기로 이송 시 장점을 2가지 이상 쓰시오.

정답 ① 충전시간이 짧다.
② 잔가스 회수가 용이하다.
③ 베이퍼록의 우려가 없다.

Question 06

동영상은 PLP(폴리에틸렌 피복강관)를 지하매설 시의 모형이다. ①, ②의 설치간격(cm)을 기술하시오.

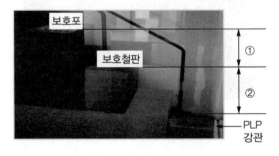

정답 ① 30cm
② 30cm

해설 도시가스 지하매설관으로부터 보호판까지 30cm 이상, 보호판에서 보호포까지 30cm 이상에 설치한다. 배관에서 보호포까지는 60cm 이상이다.

Question 07

다음 동영상은 가스저장실 내의 강판제 방호벽이다. 다음 물음에 답하시오.

(1) 방호벽의 높이는?
(2) ①과 ②에서 보여주는 방호벽의 명칭과 두께를 기술하시오.

정답 (1) 방호벽의 높이 : 2000mm 이상
(2) ① 후강판 6mm 이상
② 박강판 3.2mm 이상

Question 08

가스 크로마토그래피 등에 사용되는 캐리어 가스 2가지 이상 쓰시오.

정답 H_2, He, Ne, Ar

Question 09

다음 동영상이 보여주는 가스계량기의 명칭을 쓰시오.

①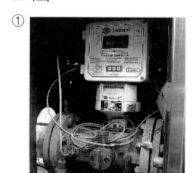

②

③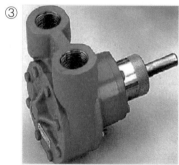

정답▶ ① 터빈 계량기
② 막식 계량기
③ 로터리식 계량기

Question 10

도시가스 배관의 누설검지차량의 FID의 의미는 무엇인가?

정답▶ 수소포획 이온화 검출기

Question 11

LP가스 용기 중 액으로 분출시켜 기화기를 사용할 수 있는 용기의 종류는 무엇인가?

정답▶ 사이펀 용기

Question 12

가스계량기와 전기개폐기와의 이격거리는?

정답▶ 60cm 이상

Question 13

동영상에서 보여주는 ①, ②, ③, ④의 명칭을 쓰시오.

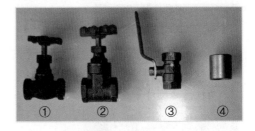

정답▶
① 글로브밸브
② 슬루스밸브
③ 볼밸브
④ 소켓

2018년 1회

Question 01

동영상에서 보이는 방폭구조의 명칭은?

정답 ▶ 본질안전방폭구조

Question 02

동영상에서 보이는 ①, ②의 명칭을 쓰시오.

①
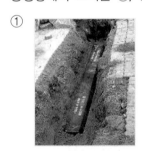

②

정답 ▶ ① 보호철판
② 보호포

Question 03

동영상에서 보이는 가스시설의 (1) 명칭과 (2) 용도를 쓰시오.

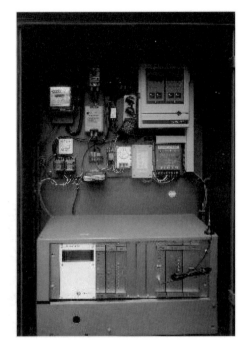

정답 ▶ (1) RTU(원격단말감시장치)
(2) ① 가스누설 시 경보 기능
② 출입문 개폐 감시 기능
③ 정전 시 전원공급 기능

Question 04

동영상에서 지시하는 부분의 명칭은?

정답 ▶ 릴리프밸브

Question 05

동영상에서 보이는 연소기에서 이상연소가 되어 황색염이 발생하였다. 다음 물음에 답하시오.

①

②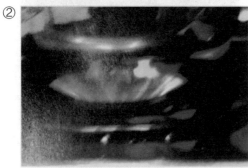

(1) 이러한 연소 형태를 무엇이라 하는가?
(2) 그 원인을 쓰시오.

정답▶ (1) 옐로팁
　　　 (2) ① 1차 공기 부족
　　　　　　② 주물 밑부분의 철가루 등의 존재

Question 06

동영상에서 보이는 원심펌프에서 캐비테이션 발생원인 1가지를 쓰시오.

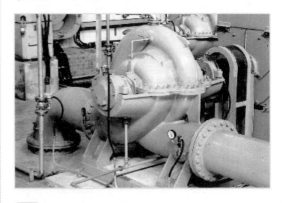

정답▶ ① 회전수가 빠를 때
　　　 ② 흡입관경이 좁을 때

Question 07

동영상에서의 에어졸 용기의 누출시험 시 온수의 온도(℃)는?

정답▶ 46℃ 이상 50℃ 미만

해설▶ 에어졸 제조시설에는 온도를 46℃ 이상 50℃ 미만으로 누출시험을 할 수 있는 에어졸 충전 용기의 온수시험 탱크를 설치한다. (KGS Fp 112)

Question 08

동영상에서 보이는 도시가스 배관의 명칭은?

정답> 가스용 폴리에틸렌관

Question 09

동영상에서 보이는 (1) 압력계의 명칭과 (2) 용도는 무엇인가?

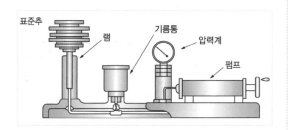

정답> (1) 자유 피스톤식 압력계
(2) 부르동관 압력계의 눈금교정용

Question 10

동영상의 전기방식에서 자연전위의 변화값(mV)은 얼마인가?

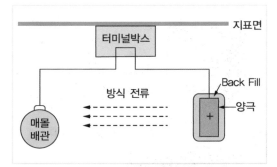

정답> −300mV

참고> 1. 도시가스 배관의 포화황산동 기준전극
   : −0.85V 이하
2. 도시가스 배관의 황산염 환원 박테리아가 번식하는 토양 : −0.95V 이하

Question 11

동영상에서 보이는 비파괴검사방법을 영문 약자로 답하시오.

정답▶ RT(방사선투과검사)

Question 12

동영상에서의 배관이음방법은?

정답▶ 신축(루프)곡관

Question 13

동영상에서 보이는 가스시설물의 설치하여야 할 장소를 2가지 이상 쓰시오.

정답▶
① 배관길이당 50m마다 1개 이상 설치
② 주요분기점
③ 구부러진 지점 및 그 주위 50m 이내 설치

참고▶ 단독주택 분기점은 제외, 밸브박스 또는 배관직상부에 설치된 전위측정용 터미널이 라인마크 설치 기준에 적합한 기능을 갖도록 설치된 경우에는 라인마크로 간주

Question 14

동영상의 충전용기 보관장소의 (1) 온도가 적당한지 여부를 판단하고 (2) 그 이유를 설명하시오.

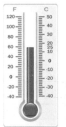

정답▶
(1) 적합
(2) 용기보관장소의 온도는 40℃ 이하면 적합

Question 15

다음 동영상의 부속품 명칭을 쓰시오.

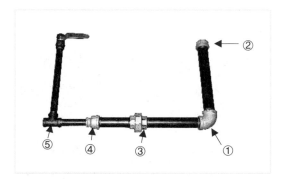

정답▸ ① 90° 엘보 ② 캡
③ 유니언 ④ 리듀서
⑤ 티

참고▸ 소켓 부속품도 출제

Question 16

동영상의 용기에서 지시하는 AG의 의미를 쓰시오

정답▸ 아세틸렌가스를 충전하는 용기의 부속품

Question 17

동영상의 정전기 발생을 방지하기 위한 전선에서 단면적(mm^2)은 얼마인가?

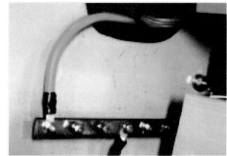

정답▸ 5.5mm^2 이상

Question 18

동영상의 표지판 가로×세로의 규격(단위포함)을
쓰시오.

정답 40cm×30cm

Question 19

동영상에서 보이는 지시 액면계의 명칭은?

정답 슬립튜브식 액면계

Question 20

동영상의 입상관 밸브가 보호상자 안에 설치되
어 있을 때 설치높이는 바닥에서 몇 m 미만 설
치가 가능한가?

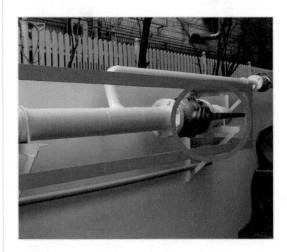

정답 1.6m 미만

해설 **입상관 설치(KGS Fu 551)**
입상관은 환기가 양호한 장소에 설치하며
입상관의 밸브는 바닥으로부터 1.6m 이상
2m 이내에 설치한다. 다만, 부득이 1.6m
이상 2m 이내에 설치하지 못할 경우 다음
기준을 따른다.
1. 입상관 밸브를 1.6m 미만으로 설치 시
보호상자 안에 설치한다.
2. 입상관 밸브를 2.0m 초과하여 설치할
경우에는 다음 중 어느 하나의 기준을
따른다.
① 입상관 밸브 차단을 위한 전용계단을
견고하게 고정·설치한다.
② 원격으로 차단이 가능한 전동밸브를
설치한다. 이 경우 차단장치의 제어부
는 바닥으로부터 1.6m 이상 2.0m 이
내에 설치하여, 전동밸브 및 제어부는
빗물을 받을 우려가 없도록 조치한다.

2018년 2회

동영상은 LPG 충전시설에서 가스누설을 검지하고 있다. 사용가스가 C_4H_{10}일 때 다음 물음에 답하시오.

(1) 경보농도는? (단, 폭발범위는 1.8~8.4%이다.)
(2) 누출검지 경보기의 지시계의 눈금범위는?

 정답

① $1.8 \times \dfrac{1}{4} = 0.45\%$ 이하

② 0~폭발하한계

동영상의 초저온용기에서 내조와 외조 사이에 진공부분을 두는 이유를 쓰시오.

정답 내조·외조 사이에 진공을 두어 단열효과를 높여 열의 침투를 차단하기 위함.

동영상에서 보이는 스프링식 안전밸브의 작동검사 주기를 쓰시오.

정답 ① 압축기 최종단에 설치된 것 : 1년 1회 이상
② 그 밖에 설치된 것 : 2년 1회 이상

동영상에서 보이는 가스계량기의 설치 높이는?

정답 바닥에서 2.0m 이내

해설 보호상자 내 가스계량기 설치 시 : 2.0m 이내 설치

동영상의 용기에서 탄소의 함유량(%)은?

정답 0.33% 이하

동영상의 LP가스 저장실 (1) 자연 통풍구의 면적(cm^2)과 (2) 환기구 1개의 면적(cm^2) 기준을 쓰시오.

정답 (1) 자연 통풍구의 면적 : 바닥 면적 $1m^2$당 $300cm^2$ 이상
(2) 환기구 1개의 면적 : $2400cm^2$ 이하

Question 07

동영상의 용기 (1) 명칭과 (2) 사용용도를 설명하시오.

정답
(1) 사이펀 용기
(2) 용기에서 가스를 액체로 토출, 기화기를 통하여 다량의 LP가스를 사용처에 공급하기 위한 용기

Question 08

동영상은 도시가스 정압기실 출입문에 설치되어 있는 시설이다. 다음 물음에 답하시오.

(1) 이 시설의 명칭은?
(2) 이 시설의 역할은?

정답
(1) 출입문 개폐 통보설비
(2) 인위적으로 출입문 개방 시 도시가스 상황실에 경보해 주는 역할

Question 09

가스연소기에서 가스가 불완전 연소가 되고 있다면 불완전 연소의 원인을 쓰시오.

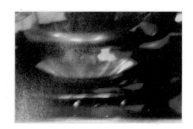

정답
① 공기량 부족
② 가스기구 불량
③ 연소기구 불량
④ 환기 불량

Question 10

주거용 가스보일러의 강제배기식 반밀폐형 보일러에서 배기통의 입상높이(m)는 얼마인가?

정답 10m 이하

해설
주거용 가스보일러(공동반밀폐형 강제배기식)
• 배기통의 굴곡수는 4개 이하
• 배기통 가로 길이는 5m 이하
• 배기통의 입상높이는 10m 이하로 한다. 부득이 10m 초과 시는 보온조치를 한다.

Question 11

동영상 ①의 LPG 10ton 저장시설과 ②의 건축물과 안전거리는 몇 m 이상 이격되어야 하는가?

①

②

정답 ▶ 17m 이상

Question 12

동영상에서 보이는 유량계의 명칭을 쓰시오.

정답 ▶ 와류유량계

Question 13

동영상에서 보이는 가스기구의 ① 명칭과 ② 기능을 기술하시오.

정답 ▶ ① 피그
② 배관 내 잔류 이물질 제거

Question 14

동영상 PE관의 맞대기 융착을 하고 있는 과정이다. 3단계로 나누어서 답하시오.

정답 ▶ ① 가열용융공정
② 압착공정
③ 냉각공정

참고 ▶ **4단계로 분류 시**
1. 가열공정   2. 용융공정
3. 압착공정   4. 냉각공정

Question 15

동영상에서 보이는 부속품의 (1) 명칭을 쓰고 (2) 부속품의 역할을 기술하시오.

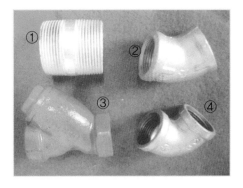

정답 ▸ (1) ① 니플   ② 45° 엘보
        ③ 여과기   ④ 90° 엘보
    (2) 배관 중의 불순물 등을 제거하여 배관 내 흐름을 원활하게 하는 역할

Question 16

동영상에서 보여주는 용기에서 각 기호가 뜻하는 바를 기술하시오.

정답 ▸ ① Tp : 내압시험압력(MPa)
    ② Fp : 최고충전압력(MPa)
    ③ V : 내용적(L)
    ④ W : 밸브 부속품을 포함하지 아니한 용기의 질량(kg)

Question 17

동영상은 지하에 설치된 가스용 PE관이다. 다음 물음에 답하시오.

(1) 상부 전선의 명칭은?
(2) 규격(mm²)을 쓰시오.
(3) 설치 목적을 쓰시오.

정답 ▸ (1) 로케팅와이어
    (2) 6mm² 동선
    (3) 지하매설 배관의 위치를 탐지하여 배관의 유지관리를 하기 위함

Question 18

방류둑에 대하여 아래 물음에 대답하시오.

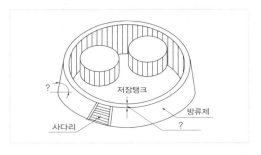

(1) 정상부의 폭은(cm)?
(2) 성토 부분의 각도는?
(3) 사다리 등 출입구의 개수는 둘레 몇 m마다 1개소 이상을 설치하여야 하는가?

정답 ▸ (1) 30cm 이상
    (2) 45°
    (3) 50m

Question 19

동영상에서 보이는 보호포에 대하여 물음에 답하시오.

(1) 보호포의 종류 2가지는?
(2) 공동주택부지 안에 설치 시 배관정상부로부터 몇 cm 이상에 설치하는가?

정답· (1) ① 일반형 보호포   ② 탐지형 보호포
     (2) 40cm 이상

참고· 1. 보호판 설치 시 : 배관정상부에서 보호판까지 30cm 이상
     2. 보호판에서 보호포까지 30cm 이상 상부에 설치(단, 공동주택부지 안 및 도시가스 사용시설에 설치되는 보호포는 배관정상부에서 40cm 이상에 설치)

2018년 3회

Question 01

아래 동영상에 해당되는 부속품의 명칭을 쓰시오.

정답
① 소켓
② 유니언
③ 크로스
④ 티

Question 02

동영상의 용기에 표시된 기호의 의미를 쓰시오.

정답 AG : 아세틸렌가스를 충전하는 용기 및 부속품

Question 03

동영상이 보여주는 (1), (2)의 명칭을 쓰시오.

(1)

(2)

정답
(1) 새들 융착
(2) 이형질이음관

Question 04

관경 20A관의 고정간격은 몇 m마다 하여야 하는지 쓰시오.

정답 2m마다

Question 05

동영상의 전기방식법 명칭을 쓰시오.

(1)

(2)

 (1) 외부전원법
(2) 배류법

Question 06

동영상에서 용접한 가스배관의 용접결함 상태를 쓰시오.

(1)
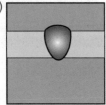

(2)
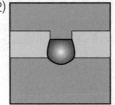

 (1) 언더컷
(2) 용입 불량

Question 07

동영상의 방류둑 설치 시 독성가스저장탱크 등에 대한 방류둑의 높이 설치기준에 대하여 설명하시오.

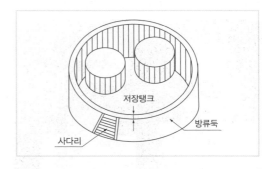

 방류둑 안의 저장탱크 등의 안전관리 및 방재활동에 지장이 없는 범위에서 방류둑 안에 체류한 액의 표면적이 적게 되도록 설치한다.

Question 08

동영상에서 보여주는 공구는 가연성을 취급하는 공장에서 사용하는 것이다. 이 공구의 (1) 명칭과 (2) 이 공구를 사용하여야만 하는 이유를 쓰시오.

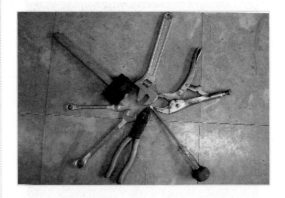

(1) 베릴륨합금 공구
(2) 가연성을 취급하는 공장에서 불꽃발생을 방지하기 위함.

Question 09

LPG충전소에서 충전호스에 부착되는 가스주입기의 형식을 쓰시오.

정답▶ 원터치형

Question 10

동영상 용기의 탄소 함유량은 몇 % 이하여야 하는지 쓰시오.

정답▶ 0.33% 이하

Question 11

동영상에서 표시하는 기기의 (1) 명칭과 (2) 역할 2가지를 쓰시오.

정답▶ (1) 자기압력기록계
(2) ① 정압기실 내 1주일간 운전상태 기록
② 이상압력상태 확인
③ 배관 내에서는 기밀시험 측정
(택2 기술)

Question 12

동영상에서 보여주는 신축이음의 명칭을 쓰시오.

정답▶ 루프이음

Question **13**

동영상에서 보여주는 보일러의 급배기 방식을 쓰시오.

(1)

(2)

정답▶ 누출가스가 체류하지 않고 지면으로 확산되게 하기 위하여

해설▶ 직경 30mm 이상 50mm 이하 구멍을 3m의 간격으로 뚫어 누출가스가 지면으로 확산되도록 한다.

정답▶ (1) FE방식(강제배기식 반밀폐형)
　　　 (2) FF방식(강제급배기식 밀폐형)

Question **15**

동영상에서 지시하는 부분의 명칭을 쓰시오.

Question **14**

동영상의 보호철판에는 3m의 간격으로 구멍을 뚫어 두어야 한다. 그 이유를 쓰시오.

정답▶ 긴급차단장치

Question 16

동영상에서 보여주는 도시가스 사용시설의 압력조정기 점검주기를 쓰시오.

 1년 1회

정답 (1) 가로 : 40cm, 세로 : 30cm
(2) 독성가스

해설 **압력조정기 점검기준**
1. 도시가스 공급시설 : 6월 1회(필터, 스트레이너 청소점검은 2년 1회)
2. 도시가스 사용시설 : 1년 1회(필터, 스트레이너 청소점검은 3년 1회)

Question 18

동영상에서 C_3H_8가스 10m³ 연소 시 필요공기량(kg)을 계산하시오.

Question 17

동영상의 적색삼각기의 (1) 규격과 (2) 독성가스 운반 시에 '위험', '고압가스' 이외에 추가되어야 할 문구를 쓰시오.

정답 $C_3H_8 + 5O_2 \rightarrow 3CO_2 + 4H_2O$
22.4   5×32
 10   x(kg)
$x = \frac{10}{22.4} \times 5 \times 32 = 71.428$kg

∴ 공기량은 $71.428 \times \frac{100}{23.2} = 307.88$kg

참고 공기량(m³) 계산 시
22.4 : 5×22.4
 10 : x
$x = \frac{10}{22.4} \times 5 \times 22.4 = 238.095$

공기량 $= 238.095 \times \frac{100}{21} = 1133.785$
$= 1133.79$m³

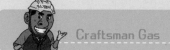

Question **19**

동영상의 정압기실의 안전밸브 분출부의 크기를 쓰시오.

> 조건 1. 입구측 압력 : 0.5MPa 미만
>   2. 설계유량 : 1000Nm³/h 이상

정답 50A 이상

Question **20**

동영상은 부취제를 충전하고 있다. (1) 부취제의 첨가 목적과 (2) 이때 미터링펌프를 사용하는 이유를 쓰시오.

정답 (1) ① 누설 시 조기 발견
　　　　② 누설가스로 인한 위해 예방
　　(2) 부취제의 정량 충전을 위하여

2018년 4회

Question 01

동영상의 P&I(공정흐름)의 명칭을 쓰시오.

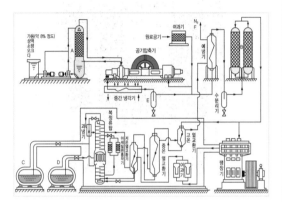

정답 공기액화분리장치

Question 02

동영상에서 보여주는 가스 기구의 (1) 명칭과 (2) 역할을 쓰시오.

정답 (1) 절연 조인트
(2) 매몰 배관에 전기적 부식을 방지하여 전류가 흐를 때 관 외부로 흐르지 않게 양쪽을 용접보강하는 연결부속품

Question 03

동영상에서 보이는 연소기에서 이상연소가 되어 황색염이 발생하였다. 다음 물음에 답하시오.

(1) 이러한 연소 형태를 무엇이라 하는지 쓰시오.
(2) 그 원인을 쓰시오.

정답 (1) 옐로팁
(2) ① 1차 공기 부족
② 주물 밑부분의 철가루 등의 존재

Question 04

동영상의 에어졸 제조시설에서 에어졸의 누출시험온도는 몇 ℃인지 쓰시오.

정답 46℃ 이상 50℃ 미만

Question 05

동영상은 고압설비 중 특수반응설비와 긴급차단 장치를 설치한 고압가스설비로 설비가 작동하는 가스의 종류, 양, 온도, 압력에 따라 이상사태 발생 시 그 설비 안의 내용물을 설비 밖으로 긴급 안전하게 이송시키는 설비이다. (1) 명칭을 쓰고, (2) 이 설비의 방출구의 위치를 2가지로 구분하여 기술하시오. (단, 작업원이 정상작업의 필요 장소 및 항상 통행하는 장소에서의 이격거리)

정답
(1) 벤트스택
(2) ① 긴급용(공급시설의 벤트스택) : 10m 이상
     ② 그 밖의 벤트스택 : 5m 이상

Question 06

동영상에서 보여주는 2단 감압식 조정기의 장점 2가지를 쓰시오.

정답
① 공급압력이 안정하다.
② 중간 배관이 가늘어도 된다.
③ 관의 입상에 의한 압력손실이 보정된다.
④ 각 연소기구에 알맞은 압력으로 공급할 수 있다. (택2 기술)

Question 07

동영상의 도시가스를 사용하는 사용시설의 배관에서 ①, ②, ③의 명칭을 쓰시오.

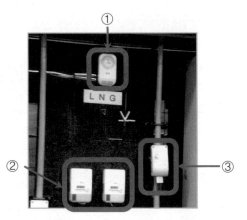

정답
① 검지부
② 제어부
③ 차단부

Question 08

동영상의 용기에서 ① Tp, ② Fp, ③ Tw의 의미를 쓰시오.

정답
① 내압시험압력
② 최고충전압력
③ 용기의 질량에 다공물질 용제, 밸브의 질량을 포함한 충전량

Question 09

동영상에서 보여주는 (1) 액면계의 명칭과 (2) 지시한 부분의 기능을 쓰시오.

정답
(1) 클린카식 액면계
(2) 액면계 파손에 대비한 누출을 방지하기 위한 자동 또는 수동식 스톱밸브

Question 10

동영상의 H_2 용기에 표시된 충전구 나사형식 이외의 충전구 나사형식을 쓰시오.

정답 왼나사

Question 11

동영상은 LPG 저장능력 15ton 탱크이다. 병원과의 안전거리는 몇 m 이상인지 쓰시오.

정답 21m 이상

Question 12

동영상에서 보여주는 기기의 명칭을 쓰시오.

정답 왕복동식 압축기

Question **13**

동영상이 지시하는 배관에서 (1) SPP의 의미를 쓰고, (2) 사용압력을 쓰시오.

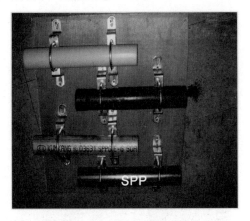

정답 (1) SPP : 배관용 탄소강관
(2) 1MPa(g) 미만

Question **14**

다음 동영상의 도시가스 정압기실에서 기계 환기 설비를 설치 시 통풍능력은 1m²당 얼마(m³/min) 인지 쓰시오.

정답 0.5m³/min

Question **15**

동영상의 FE(강제배기식 반밀폐)식 가스 보일러 의 입상높이(m)는 얼마인지 쓰시오.

정답 10m 이하

Question **16**

동영상의 LP가스 이송압축기에서 사용하는 윤활제를 쓰시오.

정답 식물성유

동영상의 LP가스 연소기구에서 가스연소기가 갖추어야 할 조건 3가지를 쓰시오.

정답 ① 가스를 완전연소시킬 수 있을 것
② 열을 유효하게 이용할 수 있을 것
③ 취급이 간단하고, 안정성이 높을 것

동영상에서 가스라이터의 빈 공간은 무엇인지 쓰시오.

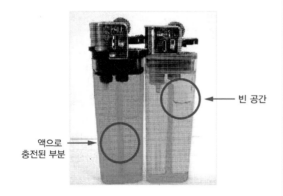

빈 공간

액으로
충전된 부분

정답 안전공간

해설 안전공간을 두는 이유
액체는 비압축성이므로 온도상승에 의한 액 팽창으로 폭발되는 것을 방지하기 위하여

동영상은 도시가스배관의 매몰 후, 작업 중에 침투한 먼지, 흙 등의 이물질을 제거하기 위한 것으로 가압설비 인입설비 볼로 이루어진 기구이다. 이 기구의 명칭을 쓰시오.

정답 피그

참고 피그사용 이물질 제거공정

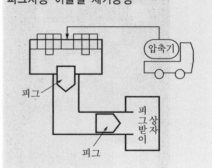

압축기

피그

피그
상
자
받
이

피그

동영상의 도시가스 정압기실에서 RTU의 (1) 정의
와 (2) 기능을 3가지 쓰시오.

정답▸ (1) RTU(원격단말감시장치) : 현장의 계측기와
　　　 시스템 접촉을 위한 터미널로서 정압기 이
　　　 상사태를 감시하는 기능을 한다.
　　 (2) ① 가스누설경보 기능
　　　　 ② 출입문 개폐감시 기능
　　　　 ③ 정전 시 전원공급 기능

2019년 1,2,3,4회
[중복 출제문제 생략]

Question 01

동영상의 정압기 명칭을 쓰시오.

정답 AFV 정압기

Question 02

LP가스 저장실 지붕의 재료를 쓰시오.

정답 가벼운 불연성의 재료

Question 03

동영상 ①, ②, ③, ④의 용기충전구나사가 왼나사
인 용기의 번호를 쓰시오.

①  ②

③  ④

정답 ①, ④

Question 04

가스용 PE관의 융착과정을 순서대로 쓰시오.

정답 ① 가열, ② 용융, ③ 압착, ④ 냉각

Question 05

LP가스 충전사업소에서 충전설비와 사업소 경계까지의 거리(m)를 쓰시오.

정답 ● 24m 이상

Question 06

동영상의 비파괴검사법 명칭을 쓰시오.

정답 ● RT(방사선투과검사)

Question 07

동영상의 안전밸브의 명칭을 쓰시오.

① 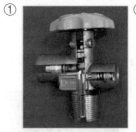   ②

③

정답 ● ① 스프링식   ② 가용전식   ③ 파열판식

Question 08

동영상 밸브의 ① 명칭과 ② 작동동력원 3가지를 쓰시오.

정답 ● ① 긴급차단밸브
② 공기압, 전기압, 스프링압

Question 09

동영상은 정전기 제거를 위하여 정전기 제거 접지선을 설치한 모습이다. 정전기 제거 방법을 2가지 이상 쓰시오.

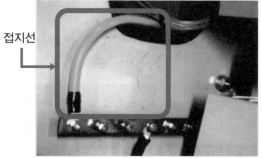

접지선

정답 ① 공기를 이온화한다.
② 상대습도를 70% 이상 유지한다.

Question 10

동영상 입상관 밸브의 설치높이(m)를 쓰시오.

정답 바닥에서 1.6m 이상 2m 이내

참고 보호상자 내에 설치되어 있는 경우는 1.6m 미만에 설치 가능

Question 11

동영상에서 보여주는 가스설비의 명칭을 쓰시오.

정답 T/B(전위측정용 터미널)

Question 12

동영상이 보여주는 각 관의 부속품 ①, ②에 대한 배관연결 (1) 이음방법과 (2) 구성요소를 쓰시오.

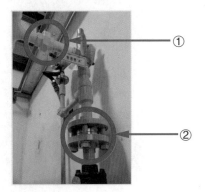

정답▶ (1) ① 유니언 이음
② 플랜지 이음
(2) ① 유니언 - 나사, 시트, 너트
② 플랜지 - 볼트, 너트, 패킹

정답▶ ① 자기압력기록계
② 이상압력 상승방지장치
③ SSV(긴급차단밸브)
④ 가스누설검지기

Question 13

도시가스 정압기실의 지시 부분 ①, ②, ③, ④의 명칭을 쓰시오.

Question 14

동영상의 G/C(가스크로마토그래피) 분석장치에서 캐리어가스의 종류 4가지를 쓰시오.

정답▶ 수소, 헬륨, 질소, 아르곤

Question 15

동영상에서 정압기실의 가스방출관에서 입구압력이 0.5MPa 이상 시 안전밸브 분출구경을 쓰시오.

정답 ▶ 50A 이상

참고 ▶ **입구압력이 0.5MPa 미만인 경우**
1. 설계유량 1000Nm³/h 이상 시 50A 이상
2. 설계유량 1000Nm³/h 미만 시 25A 이상

Question 16

동영상에서 지시하는 밸브의 명칭을 쓰시오.

정답 ▶ ① 역지밸브
　　　② 긴급차단밸브(장치)

Question 17

C_2H_2의 제조시설에서 지시부분의 명칭을 쓰시오.

정답 ▶ 안전밸브

Question 18

동영상에서 보여주는 것과 같이 산소가스 충전 시
주의해야 할 사항 4가지를 쓰시오.

정답▶
① 밸브와 용기 사이에 가연성 패킹을 사용
하지 말 것
② 밸브와 용기 내부에 석유류, 유지류는 제
거할 것
③ 기름 묻은 장갑으로 취급하지 말 것
④ 충전은 서서히 할 것

Question 19

동영상의 정압기실에서 저압인 경우 유출(2차)압
력은 몇 kPa인지 쓰시오.

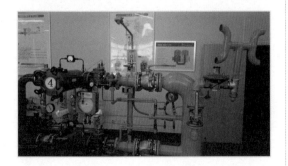

정답▶ 1~2.5kPa

Question 20

지하매설이 가능한 관의 종류 3가지를 쓰시오.

정답▶
① 가스용 폴리에틸렌관
② 폴리에틸렌 피복강관
③ 분말융착식 폴리에틸렌피복강관

Question 21

동영상의 용접작업 명칭을 쓰시오.

정답▶ TIG(불활성 아크)용접

Question 22

다음 동영상이 보여주는 기기를 보고 물음에 답하시오.

(1) 명칭을 쓰시오.
(2) 기능을 쓰시오.
(3) 화살표가 지시하는 기기의 명칭은?

정답▸ (1) 정압기
　　　(2) ① 도시가스 압력을 사용처에 맞게 낮추는 감압기능
　　　　　② 2차측 압력을 허용범위 내의 압력으로 유지하는 정압기능
　　　　　③ 가스흐름이 없을 때 밸브를 완전히 폐쇄하여 압력상승을 방지하는 폐쇄기능을 가진 기기로서 정압기용 압력조정기와 그 부속설비
　　　(3) 여과기

Question 23

동영상에서 보여주는 기기의 ① 명칭과 ② 기능을 쓰시오.

정답▸ ① 액면측정장치
　　　② 지하저장탱크의 액면을 측정

Question 24

동영상은 고압가스 용기보관실이다. 용기보관실 지붕이 갖추어야 할 조건 2가지를 쓰시오.

정답▸ ① 가벼울 것
　　　② 불연성일 것

Question 25

다음은 가스배관 시공 시 사용하는 기구이다. 이 기구의 ① 명칭과 ② 용도를 쓰시오.

정답 ① 피그
② 배관공사 후 배관 내부에 남아 있는 잔류 찌꺼기(슬래그)를 제거하는 기구

Question 26

동영상의 공기액화분리장치의 복정류탑이다. 공기액화 시 압축 전 CO_2의 제거 이유는?

정답 드라이아이스가 되어 장치 내를 폐쇄시키므로

Question 27

동영상의 장치는 몇 분 이상 방사 가능한 수원에 접속되어야 하는가?

정답 30분 이상

Question 28

동영상에서 화살표가 지시하는 장치의 명칭을 쓰시오.

정답 브래킷(배관고정장치)

Question 29

동영상에서 지하매설 PE관 상부에 전선을 3~5m의 간격으로 설치할 계획이다. 이 전선의 ① 명칭, ② 용도, ③ 규격을 쓰시오.

정답 ① 명칭 : 로케팅와이어
② 용도 : 지상에서 매설관의 위치를 파악, 유지·관리
③ 규격 : 6mm² 이상

Question 30

다음 동영상을 보고 명칭을 쓰시오.

① 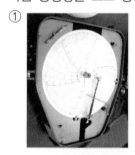 ②

정답 ① 자기압력기록계   ② 2차 압력감시장치
③ 긴급차단장치   ④ 조정장치

Question 31

다음 동영상의 보일러 급배기 방식을 쓰시오.

①

②

정답 ① FE방식(강제배기식 반밀폐형)
② FF방식(강제급배기식 밀폐형)

Question 32

다음 동영상에서 사용하는 전기방식법은 무엇인가?

정답 희생양극법

다음 동영상이 보여주는 펌프는 캐비테이션 현상을 일으킬 수 있는 원심 펌프이다. 캐비테이션 현상을 설명하시오.

정답▶ 유수 중에 그 수온의 증기압보다 낮은 부분이 생기면 물이 증발을 일으키고 기포를 발생할 수 있는 현상

다음 동영상에서 보여주는 가스설비의 ① 명칭과 ② 용도를 쓰시오.

정답▶ ① 전위 측정용 터미널
② 전위 측정

다음 배관부속품의 명칭을 쓰시오.

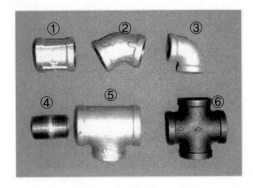

정답▶ ① 소켓
② 45° 엘보
③ 90° 엘보
④ 니플
⑤ 티
⑥ 크로스

동영상의 가스계량기의 설치높이(용량 $30m^3/h$ 미만 시)는 얼마인가?

정답▶ 바닥에서 2m 이내

Question 37

다음 동영상은 2단 감압조정기이다. 이 조정기의 장점 3가지 이상을 기술하시오.

정답 ① 공급압력이 안정하다.
② 중간 배관이 가늘어도 된다.
③ 관의 입상에 의한 압력손실이 보정된다.
④ 각 연소기구에 알맞은 압력으로 공급이 가능하다.

정답 지면에서 5m 이상 탱크 정상부에서 2m 이상 중 높은 위치

Question 38

다음 저장 탱크의 가스방출관의 설치높이에 대하여 설명하시오.

Question 39

다음 동영상이 표시하는 기호를 설명하시오.

정답 액화가스를 충전하는 용기부속품

Question 40

다음 동영상의 방폭구조의 종류를 쓰시오.

①    ②

③    ④

정답
① 안전증방폭구조
② 압력방폭구조
③ 본질안전방폭구조
④ 내압방폭구조

Question 41

동영상의 가스용 폴리에틸렌관 2호관의 최고사용압력은?

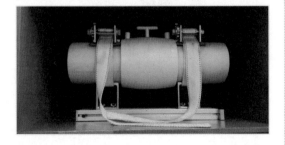

정답 0.25MPa

Question 42

다음 동영상이 보여주는 가스검지기 명칭은?

정답 접촉연소식 가스검지기

Question 43

도시가스 정압기실 내부에 가스검지기 설치 시 바닥면 둘레가 55m이면 가스누출경보기의 검지기 설치 수는?

정답 3개

해설
1. 정압기실의 가스누출경보기의 설치 개수 (산자부 고시 라절 제3-21-4조) : 정압기실(지하 정압기실 포함)에 설치하는 가스 누출경보기의 검지부는 바닥면 둘레 20m마다 1개씩 설치
55÷20=2.75=3개
2. 시가지 주요 하천, 호수 등을 횡단하거나 도로, 농경지, 시가지 등을 따라 매설되는 배관 등에는 가스누설경보기 1개 이상 설치

동영상은 사용시설에 설치된 압력조정기이다. 이 압력조정기의 안전점검 주기는?

정답 ♪ 1년 1회

동영상은 도시가스 배관을 지하에 매설하고 있다. 도로폭이 20m일 경우 매설위치가 적합한지 판정하시오.

20m

1m 20cm

정답 ♪ 적합

동영상에서 보여주는 LPG 자동차 용기 내부의 과충전방지장치이다. 용기의 몇 %가 충전 시 충전이 정지되는가?

정답 ♪ 85%

다음 동영상이 보여주는 밸브의 명칭은?

정답 ♪ 역류방지밸브

동영상이 보여주는 장치를 작동시킬 수 있는 동력원을 3가지 이상 쓰시오.

정답▶ ① 공기압식
② 전기압식
③ 유압식
④ 스프링압식

해설▶ 동영상은 긴급차단장치

동영상은 LP가스 용기저장소이다. 용기저장소 벽 및 천장의 재료가 갖추어야 할 구비조건 2가지를 쓰시오.

정답▶ ① 가벼울 것
② 불연성, 난연성일 것

동영상의 전기방식법의 종류는?

배류기

정답▶ 배류법

다음 동영상은 도시가스 정압기실이다. 다음 물음에 답하시오.

(1) ①, ②, ③, ④의 명칭을 쓰시오.
(2) 이 정압기실의 가스검지기의 설치위치는?

정답▶ (1) ① 여과기
② 정압기(조정기)
③ 가스방출관
④ 안전밸브
(2) 천장에서 검지기 하단부까지 30cm 이내

Question 52

동영상이 보여주는 장치의 ① 명칭과 ② 역할을 기술하시오.

정답▶ ① 긴급차단장치
② 탱크 누설화재 등 이상사태 발생 시 차단 가스의 유동을 방지함으로써 피해 확대를 방지

Question 53

동영상에서 지시하는 조정장치 내부 기기의 명칭은?

정답▶ 다이어프램

Question 54

동영상은 도시가스 배관을 매설 시 설치하는 설비이다. ① 명칭과 ② 규격을 쓰시오.

정답▶ ① 로케팅와이어
② 6mm² 이상

Question 55

동영상이 보여주는 방폭구조의 종류는 무엇인가?

정답▶ 유입방폭구조

Question 56

동영상에서 지시하는 d, ⅡB, T₄의 기호를 쓰시오.

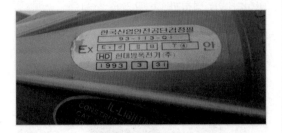

정답 ① d : 내압(방폭구조)
② ⅡB : 방폭전기기기의 폭발 등급
③ T₄ : 방폭전기기기의 온도 등급

참고 • ex : 방폭(구조)

Question 57

동영상이 지시하는 도시가스 설비에서 이것의 설치기준 2가지를 쓰시오.

정답 ① 도로법에 의한 도로 및 공동주택부지 등의 부지 내 도로에 도시가스 배관을 매설 시 라인마크를 설치
② 라인마크는 배관 길이당 50m마다 1개 이상 설치
③ 주요 분기점에 설치할 것 (택2 기술)

Question 58

다음 동영상의 산소충전장소에서 지시하는 밸브의 명칭은?

정답 충전용 배관밸브

Question 59

다음 동영상이 보여주는 ① 용기의 명칭, ② 녹색(공업용) 용기에 충전하는 가스의 명칭, ③ 청색(공업용) 용기에 충전하는 가스의 명칭은?

정답 ① 무이음 용기
② 산소
③ 이산화탄소

Question 60

다음 용기에서 표시되어 있는 부분의 안전밸브 형식은?

정답▶ 가용전식

Question 61

동영상이 보여주는 산소아세틸렌의 용접작업에서 지시하는 기구의 ① 명칭과 ② 역할을 기술하시오.

정답▶ ① 역화방지장치
② 불꽃의 역화를 방지함.

Question 62

동영상에서 보여주는 것은 도시가스 부취제를 주입하는 펌프이다. 이 펌프에서 표시된 모터의 기능은 무엇인가?

정답▶ 이 펌프가 가동될 수 있도록 동력을 전달하여 적정량의 부취제를 공급하기 위함.

Question 63

동영상의 압력계는 상용압력이 20kg/cm²이다. 이 압력계의 최고눈금은 몇 kg/cm²인가?

정답▶ 40kg/cm²

Question 64

다음 동영상은 도시가스 정압기실의 자기압력기록계이다. 자기압력기록계의 용도를 2가지 이상 기술하시오.

정답 ① 정압기의 1주일간 운전상태 기록
② 이상압력상태 확인
③ 배관 내에서는 기밀시험 측정

Question 65

동영상은 LP가스 조정기이다. ①, ②가 지시하는 명칭은?

정답 ① 자동절체식 일체형 조정기
② 2단 감압식 2차용 조정기

Question 66

다음 동영상에서 보여주는 ① 황색 및 적색 띠의 명칭은 무엇이며, 영상 ②의 경우 보호판 상부로부터 몇 cm의 높이에 설치되어야 하는가?

①　　　②

정답 ① 보호포　② 30cm 이상

Question 67

동영상에 표시되어 있는 방폭구조의 명칭을 쓰시오.

①

②
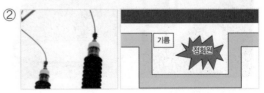

정답 ① 내압방폭구조　② 유입방폭구조

Question 68

동영상에서 표시되어 있는 장치의 명칭은?

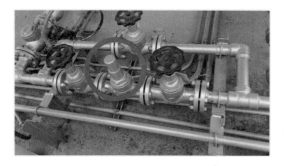

정답▶ 릴리프밸브

Question 69

다음 동영상이 보여주는 융착 이음의 종류는 무엇인가?

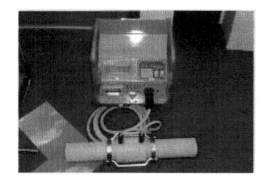

정답▶ 소켓 융착

Question 70

다음 동영상에서 보여주는 가스장치를 보고 물음에 답하시오.

(1) 명칭을 쓰시오.
(2) 장점 2가지를 쓰시오.

정답▶ (1) 기화기
(2) ① 한랭 시 가스공급 기능
② 공급가스 조성이 일정

Question 71

동영상은 에어졸 용기이다. 에어졸 제조시설에서 에어졸 누출시험 온도는 몇 ℃인가?

정답▶ 46℃ 이상 50℃ 미만

동영상에서 보여주는 아세틸렌 용기의 내부 충
전물질 5가지를 쓰시오.

정답 ① 석면
② 규조토
③ 목탄
④ 석회
⑤ 다공성 플라스틱

동영상은 베릴륨합금 공구이다. 이 공구가 가연
성 가스공장에서 사용되는 이유는?

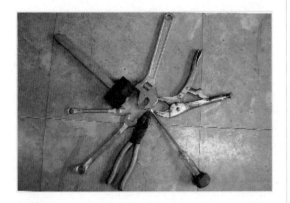

정답 불꽃 발생을 방지하기 위함

동영상에서 보여주는 초저온 용기에서 ①, ②의
명칭을 쓰시오.

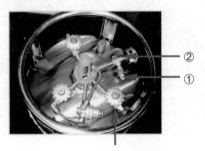

기체 벤트밸브

정답 ① 스프링식 안전밸브
② 파열판식 안전밸브

동영상의 펌프는 축봉부분에 누설을 방지하기 위
해 메커니컬 시일의 밸런스 시일 방식을 선택하
였다. 이 밸런스 시일은 어떤 경우에 사용되는가?

정답 LPG 등의 액화가스와 같이 저비점일 때, 내
압이 0.4~0.5MPa 이상일 때

Question 76

다음 동영상에서 보여주는 도시가스 정압기실에서 사용하는 설비의 명칭을 쓰시오.

정답▶ RTU

Question 77

다음 동영상에서 보여주는 펌프는 도시가스(LNG) 부취제를 주입하기 위한 펌프이다. 이 펌프에서 메탈링을 사용하는 이유를 서술하시오.

정답▶ 일정량의 부취제를 주입하기 위하여

Question 78

다음 동영상은 이상상태 발생 시 배관 내부의 가스 유동을 즉시 정지시키는 장치이다. 이 장치의 명칭은 무엇인가?

정답▶ 긴급차단장치

Question 79

동영상에서 지시하는 부분의 명칭은 무엇인가?

정답▶ 스프링식 안전밸브

Question 80

다음 동영상에 표시되어 있는 부분의 ① 명칭,
② 동영상 용기저장실 지붕의 재료는?

정답
① 방호벽
② 가벼운 불연성 재료

중복 출제문제

Question 01

동영상의 정압기실 내부조명도는 몇 lux인지 쓰시오.

정답 150lux

Question 02

동영상에서 보여주는 LPG용기의 형식을 쓰시오.

정답 용접용기

Question 03

동영상의 LPG용기 집합장치를 쓰시오.

정답 액체 자동절체기

Question 04

동영상의 희생양극법 전기방식 방법에 있어서 T/B(전위측정용)는 몇 m마다 설치하는지 쓰시오.

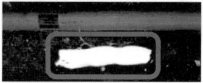

정답 300m마다 설치

Question 05

동영상에서 보여주는 습식가스계량기의 특징을 2가지 쓰시오.

정답 ① 계량이 정확하다.
② 기차변동이 적다.

Question 06

동영상의 용기에 각인된 기호가 뜻하는 바를 쓰시오.

정답 ① Tp : 내압시험압력(MPa)
② Fp : 최고충전압력(MPa)

Question 07

동영상에서 보여주는 충전용기 운반차량의 경계표지 규격을 쓰시오. (단, 경계표지가 직사각형인 경우)

정답 가로 : 차폭의 30% 이상
세로 : 가로의 20% 이상

Question 08

동영상의 자동차 충전설비 중 ① 지시부분의 명칭과 ② 충전호스 길이를 쓰시오.

정답 ① 세이프티카플러
② 5m 이내

Question 09

동영상에서 보여주는 용기 충전구의 나사를 오른나사, 왼나사의 형식으로 쓰시오.

①

②

정답▶ ① 산소 : 오른나사
② 아세틸렌 : 왼나사

Question 10

동영상의 습식가스계량기의 용도를 쓰시오.

정답▶ ① 기준기용
② 실험실용

2020년 1,2,3,4회
[중복 출제문제 생략]

아래의 LP가스 기화기에 대한 다음 물음에 답하시오.

(1) 액화가스가 넘쳐흐름을 방지하는 장치의 명칭을 쓰시오.
(2) 액화가스가 누설 시 나타나는 현상 2가지를 쓰시오.

정답 (1) 액유출방지장치
(2) 기화설비 동결, 기화능력 불량

LPG 충전소에서 충전설비는 도로경계로부터 몇 m 이상의 거리를 유지하여야 하는가?

정답 5m 이상

LP가스 저장실에 대해 다음 빈칸에 알맞은 수치를 쓰시오.

저장실은 바닥면적 $1m^3$당 (①)cm^2 이상의 자연통풍장치를 설치하고, 자연통풍장치 설치가 불가능 시 바닥면적 $1m^3$당 (②)m^3/min의 강제통풍장치를 설치하여야 한다.

정답 ① 300
② 0.5

다음 용기의 안전밸브 형식을 쓰시오.

정답 가용전식

Question 05

LP가스 용기 보관실에 대해 다음 물음에 답하시오.

(1) 지면에서 30cm 이내에 설치하여야 하는 기구의 명칭을 쓰시오.
(2) 이 용기보관실의 조명도는 얼마인가?

정답▶ (1) 가스누설검지기 (2) 150lux 이상

Question 06

반밀폐형 구조의 보일러에 대한 다음 물음에 답하시오.

(1) 어떤 구조의 벽으로 되어 있는가?
(2) 설치기구 2가지는?

정답▶ (1) 내화구조 (2) 급기구, 배기통

Question 07

동영상에서는 가스 누출 시 발화원의 방지를 위하여 접지선으로 접지하고 있다. 정전기 발생 방지대책을 4가지 쓰시오.

(1)

(2)

정답▶ ① 공기를 이온화시킬 것
② 상대습도를 70% 이상 유지할 것
③ 접촉전위가 작은 물질을 사용할 것
④ 접지할 것

Question 08

LPG 용기 밸브에 부착된 안전밸브의 형식은?

정답▶ 스프링식

Question 09

동영상의 가스장치를 보고 다음 빈칸에 알맞은 것을 쓰시오.
(①)은 가스운반용 (②)에서 충전소의 (③)로 LP가스를 이송하는 장치로서 로리호스로 이송 시 발생될 수 있는 가스 누출 및 폭발 사고를 방지할 수 있는 안전한 가스장치이다.

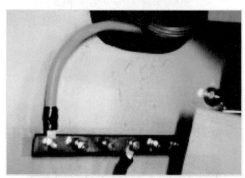

정답 ① 로딩암
② 탱크로리
③ 저장탱크

Question 10

동영상 (1)에서 가스가 불완전연소하여 사용자가 가스연소장치를 조작해 (2)와 같이 완전연소되어 청색불꽃을 형성하였다. 사용자가 조작한 장치는?

(1)

(2)

정답 공기조절장치

Question 11

동영상의 부취제 주입방식 중 액체주입방식 3가지를 쓰시오.

정답 ① 펌프주입방식
② 점하주입방식
③ 미터연결바이패스방식

Question 12

동영상의 가스보일러를 보고 다음 (   )를 채우시오.
가스시설 중 가스보일러의 가스접속배관은 (①) 또는 가스용품 검사에 합격한 가스용 (②)를 사용하여 가스의 누출이 없도록 확실히 접속하여야 한다.

정답▶ ① 금속배관
      ② 금속플렉시블 호스

Question 13

동영상의 가스용 PE관의 SDR 값의 압력값 ①, ②, ③은?

SDR	압력(MPa)
11 이하	①
17 이하	②
21 이하	③

정답▶ ① 0.4MPa 이하
      ② 0.25MPa 이하
      ③ 0.2MPa 이하

Question 14

동영상은 LP가스 이송용 압축기이다. ① 이 압축기에서 정전기 발생 방지대책으로 되어 있는 부분을 쓰고, ② 어떤 방지대책을 사용하였는지를 설명하시오.

정답▶ ① 초록색 접지선
      ② 접지선으로 접지시킴

Question 15

동영상에 있는 압축기의 명칭은?

정답▶ 나사압축기

Question 16

가스연소기구의 연소에서 가스의 유출속도가 연소속도보다 커서 염공을 떠나 연소하는 현상을 무엇이라 하는가?

정답▶ 선화

Question 17

도시가스 사용자 시설의 정압기 필터의 분해점검주기를 쓰시오.

정답▶ 3년 1회

Question 18

동영상에서 지시하는 FID의 의미는?

정답▶ 수소염이온화검출기

Question 19

고정식 압축천연가스충전소이다. 압축가스설비 및 충전설비의 사업소 경계까지의 거리는 몇 m인가?

정답▶ ① 오픈랙 기화장치
② 서브머지드 기화장치
③ 중간매체식 기화장치

정답▶ 10m 이상

Question 20

LNG의 기화장치 종류 3가지를 쓰시오.

Question 21

동영상은 LPG 충전소에서 발생한 BLEVE(블래비)현상이다. 이러한 위험성을 방지하기 위하여 공정안전관리(PSM)를 하여야 하는데 위험성평가 방법 중 정량적 분석방법 4가지를 쓰시오.

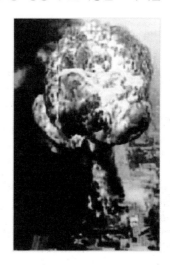

정답▶ ① FTA(결함수 분석방법)
② ETA(사건수 분석방법)
③ CCA(원인결과 분석방법)
④ HEA(작업자실수 분석방법)

동영상의 왕복압축기에서 운전 중 점검사항 3가
지를 쓰시오.

정답▶ ① 압력이상유무 점검
② 온도이상유무 점검
③ 소음진동유무 점검
④ 누설유무 점검 (택3 기술)

동영상의 정압기에서 평가 선정할 때의 특성 4가지
를 쓰시오.

정답▶ ① 정특성
② 동특성
③ 유량특성
④ 사용최대차압 및 작동최소차압

동영상의 용기를 보고 독성가스 중 콘크리트로 확
산방지를 하여야 하는 가스를 2가지만 쓰시오.

정답▶ 염소, 포스겐

지하매설된 도시가스 배관을 탐지하는 장비 2가지
를 쓰시오.

정답▶ ① 로케팅 와이어
② 파이프 로케터(pipe locator)

Question 26

동영상은 LP가스기화장치에서 공기혼합을 하여 혼합된 서지탱크로 가스를 공급하고 있다. 공기 혼합의 목적을 2가지 이상 쓰시오.

정답 ① 발열량 조절
② 누설 시 손실 감소
③ 재액화 방지
④ 연소효율 증대

Question 27

동영상의 LPG 충전소에서 저장용량이 100t인 저장설비와 사업소경계까지의 안전거리는 몇 m 인가?

정답 36m

참고 • 10톤 이하 : 24m
• 10톤 초과 20톤 이하 : 27m
• 20톤 초과 30톤 이하 : 30m
• 30톤 초과 40톤 이하 : 33m
• 40톤 초과 200톤 이하 : 36m

Question 28

동영상의 로딩암을 내부에 설치 시 다음 물음에 답하시오.

(1) 환기구의 설치방향은?
(2) 환기구의 면적은 바닥면적의 몇 % 이상인가?

정답 (1) 2방향
(2) 6%

Question 29

가스배관에 전기방식 조치하는 경우 아래의 장소는 어떠한 장소를 나열한 것인지를 쓰시오.

- 교량횡단 배관의 양단 배관과 지지물 사이
- 저장탱크와 배관 사이
- 배관과 강제보호관 사이

정답 전기방식효과를 유지하기 위하여 절연조치를 하는 장소

Question 30

도시가스 배관을 매설 시 중압 이하의 배관과 고압 배관과의 이격거리는 다음의 경우 몇 m 이상인지 쓰시오.

(1) 철근콘크리트 방호구조물 내에 설치하는 경우
(2) 서로의 배관 관리 주체가 같은 경우

정답 (1) 1m 이상
(2) 3m 이상

해설 (1), (2)의 경우 이외에는 중압 이하 배관과 고압 배관의 이격거리는 2m 이상

Question 31

일반적인 가스배관의 아래 표시의 의미를 쓰시오.

(1) SPPS   (2) SPPH

정답 (1) 압력배관용 탄소강관
(2) 고압배관용 탄소강관

최근
기출문제
(필답형 + 작업형)

최신 출제경향이 반영된
따끈따끈한 최근 기출 유형을 확인하세요!

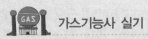

가스기능사 실기

PART 8. 최근 기출문제(필답형 + 작업형)

최근 기출문제 (필답형 + 작업형)

필답형 2021. 4. 3. 시행 (1회)

01

일정온도 하에 압력 100kPa, 체적 2L를 압력 200kPa로 올렸을 때의 체적을 구하시오.

정답
$$P_1 V_1 = P_2 V_2$$
$$\therefore V_2 = \frac{P_1 V_1}{P_2} = \frac{100 \times 2}{200} = 1L$$

02

습도계의 종류 2가지를 쓰시오.

정답 모발습도계, 노점습도계, 건습구습도계, 저항식 습도계 (택2 기술)

03

가스미터 고장에 대한 다음 내용의 각 정의를 쓰시오.
(1) 가스는 가스미터를 통과하나 눈금이 움직이지 않는 고장
(2) 가스는 가스미터를 통과하지 않는 고장

정답 (1) 부동
(2) 불통

04

프로판 표준상태에서 액체 1L는 기체로 될 때 체적이 몇 배 증가하는지 쓰시오. (단, 액비중은 0.5이다.)

정답 액비중 0.5(kg/L)×1L=0.5kg=500g
$$\frac{500}{44} \times 22.4 = 254.545 = 254.55L$$
∴ 254.55배 증가

05

시퀀스 제어를 설명하시오.

정답 미리 정해놓은 순서에 따라 제어의 각 단계를 순차적으로 진행하는 제어

06

LNG의 주성분은 무엇인지 쓰시오.

정답 CH_4(메탄)

07

다음 가스 중 액화가스 250kg 이상 압축가스 50m³ 이상의 저장설비를 갖추고 사용할 때 신고를 하여야 하는 가스의 종류를 모두 쓰시오.

수소, 이산화탄소, 산화에틸렌, 산소, 염화수소, 액화암모니아, 황화수소, 액화염소, 벤젠, 시안화수소, 일산화탄소

정답 수소, 산소, 액화암모니아, 액화염소

 특정고압가스 사용신고 등(시행규칙)
1. 사용신고를 해야 하는 사람
   ① 저장능력 250kg 이상인 액화가스 저장설비를 갖추고 특정고압가스를 사용하려는 자
   ② 저장능력 50m³ 이상인 압축가스 저장설비를 갖추고 특정고압가스를 사용하려는 자
   ③ 배관(천연가스 제외)으로 특정고압가스를 공급받아 사용하려는 자
   ④ 압축모노실란, 압축디보레인, 액화알진, 포스핀, 셀렌화수소, 액화염소, 액화암모니아를 사용하려는 자
   ⑤ 자동차 연료용으로 특정고압가스를 공급받아 사용하려는 자
2. 특정고압가스
   수소, 산소, 액화암모니아, 아세틸렌, 액화염소, 천연가스, 압축모노실란, 압축디보레인, 액화알진

08

거버너의 사용목적을 쓰시오.

정답▸ ① 유출압력을 조정하기 위해
② 안정된 연소를 시키기 위해
③ 가스를 소비하지 않을 경우 공급을 중단하기 위해

 문제에서 거버너라는 표현을 쓰지 말고 "조정기(레귤레이터)의 사용목적을 쓰시오" 라고 하여야 정확한 표현이 된다. 보통 조정기를 거버너라고는 하지 않는다. 그러나 사용목적을 물음은 아마 조정기 쪽으로 답을 쓰는 게 맞는 것 같다. 보통 거버너는 도시가스의 정압기를 표현한다.

참고▸ **도시가스 정압기(거버너)의 기능**
1. 도시가스 압력을 사용처에 맞게 낮추는 감압기능
2. 2차측 압력을 허용범위 내 압력으로 유지하는 정압기능
3. 가스흐름이 없을 때 밸브를 폐쇄하여 압력 상승을 방지하는 폐쇄기능

09

유량 1.5m³/min, 양정 30m, 효율 75%일 때 펌프의 축동력(kW)을 계산하시오. (단, 축동력의 공식은 $L(\text{kW}) = \dfrac{\gamma QH}{102\eta}$ 이다.)

정답▸
$$L(\text{kW}) = \frac{\gamma QH}{102\eta}$$
$$= \frac{1000 \times 1.5 \times 30}{102 \times 60 \times 0.75}$$
$$= 9.8\text{kW}$$

10

발화점을 설명하시오.

정답▸ 어떤 물질이 점화원 없이 스스로 연소하는 최저온도

11

고압가스의 충전용기는 몇 ℃ 이하로 유지하여야 하는지 쓰시오.

정답▸ 40℃ 이하

12

LPG 공급에서 금속배관으로부터 연소기까지의 호스 길이는 몇 m 이내인지 쓰시오.

정답▸ 3m 이내

작업형 **2021. 4. 3. 시행 (1회)**

Question **01**

동영상의 기구를 가지고 가스안전관리자가 하는 작업은 무엇인지 쓰시오.

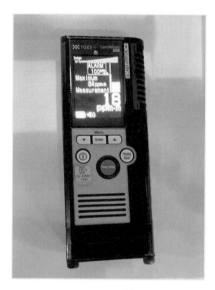

정답 ▶ 도시가스 배관의 누설검사

해설 ▶ RMLD(레이저메탄가스검지기)
30m 정도 떨어진 곳에서도 원격탐지가 가능하기 때문에 접근하기 어려운 지역의 경우에도 가스탐지가 가능하다.

Question **02**

도시가스 정압기실에 가스누출검지경보장치 검지부의 설치 수를 쓰시오.

정답 ▶ 바닥면 둘레 20m마다 1개 이상 설치

참고 ▶ **도시가스누설검지기의 설치 수를 연소기 버너 중심에서 계산 시**
1. 공기보다 가벼운 경우 : 연소기 버너 중심 8m마다 1개 이상
2. 공기보다 무거운 경우 : 연소기 버너 중심에서 4m마다 1개 이상

Question **03**

다음 정압기실 설비에서 표시된 부분의 명칭과 용도를 쓰시오.

정답 ▶ ① 명칭(SSV) : 긴급차단밸브
② 용도 : 정압기의 이상 발생 등 출구압력이 설정압력보다 이상상승 시 입구측으로 유입되는 가스를 자동차단하는 장치

Question 04

동영상의 융착이음 명칭을 쓰시오.

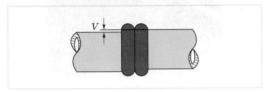

정답 맞대기융착

Question 05

아래 용기의 재검사주기를 쓰시오. (단, 내용적 500L 미만, 제조 후 경과연수 10년 초과)

정답 3년

해설 용기의 재검사주기

용기의 종류		신규검사 후 경과연수		
		15년 미만	15년 이상	20년 이상
		재검사주기		
용접용기	500L 이상	5년	2년	1년
	500L 미만	3년	2년	1년
LPG용기	500L 이상	5년	2년	1년
	500L 미만	5년		2년
무이음용기	500L 이상	5년마다		
	500L 미만	신규검사 후 경과연수 10년 : 5년마다, 10년 초과 : 3년마다		

Question 06

다음 동영상은 부탄용기에 무엇을 하는 작업인지를 쓰시오.

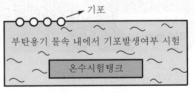

정답 용기에서 가스누출 검사

참고 누설시험 시 에어졸의 온도 46℃ 이상 50℃ 미만 동영상의 T/B의 설치간격은 몇 m 이내여야 하는지 쓰시오.

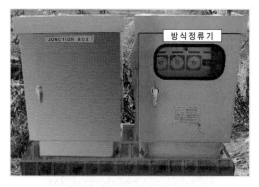

정답 500m 이내

해설 방식정류기를 사용한 외부전원법이므로 전위측정용 터미널 설치간격은 500m 이내이다.

동영상 비파괴검사 방법의 장점을 3가지 쓰시오.

정답 ① 내부결함 검출이 가능하다.
② 신뢰성이 있다.
③ 보존성이 양호하다.

참고 **초음파검사의 장점**
1. 건강에 위해가 없다.
2. 면상의 결함도 알 수 있다.
3. 시험의 결과를 빨리 알 수 있다.

가스계량기에 대한 다음 물음에 답하시오.
(1) 화기와의 우회거리
(2) 전기계량기, 전기개폐기와의 이격거리

정답 (1) 2m 이상
(2) 60cm 이상

Question 10

LPG 저장소 자연 환기구의 크기는 몇 cm^2 이하
인지 쓰시오.

정답 2400cm^2 이하

Question 11

동영상 LPG 충전소 충전기의 형식을 쓰시오.

정답 원터치형

Question 12

동영상 LPG 충전소의 방폭구조는 어떠한 방폭구
조 설치가 가능한지 그 종류를 쓰시오. (단, 이 방
폭구조는 위험장소 0종과 1종에는 사용되지 않는
방폭구조이다.)

정답 안전증방폭구조

해설

위험장소	방폭구조의 종류
0종	본질안전방폭구조
1종	본질안전방폭구조, 유입방폭구조, 압력방폭구조, 내압방폭구조
2종	본질안전방폭구조, 유입방폭구조, 압력방폭구조, 내압방폭구조, 안전증방폭구조

필답형 2021. 5. 15. 시행 (2회)

01

0.1MPa, 25℃, 100L의 기체를 5MPa, 150℃로 변경 시 체적을 구하시오.

정답
$$\frac{P_1 V_1}{T_1} = \frac{P_2 V_2}{T_2}$$

$$V_2 = \frac{P_1 V_1 T_2}{T_1 P_2}$$

$$= \frac{0.1 \times 100 \times (273+150)}{(273+25) \times 5}$$

$$= 2.838 = 2.84L$$

02

가스차단장치의 구성요소 3가지를 쓰시오.

정답
① 제어부
② 차단부
③ 검지부

03

( )에 적당한 기호를 쓰시오.
절대압력 = 대기압(①)게이지압력
= 대기압(②)진공압력

정답
① +
② −

04

다음 내용의 괄호 안에 있는 용어 중 알맞은 것을 순서대로 쓰시오.
염소는 (압축, 액화) 가스이며, (가연성, 조연성, 불연성) 가스이고, (독성, 비독성) 가스이다.

정답 액화, 조연성, 독성

05

아세틸렌에 관한 문제이다. ( )에 적당한 단어, 숫자를 쓰시오.

(1) 분자량 ( )g
(2) 폭발범위 ( )%
(3) 구리, 은과 접촉하면 폭발성 ( )가스 생성
(4) 카바이드와 ( ) 혼합 시 제조
(5) 흡열반응을 하므로 ( )폭발

정답
(1) 26
(2) 2.5~81
(3) 아세틸라이드
(4) 물
(5) 분해

06

묽은 황산, 수산화나트륨에 물을 넣고 직류로 전기분해하여 수소와 산소를 제조 시 ① 양극(+), 음극(−)에 제조되는 가스명과 ② 산소와 수소의 비율을 쓰시오.

정답
① 양극 : O_2, 음극 : H_2
② 산소 : 수소 = 1 : 2

참고
물의 전기분해 반응식
$2H_2O \rightarrow \underline{2H_2O} + \underline{O_2}$
(−)   (+)

07

액화천연가스를 영문약자로 쓰시오.

정답 LNG

08

다단압축을 하는 이유를 2가지 이상 쓰시오.

정답
① 이용효율이 증가한다.
② 힘의 평형이 좋아진다.
③ 가스의 온도상승을 피할 수 있다.
(택2 기술)

09

정압기의 3대 구성요소를 쓰시오.

 ① 다이어프램
② 스프링
③ 메인밸브

10

50L 용기의 충전가능 질량을 구하시오. (단, 상수는 1.04이다.)

정답▶ $W = \dfrac{V}{C} = \dfrac{50}{1.04} = 48.08 \text{kg}$

11

다음 빈칸에 알맞은 말을 쓰시오.
기체(가스)는 온도가 (①)수록, 압력이 (②) 수록 용해가 잘된다.

정답▶ ① 낮을
② 높을

12

다음 빈칸에 알맞은 말을 쓰시오.
가스용기는 화기와 (①) 이상 안전거리를 유지하고, 충전용기 온도는 (②) 이하이며, 저장실 내에서는 (③) 휴대용 손전등을 사용한다.

정답▶ ① 2m
② 40℃
③ 방폭형

작업형 **2021. 5. 15. 시행 (2회)**

Question 01

소형 부탄 난방기의 연소형식을 쓰시오.

정답▶ 분젠식

해설▶ **분젠식**
가스와 1차 공기가 혼합관에서 혼합 염공에서
분출되면서 불꽃 주위 확산으로 2차 공기를
취하는 연소형식으로 불꽃온도가 가장 높다.

Question 02

정압기의 기능 3가지를 쓰시오.

정답▶ ① 감압기능   ② 정압기능   ③ 폐쇄기능

Question 03

가스계량기와 단열조치하지 않은 굴뚝과의 거리
기준을 쓰시오.

정답▶ 30cm 이상

Question 04

저장탱크의 침하 검사주기를 쓰시오.

정답▶ 1년에 1회 이상

Question 05

동영상은 LPG탱크에서 누설화재 등 이상사태 발생
시 조작하여 위해를 예방하기 위한 작동밸브이다.
탱크에 어떤 밸브를 작동시키는 밸브인지 쓰시오.

①

②

정답 긴급차단밸브

> 영상 설명 : 밸브를 조작하여 저장탱크에 부착된 밸브(긴급차단밸브)가 닫히는 장면

Question 06

동영상의 가스차단장치에서 표시된 부분의 명칭을 쓰시오.

정답 제어부

Question 07

아세틸렌 용기의 재질을 쓰시오.

정답 탄소강

Question 08

동영상 LPG 충전소의 방폭등의 방폭구조를 쓰시오.

정답 안전증방폭구조

Question 09

동영상 ①번의 가스용품은 ②번의 배관에 설치하는 부속품이다. 그 용도를 쓰시오.

①

②

정답 절연조치를 하기 위하여 사용된다.

참고 ①의 부속품 명칭 : 절연조인트

Question **10**

동영상의 가스용 PE배관 SDR값이 17일 때 최고 사용압력은 몇 MPa 이하인지 쓰시오.

정답▶ 0.25MPa 이하

Question **11**

동영상의 압축기로 이송 시 장점 3가지를 쓰시오.

정답▶ ① 충전시간이 짧다.
② 잔가스 회수가 용이하다.
③ 베이퍼록의 우려가 없다.

Question **12**

동영상의 LNG탱크에서 보온재를 사용 시 보온재의 가장 중요한 기능을 쓰시오.

정답▶ 단열기능

필답형 2021. 8. 22. 시행 (3회)

01

동일 구경 배관 이음재 2가지를 쓰시오.

 ① 유니언
② 소켓

02

내용적 3000L, 액비중 0.77인 액화가스 탱크의 저장능력(kg)을 구하시오.

 $W = 0.9dv$
$= 0.9 \times 0.77 \times 3000$
$= 2079kg$

03

정압기의 특성 중 동특성에 대해 설명하시오.

정답 부하변화가 큰 곳에 사용되는 정압기에 대하여 중요한 특성으로 부하변동에 대한 응답의 신속성과 안정성이 요구된다.

04

온도 단위 2가지를 쓰시오.

정답 ℃, ℉

05

대기압력이 755mmHg, 게이지압력이 1.25kg/cm^2 인 경우 절대압력은 몇 kg/cm^{2}a인지 계산하시오.

정답 절대압력 = 대기압력 + 게이지압력
$= \dfrac{755}{760} \times 1.033 + 1.25$
$= 2.276$
$= 2.28kg/cm^2a$

06

N$_2$(질소)가스에 대해 다음 물음에 답하시오.
(1) 공기 중 부피함유율(%)은?
(2) 분자량은 몇 g인가?
(3) 가스의 성질(연소성)로 분류 시 어떤 가스에 해당되는가?
(4) 공기액화분리장치를 이용하여 제조 시 어떤 원리로 제조되는가?

정답 (1) 78%
(2) 28g
(3) 불연성
(4) 비등점 차이로 인한 액화

07

가스의 분석방법 중 흡수분석법의 종류 3가지를 쓰시오.

정답 ① 오르자트법
② 헴펠법
③ 게겔법

08

전기방식법의 종류 2가지를 쓰시오.

정답 ① 희생양극법
② 외부전원법
③ 선택배류법
④ 강제배류법 (택2 기술)

09

가스의 연소성과 호환성을 판정하는 척도 지수를 쓰시오.

정답 웨버지수

10

시안화수소(HCN)를 장시간 보관하면 안 되는 이유를 쓰시오.

정답 중합폭발의 위험성이 있기 때문에

11

펌프를 운전 중 물 온도가 증기압보다 낮아지고 물의 증발 또는 증기가 발생하는 현상을 무엇이라 하는지 쓰시오.

정답 캐비테이션 현상

12

고압가스 일반제조 중 C_2H_2가스의 압력이 9.8MPa 이상인 압축가스를 충전 시 압축기와 당해 충전장소에 설치해야 하는 시설물을 쓰시오.

정답 방호벽

작업형 2021. 8. 22. 시행(3회)

Question 02

동영상 압축기의 (1) 명칭과 (2) 장점 2가지를
쓰시오.

정답 (1) 왕복동식 압축기
(2) ① 잔가스 회수가 가능하다.
② 베이퍼록 현상이 없다.
③ 이송시간이 짧다. (택2 기술)

Question 01

도시가스 사용시설의 가스계량기와 전기접속기
와의 이격거리는 얼마인지 쓰시오.

정답 30cm 이상

해설 1. 공급시설의 배관 이음부와 사용시설의
가스계량기와 전기접속기, 전기점멸기와
30cm 이상 이격
2. LPG 도시가스 사용시설의 배관 이음부
와 호스 이음부와 전기접속기, 전기점멸
기와 15cm 이상 이격

Question 03

동영상의 가스계량기 명칭을 쓰시오.

정답 터빈계량기

Question 04

C₂H₂용기에 채우는 다공물질을 2가지 쓰시오.

정답 ① 규조토, 석면
② 석회
③ 산화철
④ 탄산마그네슘
⑤ 다공성 플라스틱 (택2 기술)

Question 05

동영상의 U볼트와 브래킷 사이에 삽입하는 고무판 플라스틱 물질의 역할을 쓰시오.

정답 절연조치를 위함

Question 06

동영상의 유량계에서 지시하는 부분이 무엇인지 쓰시오.

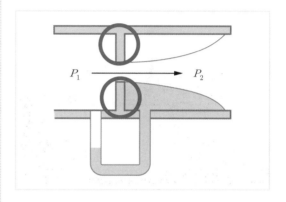

정답 조리개 기구

Question 07

동영상의 산소 충전시설에서 지시부분의 명칭을 쓰시오.

정답 충전용 주관 밸브

Question 08

기기 분석기의 G/C에서 운반기체의 종류를 4가지 쓰시오.

정답 ① H₂ ② He ③ N₂ ④ Ar

Question 10

동영상의 LPG 소형저장탱크는 충전 시 몇 % 이하로 충전해야 하는지 쓰시오.

정답 85% 이하

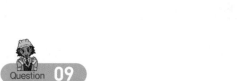

Question 09

동영상에서 보여주는 경계책의 높이를 쓰시오.

정답 1.5m 이상

Question 11

동영상 장치의 (1) 명칭과 (2) 기능을 쓰시오.

정답 (1) 명칭 : 긴급차단장치
(2) 기능 : 이상사태 발생 시 가스유동을 차단하고 피해확대를 막는 장치

Question 12

동영상에서 보여주는 가스기기의 (1) 명칭과
(2) 기능을 쓰시오.

정답 (1) 명칭 : 피그
(2) 기능 : 배관 내 이물질 제거

01

C_3H_8 1L 연소 시 필요 이론 산소량은 몇 L인지 구하시오.

정답 $C_3H_8 + 5O_2 \rightarrow 3CO_2 + 4H_2O$
1L   5L
∴ 5L

02

다음 ( ) 안에 적당한 단어를 쓰시오.

• 사업자 등과 법에 따른 특정 고압가스 사용신고자는 그 시설 및 용기의 안전확보와 위해 방지에 관한 직무를 수행하게 하기 위하여 사업개시 전이나 가스의 사용 전에 (①)법에 의하여 (②)를 선임하여야 한다.

• 수소, 산소, 액화암모니아, 아세틸렌, 액화염소, 천연가스, 압축모노실란, 압축디보레인, 액화알진 등 특정 고압가스를 사용하려는 자로서 일정 규모 이상의 저장능력을 가진 자는 특정 고압가스를 사용하기 전에 미리 시장 군수, 구청자에게 (③)를 하여야 한다.

정답 ① 고압가스 안전관리
② 안전관리자
③ 신고

03

아래에 나열된 가스의 종류를 보고 물음에 답하시오.

산소, 수소, 염소, 아세틸렌, 암모니아,
이산화탄소, 메탄, 아르곤

(1) 가장 밀도가 ① 낮은 가스와 ② 높은 가스의 종류를 쓰시오.
(2) 조연성 가스의 종류를 쓰시오.
(3) 냉각 (공기액화) 장치에 의해 분류되는 가스는?
(4) 냄새로 구별이 가능한 가스는?

정답 (1) ① 수소, ② 염소
(2) 산소, 염소
(3) 산소, 아르곤
(4) 염소, 암모니아

참고 1. **수소의 밀도** : 2g/22.4L＝0.089g/L
2. **염소의 밀도** : 71g/22.4L＝3.17g/L

04

초저온 용기에 대하여 ( ) 안을 채우시오.
초저온 용기란 섭씨 영하 (①)℃ 이하 액화가스를 충전하기 위한 용기로서 단열재를 씌우거나 냉동설비로 냉각시키는 방법으로, 용기 내 가스의 온도가 상용의 온도를 초과하지 아니하도록 조치된 용기이며 이 용기의 열의 침투 정도를 측정하는 (②) 시험방법이 적용된다.

정답 ① 50
② 단열성능

05

연소에 필요한 3대 요소를 쓰시오.

정답 ① 가연물
② 산소공급원
③ 점화원

06

탄소의 완전연소반응식을 쓰시오.

정답 $C + O_2 \rightarrow CO_2$

참고 **불완전연소식**
$C + \frac{1}{2}O_2 \rightarrow CO$

07

LP가스의 입구압력 1.56MPa, 출구압력이 0.07MPa 로 하여 가스를 공급하여 주는 가스기구의 명칭을 쓰시오.

정답▶ 1단 감압식 저압조정기

08

차압식 유량계의 명칭 3가지를 쓰시오.

정답▶ ① 오리피스
② 플로노즐
③ 벤투리

09

비접촉식 온도계의 종류 1가지 이상을 쓰시오.

정답▶ 광고온도계, 광전관식온도계, 색온도계, 복사 (방사)온도계

10

LNG의 주요성분을 쓰시오.

정답▶ CH_4

11

총발열량을 가스비중의 제곱근으로 나눈 값을 무엇이라고 하는지 쓰시오.

정답▶ 웨버지수

12

아세틸렌의 용제(침윤제) 1개를 쓰시오.

정답▶ 아세톤, DMF

작업형 2021. 11. 27. 시행 (4회)

Question 01

동영상에서 지시하는 (1) 명칭과 (2) 용도를 쓰시오.

정답
(1) 클린카식 액면계
(2) 탱크 내 액면의 높이를 측정함.

Question 02

동영상의 가스장치는 제조저장 시설에서 누설 및 이상 사태 발생 시 가스의 유동을 정지함으로써 피해의 확대를 예방하는 목적으로서 작동 동력원으로는 유압, 기압, 전기압, 스프링압 등으로 작동시키는 장치이다. 이 장치의 명칭을 쓰시오.

정답 긴급차단장치

동영상의 (1) 용기의 명칭과 (2) 정의를 쓰시오.

정답 (1) 초저온 용기
    (2) 섭씨 영하 50℃ 이하의 액화가스를 충전하기 위한 용기로서 단열재를 씌우거나 냉동설비로 냉각시키는 방법으로 용기 내 가스온도가 상용온도를 초과하지 아니하도록 한 것

동영상에 표시된 부분의 명칭을 쓰시오.

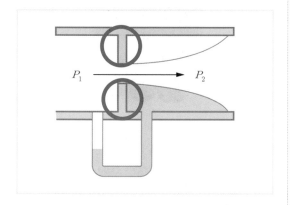

정답 교축(조리개)기구

동영상 도시가스 지하 정압기실에서 흡입구 배기구의 관경은 몇 mm 이상인지 쓰시오.

정답 100mm 이상

동영상 PE 관의 융착이음의 명칭을 쓰시오.

정답 새들융착

Craftsman Gas

Question 07

동영상의 갈색 용기에 충전되어있는 가스의 명칭을 쓰시오.

정답▶ 액체염소

Question 08

동영상의 표시된 문구의 의미를 쓰시오.

정답▶ LPG를 제외한 액화가스를 충전하는 그 용기 및 부속품

Question 09

동영상은 LP가스 자동차에 LP가스를 충전하는 충전기이다. 충전호스에 부착되는 가스주입기의 형식을 쓰시오.

정답▶ 원터치형

Question 10

동영상의 에어졸 용기시험은 무엇을 검사하는 시험인지 쓰시오.

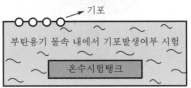

정답▶ 누출검사

기포

부탄용기 물속 내에서 기포발생여부 시험

온수시험탱크

정답▶ 누출검사

482   가스기능사 실기

Question 11

동영상의 가스미터의 명칭을 쓰시오.

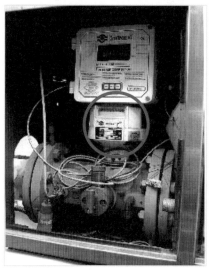

정답▶ 터빈식 가스미터

Question 12

동영상의 ①, ② 조정기의 (1) 명칭과 (2) 역할을 쓰시오.

정답▶ (1) ① 자동절체식 일체형 조정기
　　② 2단감압식 2차용 조정기
(2) 역할
　① 사용측 용기의 가스가 소비 후 예비측
　　용기의 가스가 공급되도록 교체하여 주
　　는 것
　② 자동교체 조정기는 2단 감압식이며, 1차
　　조정기는 자동교체 역할과 동시에 1차로
　　감압 후 사용처에 맞도록 2차로 조정
　　(2.55~3.3kPa로 조정)을 해준다.

01

도시가스에 대한 아래의 물음에 답하시오.
(1) 도시가스 원료 중 액체 성분 3가지는?
(2) 도시가스 발열량을 가스 비중의 평방근으로 나눈 값은 무엇인가?
(3) 도시가스는 가스의 제조 (   ) 열량 조정 등의 공정에 의해 제조된다. (   )에 적합한 단어는?
(4) 도시가스 누설 시 냄새로 알 수 있도록 첨가하는 물질의 명칭은 무엇인가?
(5) 제조된 도시가스를 저장하는 시설의 명칭은 무엇인가?

정답
(1) LPG, LNG, 나프타
(2) 웨버지수
(3) 정제
(4) 부취제
(5) 가스 홀더

해설
웨버지수(WI) $= \dfrac{Hg}{\sqrt{d}}$

여기서, Hg : 도시가스 발열량(kcal/Nm³)
d : 가스의 비중

02

부취제의 구비조건 4가지를 쓰시오.

정답
① 경제적일 것
② 화학적으로 안전할 것
③ 보통냄새와 구별될 것
④ 가스관이 가스미터에 흡착되지 않을 것

03

심용접을 하는 내용적 1L 이하의 용기 명칭은 무엇인지 쓰시오.

정답 납붙임 또는 접합용기

04

산소압축기의 윤활제를 쓰시오.

정답 물 또는 10% 이하의 글리세린수

05

아래에서 설명하는 안전관리자의 명칭을 쓰시오.
(1) 해당 사업소 또는 사용신고시설의 안전에 관한 업무 총괄
(2) (1)의 안전관리자를 보좌, 해당 가스시설의 안전에 대한 직접 관리
(3) (2)의 안전관리자를 보좌, 사업장의 안전에 관한 기술적인 사항의 관리 및 안전관리원의 지휘 및 감독
(4) 안전관리 책임자의 지시에 따라 안전관리자의 직무수행

정답
(1) 안전관리 총괄자
(2) 안전관리 부총괄자
(3) 안전관리 책임자
(4) 안전관리원

06

측정원리가 선팽창계수가 다른 금속판을 이용하는 온도계의 명칭을 쓰시오.

정답 바이메탈 온도계

07

(   )에 적합한 단어를 쓰시오.
연물이 연소되기 위하여는 (①), (②)이 필요하며 활성화 에너지가 (③), 발열량이 (④) 연소가 잘 된다.

정답
① 조연성
② 점화원
③ 적을수록
④ 높을수록

08

공기의 성분이 O_2, N_2, CO_2, Ar일 때 (1) 가장 많은 성분과 (2) 가장 작은 성분을 가진 가스를 쓰시오.

정답▶ (1) N_2 : 78%
(2) CO_2 : Ar 중 0.03%

해설▶ 공기 중 N_2 : 78%, O_2 : 21%, Ar : 1%, CO_2 : Ar 중 0.03%

09

철근콘크리트제 방호벽의 두께와 높이의 규정을 쓰시오.

정답▶ 두께 : 12cm 이상
높이 : 2m 이상

10

게이지압력이 1.03MPa일 때 절대압력(kg/cm^2)을 계산하시오.

정답▶ 절대압력＝대기압력＋게이지압력
$$=1.0332 kg/cm^2 + \frac{1.03}{0.101325} \times 1.0332$$
$$=11.535$$
$$=11.54 kg/cm^2 a$$

11

콕에 표시 유량 이상의 가스가 통과 시 유로를 차단할 수 있는 기구의 명칭을 쓰시오.

정답▶ 과류차단 안전기구

12

아래 가스의 종류를 보고 물음에 답하시오.

일산화탄소, 메탄, 이산화황, 암모니아, 이산화탄소

(1) 밀도가 가장 작은 가스 종류
(2) 독성인 동시에 가연성인 가스 종류
(3) 자극적인 냄새가 있는 가스 종류
(4) 불연성가스 종류
(5) 지구온난화를 일으키는 온실가스 종류

정답▶ (1) 메탄
(2) 일산화탄소, 암모니아
(3) 암모니아, 이산화황
(4) 이산화탄소, 이산화황
(5) 이산화탄소, 메탄

해설▶ 1. 가스의 밀도 M(g)/22.4L (M : 분자량)
2. SO_2(이산화황) : 불연성,
독성(TLV−TwA) : 5ppm

작업형 **2022. 3. 20. 시행 (1회)**

Question 01

동영상의 PE관 융착이음의 (1) 명칭, (2) 이 이음으로 시공할 수 있는 배관의 구경을 쓰시오.

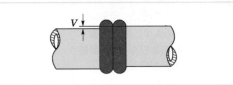

정답 (1) 맞대기융착
(2) 공칭외경 90mm 이상

Question 02

동영상의 비파괴검사 방법의 명칭을 영문 약자로 쓰시오.

정답 RT

참고 **비파괴검사의 종류**
방사선투과검사(RT), 자분탐상검사(MT),
침투탐상검사(PT), 초음파탐상검사(UT)

Question 03

동영상과 같이 격납상자 내에 가스계량기를 설치 시 설치 높이를 쓰시오.

정답 바닥에서 2m 이내

Question 04

동영상에 표시된 배관의 (1) 명칭과 (2) 기능을 쓰시오.

정답 (1) 신축흡수장치(루프이음)
　　 (2) 열팽창을 흡수하기 위함.

Question 05

동영상의 조정기는 2단감압식 조정기이다. 이 조정기의 장점을 4가지 쓰시오.

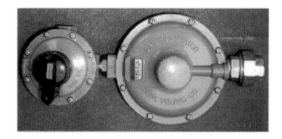

정답 ① 공급압력이 안정적이다.
　　 ② 중간배관이 가늘어도 된다.
　　 ③ 관의 입상에 의한 압력손실이 보정된다.
　　 ④ 각 연소기구에 알맞은 압력으로 공급할
　　　 수 있다.

Question 06

동영상에서 표시된 (1), (2)의 명칭을 쓰시오.

(1)

(2)

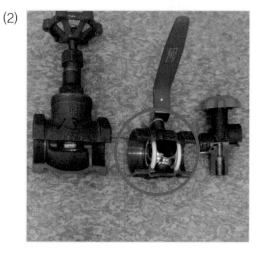

정답 (1) 긴급차단장치
　　 (2) 볼밸브

동영상에 설치된 용기보관실의 지붕이 갖추어야
할 (1) 재료와 (2) 조건을 쓰시오.

정답 (1) 불연성일 것
　　 (2) 가벼울 것

동영상은 도시가스 정압기실이다. 표시 부분의
(1) 명칭과 (2) 기능을 쓰시오.

정답 (1) 명칭 : 이상압력 통보설비
　　 (2) 기능 : 정압기 출구 측의 압력이 설정압력
　　　　　　 보다 이상 상승 또는 하강 시 상황실에 경
　　　　　　 보해 주는 장치

동영상에 설치된 LPG의 검지기 설치 위치를 쓰
시오.

정답 바닥에서 검지기 상단부까지 30cm 이내

동영상에 표시된 방폭구조의 T_4의 의미를 쓰
시오.

정답 방폭전기기기의 온도등급으로서 발화도의 범
　　 위가 135℃ 초과 200℃ 이하를 표시

Question 11

동영상의 보호판 설치 위치는 배관 정상부에서 몇 cm 이상이 되어야 하는지 쓰시오.

정답▶ 배관 정상부에서 30cm 이상

Question 12

동영상의 주거용 가스보일러와 연통을 접합하는 방법 3가지를 쓰시오.

정답▶ ① 나사식   ② 플랜지식   ③ 리브식

해설▶ 가스보일러는 방, 거실 그밖에 사람이 거처하는 곳과 목욕탕, 샤워장, 베란다, 그 밖에 환기가 잘되지 않아 가스보일러의 배기가스가 누출될 경우 사람이 질식할 우려가 있는 곳에는 설치하지 않는다. 다만, 밀폐식 가스보일러로서 다음 중 어느 하나의 조치를 한 경우에는 설치할 수 있다.

1. 가스보일러와 연통의 접합은 나사식, 플랜지식 또는 리브식으로 하고, 연통과 연통의 접합은 나사식, 플랜지식, 클램프식, 연통일체형 밴드 조임식 또는 리브식 등으로 하여 연통이 이탈되지 않도록 설치하는 경우

2. 막을 수 없는 구조의 환기구가 외기와 직접 통하도록 설치되어 있고, 그 환기구의 크기가 바닥면적 $1m^2$마다 $300cm^2$의 비율로 계산한 면적(철망 등을 부착할 때는 철망이 차지하는 면적을 뺀 면적) 이상인 곳에 설치하는 경우

3. 실내에서 사용 가능한 전이중급배기통(coaxial flue pipe)을 설치하는 경우

Craftsman Gas

필답형 2022. 5. 30. 시행 (2회)

01
아래 가스의 종류를 보고 물음에 해당하는 가스를 모두 고르시오.

> 메탄, 질소, 수소, 산소, 염소, 암모니아

(1) 밀도가 가장 작은 가스
(2) 밀도가 가장 큰 가스
(3) 조연성 가스
(4) 독성인 동시에 가연성 가스
(5) 공기액화분리에 의해 제조되는 가스
(6) 압축가스

 정답
(1) 수소
(2) 염소
(3) 산소, 염소
(4) 암모니아
(5) 산소, 질소
(6) 산소, 수소, 질소, 메탄

해설
1. **가스의 밀도** : M(g)(분자량)÷22.4L이므로 분자량이 적을수록 밀도가 작다.
2. **가스의 분자량** : 수소(H_2)=2g
   염소(Cl_2)=71g

02
다음에서 설명하는 법칙은 무엇인지 쓰시오.

> 이상기체에서 온도가 일정할 때 부피는 압력에 반비례한다.

정답 보일의 법칙

참고
1. **샤를의 법칙** : 압력이 일정할 때 이상기체의 부피는 절대온도에 비례한다.
2. **보일-샤를의 법칙** : 이상기체의 부피는 압력에 반비례, 절대온도에 비례한다.

03
추량식 가스미터의 종류 2가지를 쓰시오.

정답
① 오리피스형
② 벤투리형
③ 델타형
④ 터빈형
⑤ 선근차형
⑥ 와류형 (택2 기술)

04
가스용 PE(폴리에틸렌)관의 최고사용압력(MPa)은 얼마인지 쓰시오.

정답 0.4MPa 이하

 해설

PE관의 SDR(압력에 따른 배관의 두께)

SDR	압력
11 이하(1호관)	0.4MPa 이하
17 이하(2호관)	0.25MPa 이하
21 이하(3호관)	0.2MPa 이하

05
액화가스를 강제로 기화시키는 기기의 명칭을 쓰시오.

정답 강제기화장치(기화기)

06
폭발범위가 2.5~81%인 C_2H_2의 위험도를 구하시오.

정답 31.4

해설
$$H = \frac{U-L}{L} = \frac{81-2.5}{2.5} = 31.4$$

07

다음 물음에 답하시오.

(1) 측정값과 참값이 차이를 무슨 오차라고 하는지 쓰시오.

(2) 같은 계기로서 같은 양을 몇 번이고 반복하여 측정하면 측정값은 흩어진다. 이때 흩어짐이 작은 정도를 무엇이라 하는지 쓰시오.

(3) 계측기가 측정량의 변화에 민감한 정도를 말하며, 측정량의 변화에 대한 지시량의 변화비율을 무엇이라 하는지 쓰시오.

정답▶ (1) 절대오차
　　　 (2) 정밀도
　　　 (3) 감도(민감도)

08

도시가스 기체연료의 장단점을 각각 2가지씩 기술하시오.

정답▶ (1) 장점
　　　　① 경제적이다
　　　　② LP가스에 비해 안전도가 높다.
　　　 (2) 단점
　　　　① 입지적 제약이 있다.
　　　　② 초기비용이 많이 든다.

09

가스배관에 상용압력 또는 0.7MPa 이상으로 사용하는 시험은 어떠한 시험인지 쓰시오.

정답▶ 기밀시험

10

황(SO_2) 1kg을 완전연소할 때 필요한 산소량은 몇 kg인지 구하시오.

정답▶ 1kg

해설▶ 　$S + O_2 \rightarrow SO_2$
　　　 32kg : 32kg
　　　 1kg : x(kg)
　　　 ∴ $x = 1$kg

11

가스누설 시 경보기가 작동하면 자동으로 가스의 공급을 차단하는 장치는 무엇인지 쓰시오.

정답▶ 가스누출자동 차단장치

12

다음은 독성가스 탱크 내부에 청소 수리를 위해 작업자가 탱크 내부로 들어가기 전 작업요령이다. 빈칸 ①, ②에 알맞은 답을 쓰시오.

(1) 가스설비의 내부가스를 대기압 가까이 될 때까지 다른 저장탱크에 회수한 후 잔류가스를 대기압이 될 때까지 재해설비로 유도하여 재해시킨다. 처리한 후에는 불활성가스로 치환시키고, 산소의 농도가 18% 이상 22% 이하까지 (①)로 치환시킨다.

(2) 독성가스의 농도는 (②) 기준농도 이하인 것을 확인한다.

정답▶ ① 공기
　　　 ② TLV−TWA

작업형 2022. 5. 30. 시행 (2회)

Question 01

동영상의 PE관 SDR값이 17 이하인 경우 허용 압력범위는 몇 MPa 이하인지 쓰시오.

정답 0.25MPa 이하

해설 **PE관의 SDR(압력에 따른 배관의 두께)**

SDR	압력
11 이하(1호관)	0.4MPa 이하
17 이하(2호관)	0.25MPa 이하
21 이하(3호관)	0.2MPa 이하

Question 02

동영상의 가스계량기와 전기계량기와의 이격거리는 얼마인지 쓰시오.

정답 60cm 이상

Question 03

동영상에서 보여주는 배관의 이음방법의 명칭을 쓰시오.

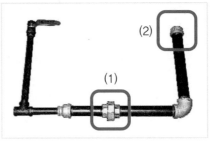

정답 (1) 유니언이음
(2) 나사이음

Question 04

다음 동영상을 보고 물음에 답하시오.
(1) 해당 부분의 명칭을 쓰시오.
(2) 해당 부분의 기능을 서술하시오

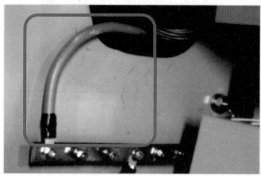

정답▸ (1) 접지접속선
(2) 정전기 발생방지를 위하여

Question 05

다음 동영상은 LNG 기지의 Open Rack Vaporizer (오픈랙 기화장치)이다. LNG를 기화시키는 열매체의 종류를 쓰시오.

정답▸ 해수

참고▸ LNG 기화장치 중 SMV(서브머지드 기화장치)는 가스가 열매체이고, 오픈랙 기화장치는 해수가 가열원이며, 이때 해수온도는 5℃ 정도이다.

Question 06

동영상에서 보여주는 G/C(가스 크로마토그래피) 분석장치의 3대 요소를 쓰시오.

 ① 분리관
② 검출기
③ 기록계

정답 ① 경제적일 것
② 열전도율이 낮을 것
③ 시공이 쉬울 것
④ 가벼울 것 (택2 기술)

Question 08

동영상의 배관용접에 대한 아래의 물음에 답하시오.
(1) 용접 방법의 명칭을 영어 약자로 쓰시오.
(2) 이러한 용접을 시행하는 목적을 쓰시오

Question 07

다음 동영상은 열을 차단하기 위한 보냉제이다. 보냉제의 구비조건 2가지를 쓰시오.

 (1) TIG
(2) 비파괴검사를 위하여

해설 TIG(Tungsten Inert Gas) 용접은 비파괴검사를 위하여 시행하는 불활성 아크용접이다(플랜지 용접 부위는 자분탐상검사 실시).

Question 09

동영상의 가스누설 검지장치에서 지시하는 ①, ②, ③의 명칭을 쓰시오.

① 검지부
② 제어부
③ 차단부

Question 10

동영상의 LP가스 충전기에서 과도한 힘을 가하면 자동으로 분리되는 장치의 명칭을 쓰시오.

정답 세이프티커플링

Question 11

동영상에서 보여주는 전기방식법의 명칭을 쓰시오.

정답 희생양극법

해설 희생양극법은 지중 또는 수중에 설치된 양극 금속과 매설배관을 전선으로 연결하여, 양극 금속과 매설배관 사이의 전지작용으로 부식을 방지하는 방법이다.

Question 12

다음 밸브의 명칭을 쓰시오.

정답 역지밸브(체크밸브)

필답형 2022. 8. 14. 시행 (3회)

01

C_2H_2에 대하여 아래 물음에 답하시오.
(1) C_2H_2 충전 시 희석제를 첨가하여야 하는 충전 압력은 얼마인가?
(2) 습식 아세틸렌 발생기의 표면온도는 몇 ℃ 이하를 유지하여야 하는가?
(3) C_2H_2의 용제(침윤제) 2가지는?
(4) C_2H_2 가스의 최고 충전압력은 15℃에서 몇 MPa인가?

정답 (1) 2.5MPa 이상
(2) 70℃ 이하
(3) 아세톤, DMF
(4) 1.5MPa

02

가연성, 독성 고압설비 중에서 긴급차단장치를 설치한 고압가스 설비에 이상 사태 발생 시 설비 내용물을 긴급·안전하게 이송시킬 수 있는 설비로서, 가연성, 독성 가스를 모두 방출시키는 설비의 명칭을 쓰시오.

정답 벤트스택

참고 **플레어스택**
가연성 가스를 연소시켜 방출시키는 긴급 이송설비

03

흡착제(탄산칼슘)를 충전한 유리관에 용제(석유에테르)를 유동시켜 웨버지수, 농도 등을 측정할 수 있는 가스분석의 검사방법은 무엇인지 쓰시오.

정답 가스 크로마토그래피

04

비중이 1.5인 C_3H_8의 입상 20m 지점에서의 압력손실(mmH₂O)을 구하시오.

정답 12.93(mmH₂O)

해설 압력손실(h)=1.293($S-1$)H
　　　=1.293(1.5－1)×20
　　　=12.93mmH₂O
여기서, S : 가스비중, H : 입상높이(m)

05

폭발범위가 12.5~74%인 CO의 위험도를 구하시오.

정답 4.92

해설
$$위험도(H) = \frac{폭발상한(U) - 폭발하한(L)}{폭발하한(L)}$$
$$= \frac{74 - 12.5}{12.5} = 4.92$$

06

다음에서 설명하는 방폭구조의 명칭을 쓰시오.

정상 및 사고(단선, 단락, 지락 등) 시에 발생하는 전기 불꽃·아크 또는 고온부로 인하여 가연성 가스가 점화되지 않는 것이 점화시험, 그 밖의 방법에 의해 확인된 방폭구조이다.

정답 본질안전방폭구조

07

1000t 이상의 처리능력을 가진 도시가스 충전사업자의 안전관리자의 총인원을 쓰시오.

정답 ① 안전관리 총괄자 1인
② 안전관리 부총괄자 1인
③ 안전관리책임자 1인
④ 안전관리원 2인

참고 처리능력 500t(2400m³/hr) 초과 시 안전관리자의 총인원
① 안전관리 총괄자 1인
② 안전관리 부총괄자 1인
③ 안전관리 책임자 1인(가스산업기사 이상)
④ 안전관리원 1인(가스기능사 또는 양성교육 이수자)

08

아래 가스의 종류를 보고, 물음에 해당하는 가스를 모두 고르시오.

산소, 오존, 이산화탄소, 일산화탄소, 아르곤, 메탄, 이산화황, 암모니아

(1) 밀도가 가장 작은 가스
(2) 밀도가 가장 큰 가스
(3) 공기액화 분리장치에 의해 제조될 수 있는 가스
(4) 냄새로 알 수 있는 가스
(5) 6대 온실가스에 해당하는 가스
(6) 가연성이면서 독성인 가스

정답
(1) 메탄
(2) 이산화황
(3) 아르곤, 산소
(4) 암모니아, 아황산
(5) 이산화탄소, 아황산, 메탄
(6) 일산화탄소, 암모니아

09

차압식 유량계의 종류를 2가지 쓰시오.

정답
① 오리피스
② 벤투리

참고
① **오리피스** : 설치가 쉽고 값이 저렴하지만, 압력손실이 가장 크다.
② **벤투리** : 압력손실이 가장 적고 정도가 좋지만, 구조가 복잡하고 가격이 비싸다.

10

LPG 공기혼합 설비의 혼합방식을 1가지 쓰시오.

정답 벤투리믹서 또는 플로믹서

참고
1. **벤투리믹서** : 기화한 LP 가스는 일정압력으로 노즐에서 분출시켜 노즐 실내를 감압함으로써 공기를 흡입하여 혼합하는 방식
2. **플로믹서** : LP 가스의 압력을 대기압으로 하여 플로(flow)로서 공기와 함께 흡입하는 방식

11

다음은 액화가스에 대한 설명이다. 빈칸 ①, ②에 알맞은 단어를 쓰시오.
액화가스란 가압 (①)에 의하여 액체 상태로 되어있는 것으로서, 대기압에서의 비점이 40℃ 이하 또는 (②)의 온도 이하인 것을 말한다.

정답
① 냉각
② 상용

참고 **고압가스안전관리법에서의 액화가스의 정의**
상용의 온도에서 압력이 0.2MPa 이상이 되는 액화가스로서, 실제 그 압력이 0.2MPa 이상이 되는 것, 또는 0.2MPa이 되는 경우의 온도가 35℃ 이하인 액화가스를 말한다.

12

공기 중 산소의 부피가 21%, 질소가 78%, 아르곤이 1%일 때 산소의 무게(%)를 구하시오. (단, 공기의 분자량은 29g으로 한다.)

정답 23.17%

해설
$$O_2(\%) = \frac{32 \times 0.21}{29} \times 100 = 23.17\%$$

참고 공기의 분자량 29g이 없을 경우
$$O_2(\%)$$
$$= \frac{32 \times 0.21}{32 \times 0.21 + 28 \times 0.78 + 40 \times 0.01} \times 100$$
$$= \frac{6.72}{28.96} \times 100$$
$$= 23.20\%$$

작업형 **2022. 8. 14. 시행 (3회)**

Question 01

동영상은 도시가스 사용시설에 설치된 압력조정기이다. 이 압력조정기의 안전점검 주기를 쓰시오.

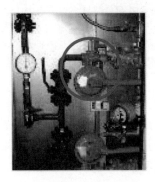

정답 1년 1회 이상

해설 **도시가스사업법 시행규칙 별표 7**
도시가스 사용시설에 설치한 압력조정기는 1년에 1회 이상(필터나 스트레이너의 청소는 설치 후 3년까지는 1회 이상, 그 이후는 4년에 1회 이상) 압력조정기의 유지 · 관리에 적합한 방법으로 안전점검을 실시할 것. 단, 도시가스 공급시설은 6개월에 1회(필터나 스트레이너의 청소 · 점검은 2년에 1회)

Question 02

다음 중 유체에 진흙, 슬러지 등이 생겼을 때 가장 적합한 펌프는 무엇인지 고르시오.

①  ②

③  ④

정답 ③

참고
① 베인 펌프
② 미터링 펌프
③ 다이어프램 펌프
④ 원심 펌프

Question 03

동영상에 보이는 유량계의 명칭을 쓰시오.

정답 벤투리관

참고 벤투리관은 다른 차압식 유량계에 비하여 압력손실이 적지만, 제작비가 많이 든다.

동영상에서 LPG 충전 시 표시된 전선의 역할을
쓰시오.

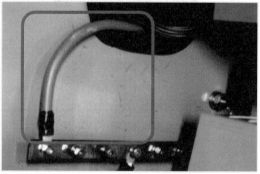

정답▶ 정전기 발생을 방지하기 위하여

동영상의 청색 용기에 충전되는 가스의 명칭을
쓰시오.

정답▶ 이산화탄소

동영상의 LPG 용기 보관실에 대한 아래의 물음에
답하시오.
(1) 바닥면적이 100m²일 때 자연통풍구의 면적은
몇 cm²인지 쓰시오.
(2) 이때 충전용기는 몇 ℃ 이하가 되어야 하는지
쓰시오.

정답 (1) 30000cm² 이상
(2) 40℃ 이하

해설 자연통풍구의 면적은 바닥면적의 3% 이상
이므로,
100m²×0.03＝3m²＝30000cm²

동영상에서 표시하는 부속품의 명칭을 쓰시오.

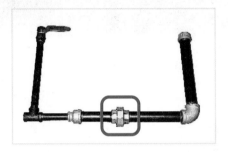

정답 유니언

정답 사이펀 용기

해설 사이펀 용기는 상부에 기체밸브, 액체밸브가
있으며, 액체밸브에는 액관이 용기 하부까지
연결되어 있다.

동영상의 가스에 대한 아래의 물음에 답하시오.
(1) 성질에 따른 분류를 쓰시오.
(2) 이 가스의 비등점은 몇 ℃인지 쓰시오.

동영상에 보이는 LPG 용기의 명칭을 쓰시오.

정답 (1) 조연성
(2) −183℃

동영상에 보이는 전기방식법의 전위측정용 터미널 (T/B)은 몇 m마다 설치하여야 하는지 쓰시오.

정답 300m마다

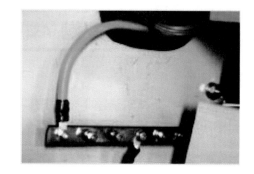

정답 5.5mm^2 이상

동영상에 보이는 녹색 접지접속선의 단면적은 몇 mm^2 이상인지 쓰시오.

동영상에 보이는 방폭구조의 명칭을 쓰시오.

정답 본질안전방폭구조

참고 **방폭구조의 종류(기호)**
내압방폭구조(d), 유입방폭구조(o), 압력방폭구조(p), 안전증방폭구조(e), 본질안전방폭구조(ia, ib), 특수방폭구조(s)

필답형 2022. 11. 6. 시행 (4회)

01
아래 가스의 종류를 보고 물음에 해당하는 가스를 모두 고르시오.

일산화탄소, 산소, 이산화탄소, 질소, 수소, 암모니아

(1) 공기보다 무거워 누설 시 바닥에 체류하게 되는 가스
(2) 동핵 이원자 분자의 가스
(3) 고유의 냄새가 있는 가스
(4) 가연성이면서 독성에 해당되는 가스
(5) 6대 온실가스에 해당되는 가스

정답 (1) 산소(O_2), 이산화탄소(CO_2)
(2) 산소(O_2), 질소(N_2), 수소(H_2)
(3) 암모니아(NH_3)
(4) 일산화탄소(CO), 암모니아(NH_3)
(5) 이산화탄소(CO_2)

해설 (1) **공기보다 무거운 가스** : 산소(O_2), 이산화탄소(CO_2), 염소(Cl_2), 프로판(C_3H_8) 등
(2) **동핵 이원자 분자** : 동일한 원자 두 개로 구성된 분자
(3) **암모니아** : 오래된 화장실 냄새
(4) **가연성이면서 독성가스** : 일산화탄소(CO), 암모니아(NH_3), 산화에틸렌(C_2H_4O), 시안화수소(HCN) 등
(5) **6대 온실가스** : 이산화탄소(CO_2), 메탄(CH_4), 아산화질소(N_2O), 수소불화탄소($HFCs$), 과불화탄소($PFCs$), 육불화황(SF_6) 등

02
메탄이 주성분인 가스를 액화시켜 LNG로 만드는 이유를 쓰시오.

정답 ① 운반·수송비용이 절감된다.
② 기체보다 액체로 저장 시 안정성이 있고 장시간 사용할 수 있다.

해설 ① 기체 상태인 메탄을 액화시키면 체적이 1/600로 줄어 운반·수송비용이 절감된다.
② 액체로 저장 시 기체보다 낮은 압력으로 안전성이 있고, 액을 기화시켜 사용 시 기체보다 장기간 사용할 수 있다.

03
( ) 안에 알맞은 가스를 순서대로 쓰시오. (단, 같은 것을 쓰면 0점 처리된다.)
물을 전기분해하면 양극에서는 (   ) 기체가 나오고, 음극에서는 (   ) 기체가 나온다.

정답 산소, 수소

04
Seamless 용기의 특징을 2가지 쓰시오.

정답 ① 고압에 견딜 수 있다.
② 응력분포가 균일하다.

참고 이음매 없는(seamless) 용기에는 산소, 수소, 질소, 아르곤, 천연가스 등 압력이 높은 압축가스를 저장한다.

05
다음은 가스 공급에 대한 설명이다. ( )에 공통으로 알맞은 것을 쓰시오.
가스 공급량이 제조량보다 많은 시간에는 (   )에서 가스를 공급하게 되며, 공급압력이 자동으로 제어된다. 조성이 변동하는 제조가스를 넣고 혼합하여 공급가스의 성분, 열량 연소성 등의 성질이 균일화되도록 (   )에서 조정이 되며, 수용가에서 일정한 열량이 공급되도록 하여야 한다.

정답 가스홀더(gas holder)

06

이온화 경향이 강한 금속을 붙여서 보호되어야 하는 배관은 음극이 되도록 하는 전기방식법을 쓰시오.

정답▶ 희생양극법

참고▶ 희생양극법은 지중 또는 수중에 설치된 양극금속과 매설배관을 전선으로 연결하여, 양극금속과 매설배관 사이의 전지작용으로 부식을 방지하는 방법이다.

07

아세틸렌은 폭발범위가 넓어서 대단히 위험하다. 아세틸렌을 가열, 충격을 가했을 때 폭발하는 폭발의 종류를 쓰시오.

정답▶ 분해폭발

참고▶ **분해폭발성 가스**
아세틸렌(C_2H_2), 에틸렌(C_2H_4), 산화에틸렌(C_2H_4O), 하이드라진(N_2H_4) 등

08

내용적 45L인 용기에 $10kgf/cm^2$의 압력을 가했더니 45.05L가 되었다가, 압력을 제거했더니 내용적이 45.004L가 되었다. 이 용기의 (1) 항구변형률을 계산하고, (2) 합격 여부를 판정하시오.

정답▶ (1) 8%
(2) 항구변형률이 10% 이하이므로 합격

해설▶
$$항구변형률(증가율) = \frac{항구증가량}{전\ 증가량} \times 100$$
$$= \frac{45.004 - 45}{45.05 - 45} \times 100$$
$$= 8\%$$

참고▶ **항구변형률(증가율) 합격 기준**
1. 신규검사 : 항구변형률 10% 이하 합격
2. 재검사 : 질량검사 시 95% 이상인 경우는 항구변형률 10% 이하면 합격, 질량검사 시 90% 이상 95% 이하인 경우 항구증가율 6% 이하면 합격

09

어느 용기에 담긴 혼합기체의 비율과 각 기체의 허용농도는 다음과 같다. 이 혼합독성가스의 허용농도를 구하시오.

- A : 50% 25ppm
- B : 10% 2.5ppm
- C : 40% 무한

정답▶ 16.67ppm

해설▶
$$LC_{50} = \frac{1}{\sum_{i=1}^{n} \frac{C_i}{LC_{50i}}}$$

여기서, LC_{50} : 혼합독성가스의 허용농도
n : 혼합가스를 구성하는 가스의 종류 수
C_i : 혼합가스에서 i번째 독성성분의 몰분율
LC_{50i} : 부피 ppm으로 표현되는 i번째 가스의 허용농도

$$LC_{50} = \frac{1}{\sum_{i=1}^{3} \frac{C_i}{LC_{50i}}}$$
$$= \frac{1}{\frac{C_1}{(LC_{50})_1} + \frac{C_2}{(LC_{50})_2} + \frac{C_3}{(LC_{50})_3}}$$
$$= \frac{1}{\frac{50\%}{25} + \frac{10\%}{2.5} + \frac{40\%}{\infty}}$$
$$= \frac{1}{\frac{150\%}{25}}$$
$$= \frac{25}{150\%}$$
$$= \frac{25}{1.5}$$
$$= 16.666 = 16.67ppm$$

참고▶ 기능사에 출제될 문제가 아닌 것 같으므로 숙지하지는 마세요.

10

가연성가스를 연소시킬 때 연료에 따라 열량이 상이한 경우 압력이 동일하다면 수용가에서 동일한 열량을 사용할 수 있도록 호환성을 판정할 수 있는 지수 2가지를 쓰시오.

정답▸ ① 웨버지수
② 연소속도지수

참고▸
① 웨버지수

$$WI = \frac{H_g}{\sqrt{d}}$$

여기서, H_g : 가스의 총발열량(kcal/Nm³)
d : 가스의 비중
웨버지수의 허용범위는 ±4.5% 이내로 한다.

② 연소속도지수

$$C_p = K \frac{1.0H_2 + 0.6(CO + C_mH_n) + 0.3CH_4}{\sqrt{d}}$$

여기서, K : 가스 중 산소함유율에 따른 상수
H_2 : 가스 중 수소의 함유율(%)
CO : 가스 중 CO의 함유율(%)
C_mH_n : 가스 중 메탄 이외의 탄화수소의 함유율(%)
d : 가스의 비중

11

습식 가스미터의 장점과 단점을 각각 1가지씩 쓰시오.

정답▸ (1) 장점
① 계량값이 정확하다.
② 사용 중 기차(器差) 변동이 적다.
③ 드럼 타입으로 계량된다.
(2) 단점
① 설치 면적이 크다.
② 사용 중 수위 조정이 필요하다.
③ 가격이 비싸다.

참고▸ **가스계량기의 종류**
막식 가스미터, 습식 가스미터, 루트식 가스미터

12

압력이 변함에 따라서 금속의 탄성이 변하는 것을 이용한 탄성식 압력계를 2가지만 쓰시오.

정답▸ ① 부르동관 압력계
② 벨로즈 압력계
③ 다이어프램 압력계

참고▸ **압력계의 분류**
1. 1차 압력계 : 지시된 압력에서 압력을 직접 측정하는 것으로, 마노미터(액주계), 자유피스톤식 압력계 등이 있다.
2. 2차 압력계 : 물질의 성질이 압력에 의해 받는 탄성에 의해 측정하고 그 변화율을 계산하는 것으로, 부르동관 압력계, 벨로즈 압력계, 다이어프램 압력계 등이 있다.

작업형 **2022. 11. 6. 시행 (4회)**

Question 01

동영상에서 지시하는 ①, ②의 명칭을 쓰시오.

정답 ① 긴급차단장치
② 체크밸브(역지밸브)

Question 02

동영상에서 보여주는 설비의 방폭구조 명칭을 쓰시오. (단, 1종 시설이다.)

정답 내압방폭구조

참고 **방폭구조의 종류(기호)**
내압방폭구조(d), 유입방폭구조(o), 압력방폭구조(p), 안전증방폭구조(e), 본질안전방폭구조(ia, ib), 특수방폭구조(s)

Question 03

동영상에서 보여주는 신축이음의 종류를 쓰시오.

정답 신축곡관(루프이음)

참고 **신축이음의 종류**
슬리브이음, 스위블이음, 벨로즈이음, 루프이음 등

동영상의 액화산소에 대한 아래의 물음에 답하시오.
(1) 액화산소의 공업적 제조방법 2가지를 쓰시오.
(2) 액화산소의 비등점을 쓰시오.

정답▶ (1) 물의 전기분해법, 공기액화분리법
　　　 (2) −183℃

참고▶ **산소의 실험적 제법**
　　　 염소산칼륨을 가열분해시킨다.
　　　 $2KClO_3 \rightarrow 2KCl + 3O_2$

동영상의 비파괴검사 방법을 영문 약자로 쓰시오.

정답▶ PT

참고▶ **비파괴검사의 종류**
　　　 방사선투과검사(RT), 자분탐상검사(MT),
　　　 침투탐상검사(PT), 초음파탐상검사(UT)

동영상은 소형저장탱크에 설치된 기화장치이다. 아래의 물음에 답하시오.
(1) 기화장치의 출구측 압력은 몇 MPa 미만이 되어야 하는지 쓰시오.
(2) 소형저장탱크와 기화장치는 3m 이상의 우회거리를 유지하여야 하는데, 3m 우회거리를 유지하지 않아도 되는 경우를 쓰시오.

정답▶ (1) 1MPa 미만
　　　 (2) 기화장치를 방폭형으로 설치하는 경우

참고▶ 기화장치 설치(KGS FU432 2.4.4.2.1)

Question 07

동영상에 표시된 밸브의 명칭을 쓰시오.

 정답 30cm 이상

해설 **단열조치하지 않은 굴뚝과 이격거리**
1. LPG 공급시설의 배관이음부 : LPG 도시가스 시설의 가스계량기와 30cm 이상
2. 도시가스 공급시설의 배관이음부 : LPG 도시가스 사용시설의 배관이음부와 15cm 이상

정답 입구차단밸브

Question 08

동영상은 도시가스 사용시설의 가스계량기이다. 소형가스계량기(용량 30m³/hr 미만)와 단열조치 하지 않은 굴뚝과 이격거리는 얼마인지 쓰시오.

Question 09

동영상에서 보여주는 주황색 용기의 일반적인 재질을 쓰시오.

 정답 탄소강

해설 주황색의 수소용기는 0.55% 이상의 탄소를 함유한 탄소강 재질의 이음매가 없는 용기 (무이음용기)이다.

동영상에서 보여주는 가스계량기의 명칭을 쓰시오.

정답 ▶ 다기능 가스안전계량기

동영상에서 보여주는 도시가스 누출검지기의 명칭을 영문 약자로 쓰시오.

 FID

참고 ▶ **누출검지기의 종류**
1. FID(Flame Ionization Detector)
   : 수소이온화검출기(불꽃이온화검출기)
2. TCD(Thermal Conductivity Detector)
   : 열전도도형검출기
3. ECD(Electron Capture Detector)
   : 전자포획이온화검출기

동영상의 고압가스 운반차량이 주차할 때 1종 보호시설과의 이격거리는 몇 m 이상인지 쓰시오.

 15m 이상

해설 ▶ **고압가스 운반 등의 기준**
(KGS GC206 2.1.4.3.3)
충전용기 등을 적재한 차량은 제1종 보호시설에서 15m 이상 떨어지고, 제2종 보호시설이 밀집되어 있는 지역과 육교 및 고가차도 등의 아래 또는 부근은 피하며, 주위의 교통장애, 화기 등이 없는 안전한 장소에 주정차한다. 또한, 차량의 고장, 교통사정 또는 운반책임자·운전자의 휴식·식사 등 부득이한 경우를 제외하고는 그 차량에서 동시에 이탈하지 아니하며, 동시에 이탈할 경우에는 차량이 쉽게 보이는 장소에 주차한다.

필답형 2023. 3. 25. 시행(1회)

01

0.1m³는 몇 mol인지 쓰시오.

정답 $0.1m^3 = 0.1 \times 1000 = 100L$

1mol = 22.4L이므로

$$\therefore \frac{100}{22.4} = 4.46mol$$

02

100℉는 몇 ℃인지 쓰시오.

정답 $℃ = \frac{(F-32)}{1.8} = \frac{100-32}{1.8}$

$$= 37.7777 = 37.78℃$$

03

고압가스의 정의에 대하여 ( ) 안에 적당한 단어를 쓰시오.

(①)가스란 가압, 냉각 등의 방법으로 인해 액체상태로 되어 있는 것으로서 대기압에서의 끓는점이 40℃ 이하 또는 상용 온도 이하인 것을 말하며, (②)가스란 일정한 압력에 의하여 압축되어 있는 가스를 말한다.

정답 ① 액화, ② 압축

04

아래 연소에 대한 내용 중 ( ) 안에 적당한 단어를 채우시오.

(1) 연소는 가연물과 산소가 ( )반응을 하면서 빛과 열을 발생시킨다.
(2) 연료의 주성분은 (①), 수소, 산소, 연료의 가연성분은 (②), 수소, 황으로 이루어져 있다.
(3) 프로판의 ( )는 2.1~9.5%이다.

정답 (1) 산화
(2) ① 탄소, ② 탄소
(3) 폭발범위

05

다음 내용은 독성가스의 정의이다. ( ) 안에 적당한 숫자를 쓰시오.

독성가스(LC_{50})란 성숙한 흰쥐의 집단에서 1시간 동안 계속하여 노출 흡입실험을 하였을 때 14일 이내에 그 흰쥐의 (①) 이상이 죽게 되는 농도로서, 허용농도 100만분의 (②) 이하를 말한다.

정답 ① 1/2
② 5000

06

다음 물음에 알맞은 가스를 보기에서 모두 골라 쓰시오.

수소, 질소, 산소, 이산화탄소, 황화수소, 불소, 일산화탄소, 염소

(1) 밀도가 가장 큰 가스는?
(2) 밀도가 가장 작은 가스는?
(3) 불연성 가스는?
(4) 가연성 가스는?
(5) 취기(냄새)가 나는 가스는?

정답 (1) 염소
(2) 수소
(3) 질소, 이산화탄소
(4) 수소, 황화수소, 일산화탄소
(5) 황화수소, 불소, 염소

해설 가스의 밀도 $= \frac{분자량}{22.4}$이므로

$Cl_2 = 71g$, $N_2 = 28g$, $O_2 = 32g$, $CO_2 = 44g$
$H_2S = 34g$, $F_2 = 39g$, $CO = 28g$, $H_2 = 2g$

07

공기를 구성하고 있는 대표적인 가스를 3가지 쓰시오.

정답 질소, 산소, 아르곤

08

C₃H₈ 195kg을 충전하기 위하여 40L의 용기 몇 개가 필요한지를 계산하시오. (단, C₃H₈의 충전 상수는 2.35이다.)

정답 ▶ 용기 1개당 충전량

$$w = \frac{v}{c} = \frac{40}{2.35} = 17.02\text{kg}$$

$$\therefore \; 195 \div 17.02 = 11.456 = 12개$$

09

PE(가스용 폴리에틸렌)관의 열융착 이음의 종류 3가지를 쓰시오.

정답 ▶ 맞대기융착, 소켓융착, 새들융착

해설 ▶ **전기융착의 종류**
소켓융착, 새들융착

10

산소와 일산화탄소의 분자식을 쓰시오.

정답 ▶ 산소 : O_2, 일산화탄소 : CO

참고 ▶ • 일산화탄소 CO와 코발트 Co를 혼동하지 말 것

11

펌프 운전 중 다음의 이상현상이 발생하였다. 물음에 알맞은 이상현상 명칭을 쓰시오.
(1) 운전 중 압력저하로 인한 기포 발생 및 깃의 침식으로 인한 효율저하 현상
(2) 펌프 입구에서 액체가 끓음으로 동요를 일으키는 현상

정답 ▶ (1) 캐비테이션 현상
(2) 베이퍼록 현상

12

가스누출검지경보장치에 대한 다음 물음에 답하시오.
(1) 3가지 구성요소 중 차단부 이외에 2가지를 쓰시오.
(2) 다음 빈칸에 알맞은 용어를 쓰시오.
(　　)란 차단부에 자동차단신호를 보내는 기능과 차단부를 원격개폐할 수 있는 기능을 가진 것을 말하며, 가스 사용실의 연소기 주위의 조작하기 쉬운 위치 또는 안전관리자가 상주하는 장소에 설치하여야 한다.

정답 ▶ (1) 제어부, 검지부
(2) 제어부

해설 ▶ 1. 차단부 : 제어부로부터 보내진 신호에 따라 가스유로를 개폐하는 기능을 가진다.
2. 검지부 : 누출가스를 검지하여 제어부로 신호를 보내는 기능을 가진다.

작업형 **2023. 3. 25. 시행 (1회)**

Question 03

다음 동영상은 LP가스 저장실이다. 다음 물음에 답하시오.

(1) 바닥면적이 100m²일 때 통풍구 전체의 면적은 몇 cm² 이상인지 쓰시오.
(2) (1)과 같을 때 통풍구 1개의 면적은 몇 cm² 이하인지 쓰시오.

정답▸ (1) 30000cm² 이상
(2) 2400cm² 이하

해설▸ 자연통풍구는 바닥면적 1m²당 300cm² 이상 이므로 300×100=30000cm² 이상이다.

Question 01

동영상에서 보여주는 방폭구조를 쓰시오.

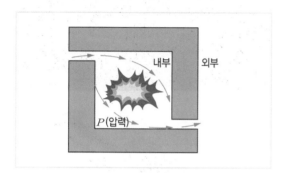

내부 외부

P(압력)

정답▸ 압력방폭구조

Question 04

동영상의 G/C 가스분석계의 분석방법을 설명하시오.

Question 02

동영상의 밸브 명칭을 쓰시오.

정답▸ 스프링식 안전밸브

정답▸ 흡착제를 충전한 관 속에 혼합시료를 넣고 캐리어가스를 이용해 용제를 운반하여 시료의 확산속도에 따라 가스 성분을 분석한다.

동영상의 ①~⑤에 해당하는 부속품 명칭을 각각 쓰시오.

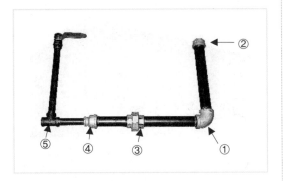

정답 ① 90° 엘보, ② 캡, ③ 유니언
④ 리듀서, ⑤ 티

참고 소켓부품에 대하여도 출제된다.

동영상의 도시가스 압력조정기의 압력이 저압인 경우 이 조정기를 설치할 수 있는 가능 세대수는 몇 세대인지 쓰시오.

정답 250세대 미만

참고 중압인 경우 150세대 미만

동영상에서 보여주는 압축기의 명칭을 쓰시오.

정답 나사(스크루)압축기

동영상에서 보여주는 막식 가스계량기에서 REV의 의미를 쓰시오.

정답 계량실의 1주기 체적

Question 09

동영상의 융착이음에서 이음의 적정성을 판단하는 기준이 무엇인지를 쓰시오.

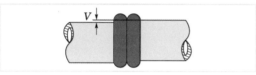

정답 이음 후 비드부분이 좌우대칭형으로 둥글고 균일하게 형성되었는지 본다.

Question 10

동영상에서 보여주는 가스시설의 (1) 명칭을 쓰고, (2) 이 시설물의 두께(mm)를 쓰시오.

정답 (1) 중압배관용 보호포
(2) 0.2mm 이상

Question 11

동영상에서 보여주는 설비의 (1) 명칭을 영어 약자로 쓰고, (2) 무엇을 하고 있는지를 설명하시오.

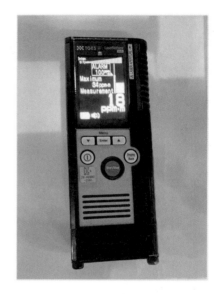

정답 (1) RMLD
(2) 도시가스배관의 누설검사

해설 RMLD : 레이저메탄가스검지기

Question 12

동영상은 LPG 지하탱크의 맨홀이다. 사용 용도를 설명하시오.

정답 ▸ 탱크의 정기 검사 또는 점검 및 청소 시 개방하여 작업자가 탱크 내부로 진입하기 위한 것이다.

필답형 2023. 6. 10. 시행 (2회)

01

〈보기〉는 고압가스의 종류이다. 각 물음에 알맞은 가스를 골라 번호를 쓰시오.

① 산소　　② 수소　　③ 염소
④ 암모니아　⑤ 메탄　　⑥ 이산화탄소
⑦ 질소　　　⑧ 에틸렌

(1) 공기보다 무거운 가스
(2) 가연성이면서 독성인 가스
(3) 동핵 이원자분자인 가스
(4) 냄새로 구분하는 가스
(5) 6대 온실가스

정답 (1) ①, ③, ⑥
(2) ④
(3) ①, ②, ③, ⑦
(4) ③, ④
(5) ⑤, ⑥

참고 6대 온실가스
이산화탄소, 아산화질소, 수소불화탄소, 과불화탄소, 육불화황, 메탄

02

아래 가스의 분자식을 쓰시오.
(1) 황화수소
(2) 염소

정답 (1) H_2S
(2) Cl_2

03

다음을 완성하시오.
(1) 1atm=(　　　)kPa
(2) 절대압력=대기압+(　　　)

정답 (1) 101.325
(2) 게이지압력

04

절대압력이 2kPa일 때 부피가 5L이면, 절대압력이 10kPa일 때 부피(L)는 얼마인지 구하시오.

정답 $P_1 V_1 = P_2 V_2$에서

$$V_2 = \frac{P_1 V_1}{P_2} = \frac{2 \times 5}{10} = 1L$$

05

40℃를 절대온도(K)로 변환하시오.

정답 K=℃+273
=40℃+273
=313K

06

기체(압축가스)를 팽창 시 온도와 압력이 내려가는 현상을 무엇이라고 하는지 쓰시오. (단, H_2와 He은 제외)

정답 줄-톰슨 효과

07

CO(일산화탄소)의 완전연소 반응식을 쓰시오.

정답 $CO + \frac{1}{2} O_2 \rightarrow CO_2$

08

다음은 가스설비와 관련된 안전장치에 대한 설명이다. (　　) 안을 완성하시오.
가스 용기의 온도와 압력이 높아지면 위험함으로 온도와 압력 상승을 방지하기 위하여 (①)를(을) 설치하고, 급격한 온도 상승, 독성가스, 유체의 부식성 등으로 (①) 설치가 어려울 경우 (②)을(를) 설치한다.

정답 ① 안전밸브
② 가용전

09

C_2H_2(아세틸렌) 가스를 충전 후 15℃에서 압력이 몇 Pa을 초과하지 않도록 정치하여야 하는지 쓰시오.

정답 1500000Pa

10

정압기의 특성 중 유량과 2차 압력과의 관계를 무엇이라고 하는지 쓰시오.

정답 정특성

11

철근콘크리트 재질로 높이 2m 이상, 두께 12cm 이상 또는 이와 같은 수준 이상의 강도를 갖는 구조의 벽을 무엇이라 하는지 쓰시오.

정답 방호벽

12

가스 중 화염의 전파속도가 음속보다 큰 경우에 발생되는 현상은 무엇인지 쓰시오.

정답 폭굉

작업형 2023. 6. 10. 시행 (2회)

Question 01

동영상의 도시가스 정압기실에 설치되어야 할 가스검지기의 개수를 바닥면 둘레 기준으로 쓰시오.

정답▶ 바닥면 둘레 20m마다 1개 이상

Question 02

동영상에서 보여주는 가스 기구의 명칭을 쓰시오.

정답▶ 퓨즈 콕

Question 03

동영상에 표시된 가스 장치의 조작설비 설치위치는 탱크 외면 몇 m 이상 떨어진 장소여야 하는지 쓰시오.

정답▶ 15m 이상

해설▶ 탱크 외면에서 물분무장치는 15m 이상 떨어진 위치에, 살수장치는 5m 이상 떨어진 위치에 조작설비를 설치한다.

Question 04

동영상에 있는 액면계의 명칭을 쓰시오.

정답▶ 슬립튜브식 액면계

동영상의 비파괴검사 방법은 침투탐상검사이다. 침투탐상검사의 영문약자를 쓰시오.

정답▸ PT

동영상의 LPG 충전시설에서 충전설비는 그 외면으로부터 사업소 경계까지의 거리가 몇 m 이상이어야 하는지 쓰시오.

정답▸ 24m 이상

동영상에 표시된 도시가스 배관의 명칭을 쓰시오.

정답▸ 폴리에틸렌 피복강관(PLP강관)

동영상의 C_2H_2 용기에 각인되어 있는 T_w, W, V 기호의 의미와 단위를 쓰시오.

정답▸ (1) T_w : 용기 질량에 다공물질 용제 밸브의 질량을 합한 질량(kg)
(2) W : 밸브 및 부속품(분리할 수 있는 것에 한정)을 포함하지 아니한 용기의 질량(kg)
(3) V : 내용적(L)

Question 09

동영상의 도시가스 정압기실의 이상압력 통보장치의 기능을 쓰시오.

정답 정압기의 출구 측 압력이 설정압력보다 상승 또는 낮아지는 경우에 이상유무를 상황실에서 알 수 있도록 경보음(70dB 이상) 등으로 알려준다.

Question 10

동영상에서 보여주는 LPG 저장실의 통풍구 1개소의 면적은 몇 cm^2 이하여야 하는지 쓰시오.

정답 2400cm^2 이하

Question 11

동영상에서 보여주는 용기의 충전구 나사를 쓰시오.

정답 왼나사

Question 12

동영상에서 보여주는 가스 장치의 (1) 명칭과 (2) 기능을 쓰시오.

정답 (1) 역화방지장치
(2) 불꽃의 역화를 방지한다.

01

가스시설 중에서 먼지 등의 이물질 제거를 위해 조정기 전단에 설치된 정압기에 설치하는 필수 설비로서, 불순물을 걸러주고 원활한 흐름을 돕는 장치의 명칭을 쓰시오.

정답 정압기의 필터

02

다음 각 물음에 알맞은 가스를 보기에서 골라 번호를 쓰시오.

① 산소   ② 수소
③ 일산화탄소   ④ 이산화탄소
⑤ 암모니아   ⑥ 질소
⑦ 메탄   ⑧ 염소

(1) 공기보다 무거워서 가라앉는 것
(2) 고유의 냄새가 있는 것
(3) 불연성인 것
(4) 6대 온실가스에 해당하는 것
(5) 공기액화분리장치에서 얻을 수 있는 것

정답 (1) ①, ④, ⑧
      (2) ⑤, ⑧
      (3) ④, ⑥
      (4) ④, ⑦
      (5) ①, ⑥

03

40℃를 °R로 환산하여 쓰시오.

정답 °F=40×1.8+32=104°F
      ∴ °R=104+460=564°R

04

U자관의 탱크의 압력이 수은주로 38cm일 때 절대압력은 몇 atm인지 쓰시오.

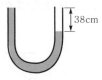
38cm

정답 $P=76+38=114$cmHg
      ∴ $\dfrac{114}{76} \times 1$atm$=1.5$atm(a)

05

어떤 기체가 10L의 용기에서 4atm/g이었다. 이 기체를 20L의 용기로 옮길 경우, 온도가 일정할 때의 절대압력(atma)을 구하시오.

정답 $P_1 V_1 = P_2 V_2$ 에서
      $P_2 = \dfrac{P_1 V_1}{V_2} = \dfrac{5 \times 10}{20} = 2.5$atm(a)

06

다음 물질의 분자식을 쓰시오.
(1) 일산화탄소
(2) 수소

정답 (1) CO
      (2) H_2

07

프로판의 완전연소 반응식을 쓰시오.

정답 $C_3H_8 + 5O_2 \rightarrow 4H_2O + 3CO_2$

08

연소기의 공기혼합 방법 중 1차 공기를 취하지 않고 전부 불꽃 주변에서 취하는 2차 공기만으로 연소하는 연소방식의 명칭을 쓰시오.

정답 적화식

09

천연가스와 석유가스 제조 시 생성되는 가스로, 올레핀계 탄화수소 중에 가장 간단한 형태이고 폭발하한계가 낮아 누설 시 위험한 가스의 명칭을 쓰시오.

정답 에틸렌

10

대형관로에서 유체의 흐름이 갑자기 바뀌면서 발생되는 수격현상을 방지하는 방법을 1가지만 쓰시오.

정답 ① 관 내 유속을 낮춘다.
② 조압수조를 관선에 설치한다.
③ 펌프에 플라이휠을 설치한다.
④ 밸브를 송출구 가까이 설치하고 적당히 제어한다. (택1 기술)

11

고압가스 및 액화가스를 원거리 이송(수송)하는 방법을 2가지 쓰시오.

정답 ① 탱크로리에 의한 방법
② 철도차량에 의한 방법
③ 유조선에 의한 방법
④ 용기에 의한 방법 (택2 기술)

12

자연기화로는 기화량에 한계가 있다. 그래서 설치하는 장치로서, 한랭 시에도 연속적 가스공급이 가능하며 가스 조성이 일정하지만 초기설비비가 드는 기화방식을 무엇이라고 하는지 쓰시오.

정답 강제기화방식

작업형 **2023. 8. 12. 시행 (3회)**

Question 01

동영상에서 보여주는 압력계의 명칭을 쓰시오.

 분동식 압력계

Question 02

도시가스 배관을 도로 밑에 매설 시 다른 시설물(상하수도관, 통신 케이블)과 얼마 이상의 거리(m)를 유지하여야 하는지를 쓰시오.

정답 0.3m 이상

Question 03

동영상에 표시된 구조물의 명칭을 쓰시오.

기차길

정답 방호벽

Question 04

동영상에서 보여주는 신축이음의 명칭을 쓰시오.

정답 루프이음

Question 05

도시가스 사용시설에서 전기계량기와 가스계량기 및 배관이음부와의 이격거리를 쓰시오.

정답▶ 60cm 이상

Question 06

지하 도시가스 정압기실에서 다음에 표시된 부분의 (1) 명칭과 (2) 그 기능을 쓰시오.

정답▶ (1) 긴급차단장치
　　　 (2) 정압기실 내에 이상사태 발생 시 가스공급을 차단하여 피해를 예방한다.

Question 07

동영상은 LPG 저장탱크에 설치된 설비이다. 표시된 부분의 (1) 명칭과 (2) 조작위치는 탱크외면에서 몇 m 이상 이격되어야 하는지를 쓰시오.

정답▶ (1) 긴급차단장치
　　　 (2) 5m 이상

Question 08

동영상에 있는 가스에 대한 다음 각 물음에 답하시오.

(1) 연소성의 성질
(2) 비등점

정답 (1) 조연성
(2) -183℃

Question 09

동영상에 있는 PE관의 융착이음의 명칭을 쓰시오

정답 새들융착

Question 10

동영상의 정압기실에서 장압기의 입구압력이 0.5MPa 미만이고, 정압기의 설계유량이 1000Nm³/hr 이상일 때의 안전밸브 방출관의 크기를 쓰시오.

정답 50A 이상

Question 11

동영상에서 배관의 너트와 볼트 사이에 끼우는
하얀색의 물체가 하는 기능을 쓰시오.

정답▶ 절연조인트로서 절연 및 볼트, 너트의 완전
체결 배관의 진동 등을 흡수한다.

해설▶ **배관의 절연조치(KGS FF 551)**
배관이 움직이지 않도록 건축물에 설치하는
고정장치와 배관 사이에 절연조치를 한다.

Question 12

동영상의 비파괴 검사방법을 영문 약자로 쓰시오.

정답▶ PT

필답형 2023. 11. 18. 시행 (4회)

01

액화석유가스의 주성분을 2가지 쓰시오.

정답 C_3H_8, C_4H_{10}

02

메탄의 완전연소반응식을 쓰시오.

정답 $CH_4 + 2O_2 \rightarrow CO_2 + 2H_2O$

03

유체를 펌프에서 수송 중 수증기가 발생하는 현상을 무엇이라 하는지 쓰시오.

정답 캐비테이션 현상

04

대기압 755mmHg, 게이지압력 200kPa일 때 절대압력(kPa)을 구하시오.

정답 절대압력 = 대기압력 + 게이지압력
= 755mmHg + 200kPa
$= \dfrac{755}{760} \times 101.325\text{kPa} + 200\text{kPa}$
= 300.658
= 300.66kPa(a)

05

다음 가스의 분자식을 쓰시오.
(1) 질소
(2) 산화에틸렌

정답 (1) N_2
(2) C_2H_4O

06

다음 (   ) 안에 알맞은 수치를 쓰시오.
절대온도 1K을 섭씨온도로 변환하면 (   )℃
이다.

정답 −272

해설 ℃ = K − 273이므로
℃ = 1 − 273 = −272

07

고압가스 제조시설에 방호벽을 설치하는 목적을 쓰시오.

정답 가스의 폭발 등 위해 발생 시 충격 및 폭발압력에 견디어 그 위험성이 방호벽 밖으로 전파되는 것을 방지하기 위함이다.

08

내용적 10L, 0℃, 200kPa(a)의 가스가 40℃로 되었을 때의 압력을 절대압력(kPa)으로 계산하시오.

정답 $\dfrac{P_1}{T_1} = \dfrac{P_2}{T_2}$ 에서
$P_2 = \dfrac{P_1 T_2}{T_1}$
$= \dfrac{200 \times (273 + 40)}{273}$
= 229.30kPa(a)

09

액화가스 저장탱크를 소형 저장탱크 및 그 외의 탱크로 구분하는 저장능력(톤)의 기준을 쓰시오.

정답 • 소형 저장탱크 : 3t 미만
• 그 밖의 저장탱크 : 3t 이상

10

다음에 나열된 보기의 가스를 보고 물음에 답하시오.

① 산소(O_2) ② 수소(H_2)
③ 이산화탄소(CO_2) ④ 염소(Cl_2)
⑤ 시안화수소(HCN) ⑥ 아세틸렌(C_2H_2)
⑦ 메탄(CH_4) ⑧ 암모니아(NH_3)

(1) 공기보다 무거운 가스는?
(2) 탄화칼슘과 물이 반응하여 생성되며 용접에 사용되는 가스는?
(3) 고유의 냄새가 있는 가스는?
(4) 불연성 가스는?
(5) 6대 온실가스에 해당되는 가스는?

정답 (1) ①, ③, ④
     (2) ⑥
     (3) ④, ⑤, ⑧
     (4) ③
     (5) ③, ⑦

11

고압가스를 제조할 때 산소 중 가연성 가스(아세틸렌, 에틸렌, 수소 제외)의 용량이 전체 용량의 4% 이상인 것과 가연성 가스(아세틸렌, 에틸렌, 수소 제외) 중 산소 용량이 전체 용량의 4%인 것에 대하여 금지하는 것을 쓰시오.

정답 압축금지

12

가연성 가스 중 산소농도가 증가하였을 때, 다음 보기에서 적당한 것을 골라서 ( ) 안에 쓰시오.

높아진다, 낮아진다, 빨라진다,
느려진다, 넓어진다, 좁아진다

(1) 폭발범위 (   )
(2) 연소속도 (   )
(3) 화염온도 (   )
(4) 발화온도 (   )

정답 (1) 넓어진다
     (2) 빨라진다
     (3) 높아진다
     (4) 낮아진다

작업형 **2023. 11. 18. 시행 (4회)**

Question **01**

동영상은 LPG 저장소이다. 다음 물음에 답하시오.

(1) 표시된 자연 통풍구의 통풍가능 면적은 바닥 면적 1m²당 얼마(cm²)인가?
(2) 통풍가능 합계면적은 얼마(cm²)인가?

 (1) 300cm² 이상
(2) 2400cm² 이하

Question **02**

동영상의 비파괴 검사 방법을 영문약자로 쓰시오.

정답 PT

Question **03**

동영상의 LPG 충전소에서 다음 전선은 무엇이 며, 그 설치목적을 쓰시오.

정답 접지선, 정전기 발생을 방지하기 위함

Question **04**

동영상의 가스 배관의 관경이 20A일 때 고정장치 는 지지간격 몇 m마다 설치해야 하는지 쓰시오.

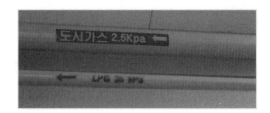

정답 2m마다

Question 05

동영상 (1)은 산소와 질소를 분리하는 복정류탑
이다. 동영상 (2) 설비의 명칭을 쓰시오.

(1)

(2)

정답 해수

정답 공기액화분리장치

Question 07

동영상과 같이 표시부분의 기기를 이용하여 LPG
충전 시의 장점을 3가지 쓰시오.

Question 06

동영상의 LNG 제조설비는 바닷가에 인접 설치
되어 있다. 이 설비에 있는 기화장치의 가열원
으로 사용하는 매체는 무엇이라 예상되는지 쓰
시오.

정답
① 충전시간이 짧다.
② 잔가스 회수가 용이하다.
③ 베이퍼록 우려가 없다.

동영상의 융착방법 중 전기융착이음을 A, B, C, D 중 고르시오.

A.

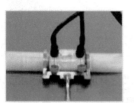

B.

C.

D.

정답▶ A

해설▶ 전기융착 : 이음관 내부에 열선이 내장되어 그 열선에 전기를 공급하면 열선의 전기저항에 의하여 발생된 저장열로 이음관 내면과 배관 외면을 용융시켜 융착시키는 방법

참고▶ 전기융착이음은 맞대기융착은 없고 소켓융착, 새들융착이 있으며, 접합부분이 매끈하여 비드가 거의 보이지 않는다.

동영상은 LPG 자동차 충전소이다. 다음 물음에 답하시오.

(1) '가'부분 호스의 길이는 몇 m 이내인가?
(2) '나'부분의 형식은 무엇인가?

정답▶ (1) 5m 이내 (2) 원터치형

해설▶ 가 : 충전호스, 나 : 가스주입기

동영상에 표시되어 있는 LG의 의미를 쓰시오.

정답▶ 액화석유가스를 제외한 액화가스를 충전하는 용기의 부속품

동영상의 LPG 저장소에서 폭발위험이 있는 전기
시설은 어떤 구조로 설치하여야 하는지 쓰시오.

정답◦ 방폭구조

도시가스 사용시설에서 가스계량기와 전기개폐
기와의 이격거리는 몇 cm 이상으로 해야 하는지
쓰시오.

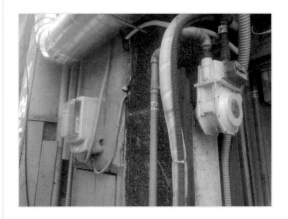

정답◦ 60cm 이상

01

어떤 액체의 비중이 0.8, 액의 높이가 8m일 때 수은주의 높이로 환산하면 몇 mm가 되는지 계산하시오. (단, 수은(Hg)의 비중은 13.6이다.)

정답 470.59mm

해설
$$S_1 h_1 = S_2 h_2$$
$$\therefore \ h_2 = \frac{S_1 h_1}{S_2} = \frac{0.8 \times 8}{13.6} = 0.470588m$$
$$= 470.588mm$$
$$= 470.59mm$$

02

아래 가스의 분자식을 쓰시오.
(1) 일산화탄소
(2) 염화메탄

정답 (1) CO
(2) CH_3Cl

03

아래 보기의 가스에 해당하는 것을 모두 골라 그 번호를 쓰시오.

① 산소   ② 수소   ③ 에틸렌
④ 불소   ⑤ 암모니아 ⑥ 일산화탄소
⑦ 아세틸렌 ⑧ 에탄   ⑨ 메탄

(1) 공기보다 무거운 것
(2) 냄새가 나지 않는 것
(3) 올레핀계 탄화수소에 해당하는 것
(4) 조연성인 것
(5) 비점이 가장 낮은 것

정답 (1) ①, ④, ⑧
(2) ①, ②, ⑥, ⑦, ⑧, ⑨

(3) ③
(4) ①, ④
(5) ②

해설 (1) 분자량
① O_2=32g   ② H_2=2g
③ C_2H_4=28g   ④ F_2=38g
⑤ NH_3=17g   ⑥ CO=28g
⑦ C_2H_2=26g   ⑧ C_2H_6=30g
⑨ CH_4=16g
(2) ③ C_2H_4 : 달콤한 냄새를 가진 무색의 마취성 기체
④ F_2, Cl_2 : 할로겐 독성가스
⑤ NH_3 : 자극적 냄새 독성가스
(5) ② H_2 비등점 : −252℃

04

가스자동차단장치의 구성요소 3가지를 쓰시오.

정답 ① 검지부 ② 제어부 ③ 차단부

05

염소가스의 특성을 아래 보기 중에서 고르시오.

① 압축가스   ② 액화가스 ③ 조연성
④ 가연성   ⑤ 불연성   ⑥ 독성
⑦ 비독성

정답 ②, ③, ⑥

06

도시가스 시설에서 정압기의 설치 목적을 쓰시오.

정답 도시가스 압력을 사용처에 맞게 낮추는 감압 기능, 2차 측의 압력을 허용범위 내의 압력으로 유지하는 정압 기능 및 가스의 흐름이 없을 때는 밸브를 완전히 폐쇄하여 압력 상승을 방지하는 폐쇄 기능을 수행하기 위하여 설치

참고 정압기의 종류에는 지구정압기, 지역정압기, 캐비닛형 구조의 정압기 등이 있다.

07

암모니아 탱크의 내용적이 24000L, 비중이 0.58일 때 탱크의 저장능력(kg)을 계산하시오.

정답 12528kg

해설 $G=0.9dv=0.9\times0.58\times24000=12528kg$

08

아래 물음에 답하시오.

(1) 프로판의 완전연소 반응식을 쓰시오.

(2) 프로판 $1sm^3$이 완전연소하는 데 필요한 이론 공기량(sm^3)은 얼마인가? (단, 공기 중 산소는 21v%이다.)

정답
(1) $C_3H_8 + 5O_2 \rightarrow 3CO_2 + 4H_2O$
(2) $C_3H_8 + 5O_2 \rightarrow 3CO_2 + 4H_2O$
$1sm^3 : 5sm^3$에서 산소량은 $5sm^3$므로,
공기량 $=5\times\dfrac{100}{21}=23.809=23.81sm^3$

09

5atm(a) 10L인 기체를 같은 온도에서 2L 용기로 옮겼을 때의 절대압력(atm)을 계산하시오.

정답 25atm(a)

해설 $P_1V_1=P_2V_2$에서

$P_2=\dfrac{P_1V_1}{V_2}=\dfrac{5\times10}{2}=25atm(a)$

10

지하매설배관의 전기방식법 4가지를 쓰시오.

정답
① 희생양극법
② 외부전원법
③ 선택배류법
④ 강제배류법

11

액화석유가스가 통하는 설비를 수리, 청소 및 철거하는 때와 관련하여 다음 빈칸에 알맞은 단어 또는 숫자를 쓰시오.

(1) 가스시설의 수리 등을 할 때에는 가스공급을 차단하기 위해 필요한 안전조치를 하고, 미리 그 내부의 가스를 불활성가스 또는 ( ) 등 해당 가스와 반응하지 않는 가스 또는 액체로 치환한다.

(2) 잔류가스를 대기 중에 방출할 경우에는 방출한 가스의 착지농도가 액화석유가스 폭발 하한계의 ( ) 이하가 되도록 방출관으로부터 서서히 방출한다.

정답
(1) 물
(2) 1/4

12

40℃는 몇 ℉인지 계산하시오.

정답 104℉

해설 $℉=℃\times1.8+32$
$=40\times1.8+32$
$=104℉$

작업형 **2024. 3. 16. 시행 (1회)**

Question 01

동영상이 보여주는 가스보일러의 형식(배기방식)을 쓰시오.

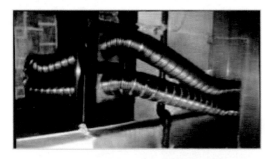

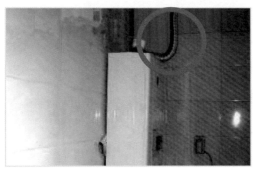

정답 강제배기식 반밀폐형 보일러(FE 방식)

Question 02

동영상의 갈색 용기에 충전되는 가스의 명칭을 쓰시오.

정답 염소(Cl_2)

Question 03

동영상과 같이 도시가스 정압기실 내 또는 LPG 용기 보관장소에 확보되어야 하는 조도(Lux)는 얼마인가?

정답 150Lux

Question 04

아래 용기에 표시된 의미를 쓰시오.

정답 AG : 아세틸렌가스를 충전하는 용기의 부속품

Question 05

동영상의 ①, ②, ③ 용기를 보고 밸브의 나사
형식(왼나사, 오른나사)을 각각 쓰시오.

②

③

정답 ① 왼나사
② 오른나사
③ 오른나사

해설 **용기의 밸브 구분**
※ 문제의 용기는 ① 수소, ② 산소, ③ 이
산화탄소이다.

구분		내용	구분	내용
왼나사	해당 가스	가연성 가스(NH₃, CH₃Br 제외)	A형	충전구 나사 숫나사
	전기 설비	방폭구조로 시공	B형	충전구 나사 암나사
오른 나사	해당 가스	NH₃, CH₃Br 및 가연성 이외의 모든 가스	C형	충전구 에 나사가 없음
	전기 설비	방폭구조로 시공할 필요 없음	–	–

Question 06

동영상의 용량 30m³/hr인 가스계량기와 단열조치를 하지 않은 굴뚝과의 이격거리는 몇 cm 이상이어야 하는가?

정답 30cm 이상

Question 07

동영상에서 보여주는 용기의 재질을 쓰시오.

정답 탄소강

해설 0.55% 이상의 탄소를 함유한 탄소강 재질의 이음매가 없는 용기(무이음 용기)이다.

Question 08

동영상에 표시된 의미를 쓰시오.

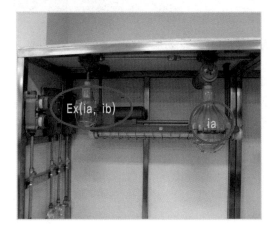

정답 본질안전방폭구조

Question 09

동영상을 보고 (1), (2), (3), (4)의 배관부속품 또는 융착의 방식을 쓰시오.

(1)

(2)

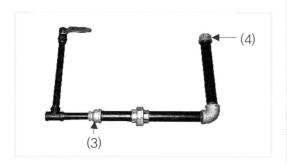

정답 (1) 새들 융착   (2) 이형질이음관
       (3) 리듀셔   (4) 캡

Question 09

LNG 저장탱크에 보냉재를 설치하는 목적을 쓰시오.

정답 단열조치를 위하여

Question 11

고압가스 안전관리법에 따른 정의에 맞도록 ①, ②에 알맞은 단어를 쓰시오.

독성가스란 공기 중에 일정량 이상 존재하는 경우 인체에 유해한 독성을 가진 가스로서 [①](해당 가스를 성숙한 흰쥐 집단에게 대기 중에서 1시간 동안 계속하여 노출시킨 경우 14일 이내에 그 흰쥐의 2분의 1 이상이 죽게 되는 가스의 농도를 말한다)가 100만분의 [②] 이하인 것을 말한다.

정답 ① 허용농도
      ② 5000

Question 12

공기액화분리장치에서 이산화탄소를 정제 및 제거해야 하는 이유를 쓰시오.

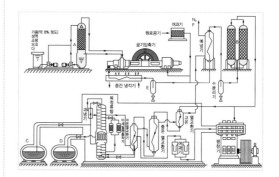

정답 이산화탄소는 공기액화분리장치에서 고형의 드라이아이스가 되어 장치 내를 폐쇄시킨다.

필답형 | 2024. 6. 1. 시행 (2회)

01

아래 물음에 답하시오.

(1) 연소의 3요소란 무엇인지 쓰시오.

(2) 탄소가 연소하는 완전연소 반응식을 쓰시오.

정답 (1) 가연물, 산소공급원, 점화원

(2) $C + O_2 \rightarrow CO_2$

02

아래에 설명하는 열역학의 법칙이 무엇인지 쓰시오.

> 온도가 서로 다른 물체를 접촉 시 높은 온도를 지닌 물체는 온도가 내려가고 낮은 온도를 지닌 물체는 온도가 올라가 두 물체 사이의 온도 차가 없게 되며 열평형을 이루게 되는 열역학의 법칙

정답 열역학 0법칙

03

C_2H_6(에탄) $1sm^3$이 완전 연소 시 필요한 산소량(sm^3)은 얼마인가?

정답 $3.5sm^3$

해설 $C_2H_6 + 3.5O_2 \rightarrow 2CO_2 + 3H_2O$

1 : 3.5이므로 $3.5sm^3$

참고 공기량 $= 3.5 \times \dfrac{100}{21} = 16.67sm^3$

04

LPG 사용 시 기화기(강제기화장치)를 사용할 때의 장점을 2가지 이상 쓰시오.

정답 (아래에서 2가지)

① 한냉 시 가스공급이 가능하다.

② 공급가스의 조성이 일정하다.

③ 기화량을 가감할 수 있다.

④ 설치면적이 작아진다.

05

아래 압력에 대한 올바른 숫자를 쓰시오.

$$1atm = (\quad ① \quad)mmHg$$
$$= (\quad ② \quad)mmH_2O$$
$$= (\quad ③ \quad)Pa$$
$$= (\quad ④ \quad)mbar$$

정답
① 760
② 10332
③ 101325
④ 1013.25

06

아래의 가스 성분(%)을 보고 혼합가스의 평균 분자량을 구하시오.

$$N_2 : 50(V\%) \quad O_2 : 20(V\%) \quad CO_2 : 30(V\%)$$

정답 33.6g

해설 $(28 \times 0.5) + (32 \times 0.2) + (44 \times 0.3) = 33.6g$

07

무색무취인 LPG, 도시가스에 누설 시 조기발견을 위하여 용량비율 $\dfrac{1}{1000}$ 상태에서 감지할 수 있도록 가스에 주입하는 물질은 무엇인가?

정답 부취제

08

아래에 나열한 가스의 종류를 보고 해당 물음에 답하시오.

① H_2S(황화수소)   ② CH_4(메탄)
③ CO_2(이산화탄소)   ④ N_2(질소)
⑤ O_2(산소)   ⑥ F_2(불소)
⑦ CO(일산화탄소)

(1) 독성가스의 종류를 쓰시오.
(2) 조연성 가스의 종류를 쓰시오.
(3) 공기보다 무거운 가스를 쓰시오.
(4) 공기액화 분리장치로 얻을 수 있는 가스를 쓰시오.
(5) 지구의 온난화에 영향을 주는 가스를 쓰시오.

정답 (1) 황화수소, 불소, 일산화탄소
    (2) 산소, 불소
    (3) 황화수소, 이산화탄소, 산소, 불소
    (4) 질소, 산소
    (5) 메탄, 이산화탄소

09

정전기 발생을 방지하기 위한 대책의 종류 중 아래의 설명에 해당되는 방법을 쓰시오.
(1) 독립적인 두 금속을 전기적으로 연결하여 동일 전위를 유지하기 위한 방법
(2) 지면과 금속을 전기적으로 연결하여 동일한 전위를 유지함으로써 근무자의 안전을 보호하기 위한 방법

정답 (1) 본딩
    (2) 접지

10

비접촉식 온도계의 종류를 2가지 이상 쓰시오.

정답 (아래 중 2가지)
    ① 방사온도계   ② 색온도계
    ③ 광고온도계   ④ 광전관식 온도계

11

어떤 기체가 27℃, 100kPa, 2L의 부피가 129℃, 200kPa로 변화하였을 때 그때의 (1) 부피(L)를 계산하고, (2) 이러한 계산 방법의 법칙을 쓰시오.

정답 (1) 1.34L
    (2) 보일-샤를의 법칙

해설
$$\frac{P_1 V_1}{T_1} = \frac{P_2 V_2}{T_2}$$
$$V_2 = \frac{T_2 P_1 V_1}{T_1 P_2} = \frac{(273+129) \times 100 \times 2}{(273+27) \times 200}$$
$$= 1.34L$$

참고
① 보일의 법칙 : 온도가 일정 시 기체의 체적은 압력에 반비례한다.
$$P_1 V_1 = P_2 V_2$$
② 샤를의 법칙 : 압력이 일정 시 기체의 체적은 온도에 비례한다.
$$\frac{V_1}{T_1} = \frac{V_2}{T_2}$$

12

아래 가스의 명칭을 보고 분자식을 쓰시오.
(1) 수소
(2) 포스핀
(3) 아산화질소
(4) 시안화수소

정답 (1) H
    (2) PH_3
    (3) N_2O
    (4) HCN

작업형 2024. 6. 1. 시행 (2회)

Question 01

동영상의 전기방식법에 사용되는 양극(+) 금속의 종류 2가지를 쓰시오.

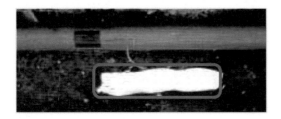

정답 아연, 마그네슘

Question 02

동영상에서 지시하는 PG의 의미를 쓰시오.

정답 PG : 압축가스를 충전하는 용기의 부속품

Question 03

동영상은 비파괴검사법의 종류이다. ①, ②, ③, ④에 해당되는 명칭을 쓰시오.

①

②

③

④

정답 ① 방사선 투과시험(RT)
② 자분탐상검사(MT)
③ 침투탐상검사(PT)
④ 초음파탐상검사(UT)

동영상에 표시된 전선의 (1) 명칭과 (2) 설치 목적을 쓰시오.

정답 (1) 로케팅 와이어
(2) 지하배관의 매설 위치를 지상에서 탐지하여 배관의 유지관리를 함으로써 배관의 안전을 도모함.

동영상의 C_2H_2의 용기에 대한 물음에서 빈칸을 채우시오.

(1) 아세틸렌 용기는 용기밸브를 보호하기 위하여 (   )을 부착한다.
(2) 다공물질은 품질 충전량과 (   )를 만족하여야 한다.

정답 (1) 캡
(2) 다공도

참고 상하의 통으로 구성된 아세틸렌 발생장치로 아세틸렌을 제조하는 때에는 사용 후 그 통을 분리하거나 잔류가스가 없도록 조치해야 한다.

동영상의 배관에서 지시한 배관의 최고사용압력(MPa)를 쓰시오.

정답 1MPa

해설 해당 배관은 PLP 강관(폴리에틸렌 피복강관)이다.

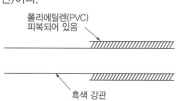

Question 07

도시가스를 검지하는 차량에 부착된 검출기구의 명칭을 영문 약자로 쓰시오.

정답▶ FID

해설▶ 수소염이온화식 검출기라고도 한다.

Question 08

동영상은 벤투리의 원리를 이용한 펌프이다. 이 펌프의 명칭을 쓰시오.

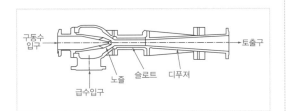

정답▶ 제트 펌프

Question 09

동영상에서 보여주는 (1) 장치의 명칭과 (2) 이 장치를 정압기에 설치 시 설치 위치를 쓰시오.

정답▶ (1) 자기압력기록계
(2) 정압기 출구

해설▶ 도시가스의 안전공급을 위하여 정압기의 출구에는 도시가스의 압력을 측정 기록할 수 있는 장치를 설치할 것

Question 10

동영상의 ①과 ② 중 부식이 빨리 일어나는 부분을 쓰시오.

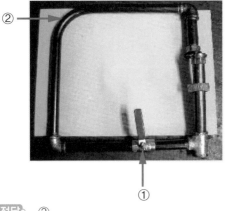

정답▶ ②

해설▶ 볼밸브(①)와 강관(②) 중 강관의 부식이 더 빨리 일어난다.

Question 11

동영상에서 지시하는 도시가스 배관 ①, ②의 명칭을 쓰시오.

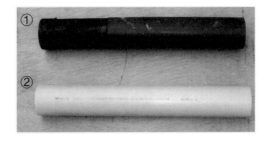

정답▶ ① PLP강관
② 가스용 폴리에틸렌(PE)관

Question 12

동영상의 LPG 충전시설에 설치되는 경계책의 높이(m)가 얼마인지 쓰시오.

정답▶ 1.5m 이상

필답형 2024. 8. 17. 시행 (3회)

01

탄소 1kg 완전연소 시 필요한 이론산소량(kg)은 얼마인가?

정답 2.67kg

해설
$$C + O_2 \rightarrow CO_2$$
12kg : 32kg
1kg : $x$kg
$$\therefore \ x = \frac{1 \times 32}{12} = 2.666 = 266.67[kg]$$

02

0℃ 1atm인 산소의 부피가 5.6ℓ이면 그때의 산소의 몰수는 몇 몰인가?

정답 0.25몰

해설
$$PV = \eta RT$$
$$\eta = \frac{PV}{RT} = \frac{1atm \times 5.6\,l}{0.082 \times (273)} = 0.25몰$$

03

방폭 전기기기의 용기 내부에서 가연성 가스의 폭발이 발생할 경우 그 용기가 폭발압력에 견디고, 접합면, 개구부 등을 통해 외부의 가연성 가스에 인화되지 아니하도록 한 방폭구조의 표시 방법 기호를 쓰시오.

정답 Ex d

해설 문제에서 설명하는 방폭구조는 내압방폭구조(d)이다.

04

아래 가스의 분자식을 쓰시오.
(1) 산화질소
(2) 에틸렌
(3) 크롤로메탄
(4) 황화수소

정답
(1) NO_2
(2) C_2H_4
(3) CH_3Cl
(4) H_2S

05

다음 물음에 답하시오.
(1) 20℃는 몇 K인가?
(2) 20℃는 몇 ℉인가?

정답
(1) $293\,K$
(2) $68℉$

해설
(1) $K = ℃ + 273 = 20 + 273 = 293K$
(2) $℉ = ℃ \times 1.8 + 32$
  $= 20 \times 1.8 + 32$
  $= 68℉$

06

아래에 설명하는 가스 기구의 명칭을 쓰시오.

가스사용시설에 필요한 장치이며, 공급하는 가스의 최대 유량에 적합 측정 중 오차가 없어야 하고, 내구성과 기밀성이 보장되어야 하는 가스 장치이다.

정답 가스계량기

07

가스제조시설에서 모든 시스템이 자동제어 방식일 때의 장점을 5가지 쓰시오.

정답 ① 생산량 증대
② 정확성 증가
③ 생산품질 향상
④ 원료동력비 절감
⑤ 인건비 감소

참고 **자동제어 방식일 때의 단점**
설치비 고가, 숙련된 기술이 축적되어야 함, 한 부분 고장 시 전체 공정에 문제 발생

08

다음 빈칸에 알맞은 단어를 쓰시오.

(   )이란 대형가스 사고를 방지하기 위하여 오래되고 낡은 고압가스 제조시설의 가동을 중지한 상태에서 가스안전관리 전문기관이 정기적으로 첨단장비와 기술을 이용하여 잠재된 위험요소와 원인을 찾아내고 그 제거 방법을 제시하는 것을 말한다.

정답 정밀안전검진

09

고압가스 충전용기 보관장소에 대한 설명에서 빈칸에 알맞은 숫자 또는 단어를 쓰시오.
(1) 용기보관장소의 주위 (   )m 이내에는 화기 또는 인화성 물질이나 발화성 물질을 두지 않을 것
(2) 충전용기(내용적이 5L 이하인 것은 제외)에는 넘어짐 등에 의한 충격 및 (   )의 손상을 방지하는 등의 조치를 하고 난폭한 취급을 하지 않을 것
(3) 충전용기는 항상 (   )℃ 이하의 온도를 유지하고, 직사광선을 받지 않도록 조치할 것

(4) 가연성 가스 용기보관장소에는 (   ) 휴대용 손전등 외의 등화를 지니고 들어가지 않을 것

정답 (1) 2
(2) 밸브
(3) 40
(4) 방폭형

10

정압기의 구조에 대한 아래 내용 중 빈칸에 맞는 단어를 쓰시오.

정압기의 기본 작동에는 (①) 압력을 감지하여 그 압력의 변화 정도를 전달하는 (②)과, 조정하여야 할 압력을 설정하는 부분인 (③), 가스의 유량을 밸브의 열림 정도에 의해 조정하는 (④)로 구성되어 있다.

정답 ① 2차
② 다이어프램
③ 스프링
④ 메인밸브

11

다음의 물음에 해당하는 가스를 [보기]에서 찾아 번호를 쓰시오.

① 산소　　　② 질소　　　③ 메탄
④ 아세틸렌　⑤ 프로판　⑥ 포스겐
⑦ 산화에틸렌　⑧ 불소　　⑨ 일산화탄소

(1) 가연성 가스인 것
(2) 독성가스인 것
(3) 확산 속도가 가장 빠른 가스
(4) 비등점이 가장 낮은 가스
(5) 물과 반응 시 독성이며 부식성 물질을 발생시키는 가스

정답 (1) ③, ④, ⑤, ⑦, ⑨
　　　(2) ⑥, ⑦, ⑧, ⑨
　　　(3) ③
　　　(4) ②
　　　(5) ⑥

해설 (3) 확산 속도가 가장 빠른 가스 : 메탄(CH_4)
　　　　　=16g
　　　　확산 속도가 가장 느린 가스 : 포스겐
　　　　($COCl_2$)=99g
　　　(4) 비등점이 가장 낮은 가스 : 질소(N_2)=
　　　　　-196℃
　　　(5) 포스겐($COCl_2$)은 물과 반응 시 염산 생
　　　　성으로 독성과 부식성을 일으킴.
　　　　$COCl_2 + H_2O \rightarrow CO_2 + 2HCl$(염화수소)

12

액화석유가스의 사용시설에 대한 물음에 답하
시오.

(1) 개방형 온수기를 설치한 곳에 함께 설치하
　　여야 하는 것은?
(2) 반밀폐형 연소기에 설치하여야 하는 것은?
(3) 가스 온풍기의 배기를 위해 배기통을 설치
　　하는데, 가스 온풍기와 배기통의 접합방식
　　3가지는?

정답 (1) 환풍기, 환기구
　　　(2) 급기구, 배기통
　　　(3) 나사식, 플렌지식, 밴드식

작업형 2024. 8. 17. 시행 (3회)

Question 01

동영상에서 보여주는 비파괴검사의 종류를 영어 약자로 쓰시오.

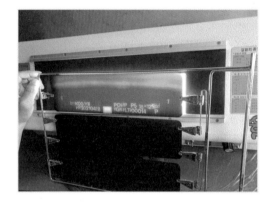

정답 RT

참고
비파괴검사의 종류
방사선투과검사(RT), 자분탐상검사(MT), 침투탐상검사(PT), 초음파탐상검사(UT)

Question 02

동영상의 가스미터에서 dm^3/Rev의 의미를 쓰시오.

정답 계량실 1주기 체적이 2.4dm^3/Rev

Question 03

동영상에서 보여주는 (1) 압력계의 명칭과 (2) 어떤 종류의 압력계 형식에 속하는지 쓰시오.

정답
(1) 명칭 : 부르동관 압력계
(2) 형식 : 탄성식

참고
압력계의 분류
① 1차 압력계 : 지시된 압력에서 압력을 직접 측정하는 것으로, 마노미터(액주계), 자유피스톤식 압력계 등이 있다.
② 2차 압력계 : 물질의 성질이 압력에 의해 받는 탄성에 의해 측정하고 그 변화율을 계산하는 것으로, 부르동관 압력계, 벨로즈 압력계, 다이어프램 압력계 등이 있다.

Question 04

동영상의 용기는 제조방법에 따라 분류 시 (1) 어떤 용기에 해당되며, (2) 이 용기의 제조방법을 3가지 쓰시오.

정답 (1) 무이음용기
(2) 만네스만식 에르하르트식 딥드로잉식

Question 05

동영상의 LPG 충전용기 보관실 지붕의 재료로 사용될 수 있는 재료 2가지를 쓰시오.

정답 불연성, 난연성

해설 LPG 충전용기 보관실 지붕은 불연성 또는 난연성 재료를 사용한 가벼운 지붕이어야 한다.

Question 06

동영상의 표시 부분은 지하에 설치되어 있는 액화석유가스 저장탱크의 안전을 위해 직경 40A 이상 4개 장소에 설치하여야 하는 설비이다. 이 설비의 명칭은 무엇인가?

집수관

정답 검지관

동영상의 도시가스 정압기실에서 지시하는 ①, ②
부분의 명칭은 무엇인가?

정답 ① 정압기 필터의 엘리먼트(여과재)
② 출입문 개폐통보장치

동영상의 LPG 용기보관장소의 면적은 몇 m^2
이상으로 하여야 하는가?

정답 19m^2 이상

동영상의 도시가스 배관에 표시한 ①, ②, ③이
무엇을 의미하는지 쓰시오.

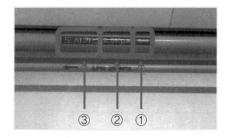

정답 ① 가스흐름방향
② 최고사용압력
③ 사용가스명

Question **10**

동영상이 보여주는 설비의 방폭구조의 종류를 쓰시오.

정답 내압방폭구조

참고 Ex d(내압방폭구조)

Question **11**

동영상에서 지시하는 기기의 (1) 명칭과 (2) 기능을 쓰시오.

정답 (1) 명칭 : 역류방지밸브
(2) 기능 : 액가스의 역류를 방지한다.

Question **12**

동영상의 장치를 보고 이 장치 이외에 산소를 (1) 제조하는 방법 1가지와 (2) 액화산소의 비등점을 쓰시오.

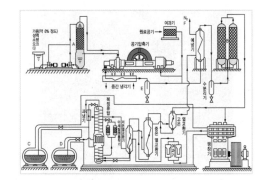

정답 (1) 물의 전기분해법
(2) −183℃

필답형 **2024. 11. 9. 시행 (4회)**

01

원심펌프 운전 중에 펌프에서 발생하는 이상현상 4가지를 쓰시오.

정답▶ ① 캐비테이션 현상
② 수격작용
③ 베이퍼록 현상
④ 서징 현상

02

다음 설명에 알맞은 것을 쓰시오.
(1) 측정값과 참값의 차이를 무엇이라고 하는가?
(2) 같은 양을 몇 번이고 반복하여 측정하면 측정값은 흩어진다. 이 흩어짐이 작은 정도를 무엇이라 하는가?
(3) 측정량의 변화에 민감한 정도를 무엇이라 하는가?

정답▶ (1) 오차값 (2) 정밀도 (3) 감도

03

다음의 물음에 해당하는 가스를 [보기]에서 찾아 쓰시오.

수소, 일산화탄소, 산소, 메탄, 포스겐, 불소, 암모니아, 아세틸렌, 에틸렌

(1) 독성가스의 종류
(2) 조연성가스 종류
(3) 확산 속도가 가장 빠른 가스와 가장 느린 가스
(4) 지구온난화 현상과 관련 있는 가스
(5) 고온, 고압 하에서 철족 금속과 반응하여 카보닐을 일으키는 환원성이 강한 가스

정답▶ (1) 일산화탄소, 암모니아, 포스겐, 불소
(2) 산소, 불소
(3) 수소, 포스겐
(4) 메탄
(5) 일산화탄소

04

흡수분광법으로 파장을 흡수하여 0.5~30m 거리까지 검사가 가능하며, 반사판을 쓰면 100m까지 검사가 가능한 검지기의 명칭을 쓰시오.

정답▶ 레이저 메탄가스 검지기

05

일산화탄소의 완전연소 반응식을 쓰시오.

정답▶ $CO + \frac{1}{2}O_2 \rightarrow CO_2$

06

액화석유가스를 탱크로리에서 저장탱크로 이송하는 방법 3가지 중 2가지를 쓰시오.

정답▶ ① 차압에 의한 방법
② 압축기에 의한 방법
③ 펌프에 의한 방법

07

다음 빈칸 안에 들어갈 말을 쓰시오.

초저온 용기란 (①) 이하의 액화가스를 충전하기 위한 용기로서, 단열재로 피복하거나 냉동설비로 냉각하는 등의 방법으로 용기 안의 가스온도가 (②)를 초과하지 않도록 한 것을 말한다.

정답▶ ① 영하 50℃
② 상용의 온도

08

다음 물질의 분자식을 쓰시오.

(1) 질소
(2) 아세틸렌
(3) 이황화탄소
(4) 아산화질소

정답
(1) N_2
(2) C_2H_2
(3) CS_2
(4) N_2O

09

한쪽에서 발생하는 위해요소가 다른 쪽으로 전이되는 것을 방지하기 위해 설치하는 철근 콘크리트제 방호벽 설치기준과 관련하여 다음 빈칸 안에 알맞은 숫자를 쓰시오.

높이는 (①)m 이상이어야 하고, 두께는 (②)cm 이상이어야 한다.

정답
① 2
② 12

10

게이지 압력 10atm일 때 절대압력(atm)을 계산하시오. (단, 대기압은 101.325kPa이다.)

정답 11atm(a)

해설
절대압력＝대기압＋게이지압력
$$= \frac{101.325}{101.325} \times 1 + 10$$
$$= 11 \text{atm(a)}$$

11

LPG 자동차에 고정된 용기충전 중 벌크로리 측의 호스 어셈블리에 의한 충전과 관련하여 빈칸에 알맞은 단어와 숫자를 쓰시오.

(1) 충전작업자는 충전 호스 끝의 세이프티 커플링 및 소형저장탱크의 세이프티 커플링으로부터 캡을 열기 전에 (   ) 밸브를 열어 압력이 없음을 확인하고, 커플링을 접속한 후에는 액화석유가스 검지기 등을 사용하여 접속부의 가스 누출이 없음을 확인한다.

(2) 충전작업자는 (   )m 이상 길이의 충전호스를 사용하여 충전하는 경우에는 별도의 충전보조원에게 충전작업 중 충전호스를 감시하게 한다.

정답
(1) 블리드
(2) 10

12

액화천연가스의 주성분을 쓰시오.

정답 메탄

작업형 2024. 11. 9. 시행(4회)

Question 01

공기보다 가벼운 도시가스 정압기실을 지하에 설치하는 경우 통풍구조에 대하여 물음에 답하시오.

(1) 흡입구와 배기구의 관경은 얼마 이상이어야 하는가?
(2) 배기구는 천장면에서 몇 m 이내의 높이에 설치하여야 하는가?

정답 (1) 100mm 이상
     (2) 0.3m

Question 02

동영상은 가스용 PE관의 맞대기 용착이음의 공정이다. 용착이음의 3단계 과정을 쓰시오.

정답 ① 가열용융공정
    ② 압착공정
    ③ 냉각공정

Question 03

동영상의 도시가스 정압기용 필터와 관련하여 물음에 답하시오.

(1) 필터의 허용차압 초과 여부를 알 수 있는 계측기는?

(2) 필터 엘리먼트는 몇 kPa 미만의 차압에서 찌그러지지 아니하여야 하는가?

정답 (1) 차압계
　　(2) 50kPa

동영상에서 표시된 가스장치를 보고 다음 물음에 답하시오.

(1) 표시장치의 명칭은 무엇인가?
(2) 액상의 액화석유가스를 이입하는 경우 이 장치를 대신할 수 있는 밸브의 명칭은 무엇인가?

정답 (1) 긴급차단장치
　　(2) 역류방지밸브

동영상에서 표시한 부속품 ①, ②, ③의 명칭을 쓰시오.

정답 ① 소켓
　　② 맞대기융착
　　③ T/F관

Question 06

동영상의 배관은 u볼트로 고정하였다. 볼트와 배관 사이에 설치된 판의 목적을 쓰시오.

정답 절연작용을 하여 배관의 부식을 방지함.

Question 07

동영상의 배관에 표시된 부분의 의미를 쓰시오.

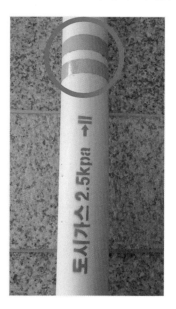

정답 가스배관이 황색이 아닐 경우 가스배관임을 표시하기 위함.

Question 08

동영상에서 표시된 부분의 (1) 명칭과 (2) 역할을 쓰시오.

정답 (1) 신축곡관(루프 이음)
(2) 신축을 흡수하기 위함.

Question 09

동영상의 가스도매사업의 액화가스저장탱크에서 액상의 가스가 누출된 경우에 그 유출을 방지할 수 있는 방류둑의 용량은 얼마인가?

정답 저장능력 상당용적 이상

Question 10

동영상의 용기에 표시된 ①, ②, ③, ④ 기호의 의미를 쓰시오.

① V
② W
③ Tp
④ Fp

정답 ① V : 내용적(L)
② W : 밸브 및 부속품을 포함하지 아니한 용기의 질량(kg)
③ Tp : 내압시험압력(MPa)
④ Fp : 최고충전압력(MPa)

Question 11

동영상의 가스미터의 명칭을 쓰시오.

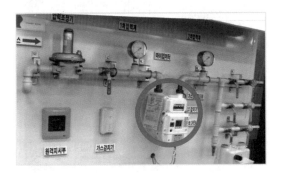

정답 다기능 가스안전계량기

Question 12

동영상을 보고 다음 물음에 답하시오.

(1) 어떠한 가스를 충전하는 장소인지를 쓰시오.
(2) 설치되는 밸브의 명칭을 쓰시오.

정답 (1) 아세틸렌(C_2H_2)
(2) 안전밸브(릴리프밸브)

PART

9

부록
(변경법규 및 신설법규 이론과 관련 문제)

가스기능사 실기

PART 9. 부록(변경법규 및 신설법규 이론과 관련 문제)

부록

Craftsman Gas

변경법규 및 신설법규 이론과 관련 문제

01 도시가스 정압기, 예비정압기 필터 분해점검 주기

항 목	법규 구분	가스도매사업법		일반도시가스사업법	도시가스사용시설	
정압기	설치 후	2년 1회		2년 1회	3년 1회	
	향후	2년 1회		2년 1회	4년 1회	
필터		규정없음		가스공급 개시 후 1월 이내 그 이후 매년 1회	설치 후	3년 1회
					그 이후	4년 1회
정압기 작동상황 점검		지속적		1주일 1회 이상	1주일 1회 이상	
정압기 가스누출 경보기 점검	육안점검	1주일 1회 이상		1주일 1회 이상	1주일 1회 이상	
	표준가스를 사용하여	6개월 1회 이상 점검				
예비정압기	개요	① 정압기의 기능 상실 시에만 사용하는 정압기 ② 월 1회 이상 작동점검 실시 정압기				
	분해점검	3년 1회 이상				

02 도시가스의 압력조정기

항 복	법규 구분	공급시설	사용시설
안전점검주기		6월 1회	1년 1회
압력조정기의 필터·스트레나 청소주기		2년 1회	3년 1회 그 이후는 4년 1회

[공급시설의 구역 압력조정기 점검주기]

분해점검	정상작동 여부	필터	점검항목
설치 후 3년 1회	3개월 1회	공급개시 후 1월 이내 및 공급개시 후 1년 1회	① 구역 압력 조정기의 몸체와 연결부의 가스누출 유무 ② 출구압력측정 명판에 표시된 출구압력 범위 이내로 공급 여부 확인 ③ 외함 손상 여부 확인

관련문제 동영상의 도시가스 정압기 시설을 보고 물음에 답하시오.

[정압기지 내 정압기실 내부]　　　[도시가스 압력조정기]

(1) 도시가스 사용시설의 정압기의 분해점검 주기는?

(2) 월 1회 이상 작동점검 주정압기의 기능 상실에만 사용되는 정압기의 ① 명칭 ② 분해점검주기는?

(3) 공급시설의 구역정압기의 ① 정상작동 여부의 주기와 ② 필터의 공급개시 후 및 그 이후의 분해점검주기는?

해답 (1) 3년 1회 이상
　　 (2) ① 명칭 : 예비정압기
　　　　 ② 분해점검주기 : 3년 1회 이상
　　 (3) ① 3개월에 1회 이상
　　　　 ② 공급개시 후 1개월 이내, 그 이후 1년 1회 이상

03 정압기지에 설치된 지진감지장치 점검 과압안전장치설정압력작동(KGS FS452)

구 분	세부내용
지진감지장치	① 주기적으로 점검 ② 지진발생 시 빠른 시간 내 점검 지진응답 계측기록 회수
과압안전장치	① 작동 여부 2년 1회 이상 확인 기록을 유지 ② 작동불량 시 교체, 수리 등 설정압력에서 정상작동을 하도록 하여야 한다.

관련문제 동영상은 정압기지 근처 설치된 지진감지장치이다.

지진감지계측기

(1) 점검 방법 2가지를 쓰시오.
(2) 정압기지 근처에 설치된 과압안전장치의 작동 여부 주기를 쓰시오.

해답 (1) ① 주기적으로 점검한다.
② 지진 발생 시 빠른 시간 내 점검하고 지진응답계측기록을 회수한다.
(2) 2년 1회 이상

04 가스계량기 설치기준(KGS FU551)

구 분		세부내용
설치개요	설치장소기준	검침, 교체 유지관리 및 계량이 용이하고 환기가 양호하도록 조치를 한 장소
	검침 교체 유지관리 및 계량이 용이하고 환기가 양호하도록 조치한 장소의 종류	① 실내 상부(공기보다 무거운 경우 하부) $50cm^2$ 이상 환기구 등을 설치한 장소 ② 실내에 기계환기 설치를 설치한 장소 ③ 가스누출 자동차단 장치를 설치하여 누출 시 경보하고 계량기 전단에서 가스가 차단될 수 있도록 조치한 장소 ④ 환기 면적 $100cm^2$ 이상 환기 가능 창문
	직사광선 빗물을 받을 우려가 있는 장소에 설치	보호상자 안에 설치
설치높이 (용량 $30m^3/h$ 미만)	바닥에서 1.6m 이상 2m 이내	① 수직·수평으로 설치 ② 밴드 보호가대 등으로 고정장치(→ 변경부분)
	바닥에서 2m 이내	① 보호상자 내 설치 ② 기계실 가정용 제외 보일러실 설치 ③ 문이 달린 파이프 덕트 내 설치
기타사항		가스계량기와 전기계량기 및 전기개폐기와의 거리는 60cm 이상, 굴뚝(단열조치를 하지 않은 경우에 한하며, 밀폐형 강제급배기식 보일러(FF식 보일러)의 2중구조의 배기통은 '단열조치가 된 굴뚝'으로 보아 제외한다.)·전기점멸기 및 전기접속기와의 거리는 30cm 이상, 절연조치를 하지 않은 전선과의 거리는 15cm 이상의 거리를 유지한다.

관련문제 동영상의 보호상자 내에 있는 가스계량기에 대한 다음 물음에 답하시오.

(1) 가스계량기의 설치높이(m)는?
(2) (1)과 같은 설치높이를 유지할 수 있는 경우를 2가지 더 쓰시오.

해답 (1) 바닥에서 2.0m 이내
(2) ① 가스계량기를 기계실 내에 설치한 경우
② 가정용을 제외한 보일러실에 설치한 경우
③ 문이 달린 파이프 덕트 내에 설치한 경우

05 건축물 내 배관의 확인사항(KGS FU551)

(1) 배관의 설치 위치 확인
(2) 배관의 이음부와 전기설비와의 이격거리가 적정하게 유지되고 있는지 확인
(3) 배관의 고정간격 및 유지상태 벽관통부의 보호관 및 부식방지 피복상태 확인

관련문제 동영상의 건축물 내에 설치된 배관에서의 확인사항 3가지를 기술하시오.

해답 ① 배관의 설치 위치 확인
② 배관의 이음부와 전기설비와의 이격거리가 적정하게 유지되어 있는지 확인
③ 배관의 고정간격 및 유지상태 벽관통부의 보호관 및 부식방지 피복상태 확인

06 입상관 설치기준(KGS FU551)

항 목		세부내용
확인사항		① 입상관과 화기와의 거리 유지 여부 ② 입상관 밸브설치 높이
입상관 밸브설치	기준	바닥에서 1.6m 이상 2.0m 이내
	1.6m~2m 이내 설치 불가능시 기준	**1.6m 미만으로 설치 시**: 보호상자 내 설치
		2.0m 초과 설치 시 기준: ① 입상관 밸브 차단을 위한 전용계단을 견고하게 고정설치 ② 원격으로 차단이 가능한 전동밸브설치 ※ 이 경우 차단장치의 제어부는 바닥에서 1.6m 이상 2.0m 이내 설치, 전동밸브 및 제어부는 빗물을 받을 우려가 없도록 설치 (→ 변경사항)

관련문제 동영상의 입상관 밸브에 대하여 아래 물음에 답하시오.

(1) 밸브의 설치기준 높이(m)는?

(2) 보호상자 내에 설치 시 설치높이(m)는?

(3) 2.0m 초과 설치 시 설치기준 1가지 이상 기술하여라.

해답 (1) 바닥에서 1.6m 이상 2m 이내
　　　(2) 바닥에서 1.6m 미만 설치 가능
　　　(3) 입상관 밸브차단을 위한 전용계단을 견고하게 고정설치한 경우

07 다기능 가스안전계량기 설치(KGS FU551)

도시가스 배관을 실내의 벽, 바닥, 천정 등에 매립 시 상시 안전점검이 불가능한 배관 내부의 가스누출을 감지하여 자동으로 가스공급을 차단하는 안전장치나 다기능 가스안전 계량기를 설치하여야 한다.

관련문제 도시가스 배관을 실내, 벽, 바닥, 천정 등에 매립 시 상시 안전점검이 불가능한 배관의 내부의 가스누출을 감지 또는 자동으로 가스공급을 차단하는 장치 또는 동영상과 같은 가스기기를 설치하여야 하는데 이 가스기기의 명칭은 무엇인가?

해답 다기능 가스안전계량기

08 스티커형 라인마크 규격(KGS FU551)

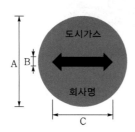

• A : 100mm
• B : 10mm
• C : 70mm
• 두께(t) : 1.5±0.2
※ 글씨 : 8~12mm 장방형

[스티커형 라인마크의 모양·크기 및 표시방법]

09 네일형 라인마크(KGS FU551)

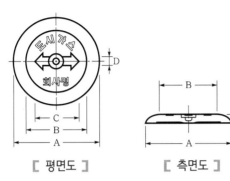

[평면도]　　[측면도]

- A : 60mm
- B : 40mm
- C : 30mm
- D : 6mm
- E : 7mm
- 글씨 : 6~10mm 장방형에 음각

관련문제 동영상에서 보여주는 가스기기의 (1)의 명칭과 두께, (2)의 명칭과 A의 규격(mm)을 쓰시오.

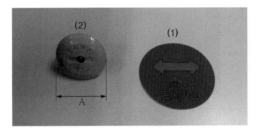

해답 (1) 명칭 : 스티커형 라인마크, 두께 : 1.5±0.2(mm)
(2) 명칭 : 네일형 라인마크, A의 규격 : 60mm

10 가스종류별 청소 · 점검 · 수리 시 가스 치환작업 순서(KGS FP112)

(1) 독성가스

관련사진

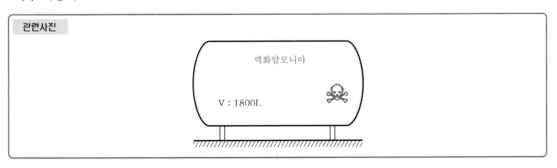

① 가스설비의 내부가스를 그 압력이 대기압 가까이 될 때까지 다른 저장탱크 등에 회수한 후 잔류가스를 대기압이 될 때까지 재해설비로 유도하여 재해시킨다.

② ①의 처리를 한 후에는 해당 가스와 반응하지 아니하는 불활성가스 또는 물 그 밖의 액체 등으로 서서히 치환한다. 이 경우 방출하는 가스는 재해설비에 유도하여 재해시킨다.

③ 치환결과를 가스검지기 등으로 측정하고 해당 독성가스의 농도가 TLV-TWA 기준 농도 이하로 될 때까지 치환을 계속한다.

(2) 가연성가스

관련사진

① 가스설비의 내부가스를 그 압력이 대기압 가까이 될 때까지 다른 저장탱크 등에 회수한 후 잔류가스를 서서히 안전하게 방출하거나 연소장치에 연소시키는 방법으로 대기압이 될 때까지 방출한다.

② 잔류가스를 불활성가스 또는 물이나 스팀 등 해당 가스와 반응하지 아니하는 가스 또는 액체로 서서히 치환한다.

③ ① 및 ②의 잔류가스를 대기 중에 방출할 경우에는 방출한 가스의 착지농도가 해당 가연성 가스의 폭발하한계의 1/4 이하가 되도록 방출관으로부터 서서히 방출시킨다. 이 농도확인은 가스검지기 그 밖에 해당 가스농도 식별에 적합한 분석방법(이하 "가스검지기 등"이라 한다)으로 한다.
이때 방출가스의 착지농도가 폭발하한의 1/4 이하가 되도록 서서히 방출시킨다.

④ 치환 결과를 가스검지기 등으로 측정하고 해당 가연성 가스의 농도가 그 가스의 폭발하한계의 1/4 이하가 될 때까지 치환을 계속한다.

(3) 산소가스

관련사진

① 가스설비의 내부가스를 실외까지 유도하여 다른 용기에 회수하거나 산소가 체류하지 아니하는 조치를 강구하여 대기 중에 서서히 방출한다.

② ①의 처리를 한 후 내부가스를 공기 또는 불활성 가스 등으로 치환한다. 이 경우 가스치환에 사용하는 공기는 기름이 혼입될 우려가 없는 것을 선택한다.

③ 산소측정기 등으로 치환결과를 수시 측정하여 산소의 농도가 22% 이하로 될 때까지 치환을 계속하여야 한다.

④ 공기로 재치환의 결과를 산소측정기 등으로 측정하고 산소의 농도가 18%에서 22%로 유지되도록 공기를 반복하여 치환 후 작업자가 내부에 들어가 작업을 한다.

(4) 그 밖의 가스 설비

가스의 성질에 따라 사업자가 확립한 작업절차서에 따라 가스를 치환한다. 다만, 불연성 가스 설비에 대하여는 치환작업을 생략할 수 있다.

〈가스치환작업을 생략할 수 있는 경우〉

수리 등의 작업 대상 및 작업내용이 다음 기준에 해당하는 것은 가스치환 작업을 하지 아니할 수 있다.

① 가스설비의 내용적이 $1m^3$ 이하인 것

② 출입구의 밸브가 확실히 폐지되고 있고 내용적이 $5m^3$ 이상의 가스설비에 이르는 사이에 2개 이상의 밸브를 설치한 것

③ 사람이 그 설비의 밖에서 작업하는 것

④ 화기를 사용하지 아니하는 작업인 것

⑤ 설비의 간단한 청소 또는 가스켓의 교환 그 밖에 이들에 준비하는 경미한 작업인 것

관련문제 동영상은 독성가스 탱크의 청소점검 시 가스치환하는 작업순서이다. (   ) 안에 알맞은 단어를 쓰시오.

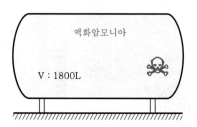

(1) 가스설비의 내부가스를 (①) 가까이 될 때까지 다른 저장탱크에 회수한 후 잔류가스를 (②) 될 때까지 재해설비로 유도하여 재해시킨다.
(2) 상기 처리를 한 후 해당가스와 반응하지 않는 (   ) 또는 물, 액체 등으로 치환한다.
(3) 치환의 결과를 가스검지기로 측정, 해당 독성가스의 농도가 (   ) 농도 이하로 될 때까지 치환을 계속해야 한다.

해답 (1) ① 대기압 ② 대기압
(2) 불활성 가스
(3) TLV-TWA 기준

MEMO

가스기능사 실기

2017. 1. 10. 초 판 1쇄 발행
2025. 5. 21. 개정 4판 1쇄(통산 11쇄) 발행

지은이 | 양용석
펴낸이 | 이종춘
펴낸곳 | BM ㈜도서출판 성안당

주소 | 04032 서울시 마포구 양화로 127 첨단빌딩 3층(출판기획 R&D 센터)
　　 | 10881 경기도 파주시 문발로 112 파주 출판 문화도시(제작 및 물류)
전화 | 02) 3142-0036
　　 | 031) 950-6300
팩스 | 031) 955-0510
등록 | 1973. 2. 1. 제406-2005-000046호
출판사 홈페이지 | www.cyber.co.kr
ISBN | 978-89-315-8479-0 (13530)
정가 | 38,000원

이 책을 만든 사람들
책임 | 최옥현
진행 | 박현수
교정 · 교열 | 채정화
전산편집 | 이지연
표지 디자인 | 박현정
홍보 | 김계향, 임진성, 김주승, 최정민
국제부 | 이선민, 조혜란
마케팅 | 구본철, 차정욱, 오영일, 나진호, 강호묵
마케팅 지원 | 장상범
제작 | 김유석